地球環境辞典

Dictionary of Global Environment 4th edition

丹下博文［編］

Hirofumi TANGE

中央経済社

第４版のはしがき

本辞典の第３版が2012年に出版されてから５年以上が経過し，その間に地球環境問題に関する大きな変化がありました。例えば13年あたりからの地球環境問題に焦点を当て，歴史的な流れ（巻末の環境主要年表を参照）とともに新しく登場した地球環境にかかわる専門用語を分析し横断的な検討を加えていくだけでも，地球環境問題に対する今後の課題が以下のように抽出されます。

（１） プラスチックごみやマイクロプラスチックによる海洋汚染に対する関心が国際的に急速に高まってきたが，これに対しては消費者の環境意識の高揚（こうよう）とともに外食産業などの企業における対応が必須となる。また，2017年における中国のプラスチックを含む資源ごみの輸入制限も今後，国際的に波紋が広がるであろう。

（２） シェアリング・エコノミーとかサーキュラー・エコノミーという新しい経済の仕組みや価値観を表す用語が使われるようになり，リサイクルの見直しや「もったいない（MOTTAINAI）」という日本語の理念を再認識する時期にきている。

（３） 環境経営は2000年代初頭に主流となったが，21世紀の今日では当たり前のこととなり，企業の環境対策はもはやコスト要因ではなくプロフィット要因に進化しビジネスチャンスとして積極的かつ戦略的に捉えなければならない。

（４） 地震や台風だけでなく異常気象による集中豪雨またはゲリラ豪雨などによる自然災害が多発するようになり，防災対策としての災害ごみ対策の必要性が高まり新たな課題となってきた。また，夏季の猛暑による熱中症などの増加にも留意しなければならない。

（5） 地球温暖化が確実に進むなかで地球環境問題はエネルギー問題としての側面が強くなり，化石燃料から再生可能エネルギー（自然エネルギー）への転換が急がれる。ただし，これには環境革命と呼べるようなイノベーション（技術革新）の創出が不可欠になるであろう。

（6） 2015年に採択されたパリ協定の実施指針が18年のCOP24で合意されたことは地球環境問題への大きな転機となるけれども，17年に米国のトランプ政権が離脱を表明するといった情勢が裏付けているように，地球環境問題と経済発展とを両立させるには国際的に解決しなければならない難題が山積（さんせき）している。

（7） 中国だけでなく日本でも食品ロスの問題が深刻化しており，国民運動が展開されるなど官民挙（あ）げての対応策が実施されるようになったものの，これには消費者の意識改革だけでなく流通過程における3分の1ルールなどの見直しが必要となろう。もはや食品ロスは世界人口の急増を背景に地球規模で取り組まなければならない喫緊（きっきん）の課題といえる。

（8） ESG投資の拡大や環境債（グリーンボンド）の発行に見られるように，現在は製品のライフサイクルにおける開発・製造・流通・廃棄の面からだけでなく投資活動や資金調達など金融面からの地球環境問題のソリューション（解決策）に対する社会貢献的な観点を含む支援が重要性を増しつつある。

（9） 現在では地球の温暖化は産業革命以来の人間活動によって引き起こされていることは科学的にも疑う余地がなくなったが，地球温暖化を抑制するには人間活動の在り方を根本的に見直す時期にきているのではないか。その意味で健康経営やワーク・ライフ・バランスも重要となろう。

(10) 地球環境問題のなかで最も懸念される温暖化対策を推進するうえで影響力の強い米国だけでなく，いまや世界第2位の経済大国になるとともに世界最大の二酸化炭素（CO_2）排出国となった中国の対応が注目される。

以上は例示にすぎませんが，地球環境問題の動向は自然環境や生態系の変化とともに政治経済などの国際情勢に関する変化が激しいため，今後も調査研究を継続していく必要がある点は言(げん)を俟(ま)ちません。実際のところ，人類の存亡にかかわる地球温暖化は着実に進んでいる現状を忘れてはならないでしょう。

こうした情勢変化を踏まえ，第4版では第3版を見直して加筆・修正するとともに，パリ協定，ESG投資，プラスチックごみ，食品ロス，持続可能な開発目標（SDGs），シェアリング・エコノミー，エシカル消費，熱中症，熊本地震，西日本豪雨など30項目以上を新たに解説付きの見出し語として追加し，地球環境に関する学習や実務にとって「座右(ざゆう)の書」となるよう再編集しました。本辞典が読者の皆様のお役に立ち地球環境対策の推進に少しでも貢献できれば幸いです。

最後に新進気鋭の執筆者の皆様，ならびに第3版とともに第4版の出版でも大変ご尽力いただいた中央経済社・学術書編集部の酒井隆氏に心から御礼申し上げます。

2019年2月吉日

編者 記す

第3版のはしがき

本辞典の初版は2003年，続く第2版は07年に出版され，好評を博しました。しかし，その後，国内外において地球環境に関連する情勢が大きく変化しました。例えば08年秋のリーマン・ショックによって世界経済が低迷し，米国では09年にオバマ大統領が誕生してグリーン・ニューディールが注目される反面，経済が高成長を続ける中国では地球温暖化の原因となる二酸化炭素（CO_2）の排出量が，ついに米国を抜いて世界第1位になりました。他方，10年11月には社会的責任に関する国際規格「ISO26000」が，ようやく発行されたのです。

一方，日本では2010年10月に愛知県名古屋市で生物多様性条約第10回締約国会議（COP10）が開催されましたが，11年3月に東日本大震災が勃発し，津波によって未曾有の被害が発生したため自然災害の恐ろしさに誰もが衝撃を受けました。実際，被災地では瓦礫（がれき）などの災害廃棄物の処理問題が浮上しただけでなく，福島第一原発事故により放射能汚染が深刻化し，原子力発電が問われるとともに，節電や再生可能な自然エネルギーに対する関心が高まりました。

このような情勢変化を踏まえ，第3版では第2版を見直すとともに，社会的責任，自然災害，安心・安全等に関する用語を含めて新しい見出し語を200項目ほど追加し，学習や実務に必須な「座右の書」として，さらに受験者数が急増している eco 検定などの参考書として幅広く活用できるようにしました。本書が読者の皆様のお役に立てば幸いです。

2012年3月吉日

編者 記す

第２版のはしがき

本辞典の初版を2003年（平成15年）７月に出版したところ，地球環境への関心の高まりを背景に好評を博しました。しかし，時々刻々と変化し続ける環境問題の潮流を反映させるために，このたび従来の記述を見直すとともに解説付きの新しい見出し語を90項目ほど大幅に追加し，内容を一層充実させて第２版として出版することにしました。

巻末の環境主要年表に示されているように，初版の出版以降，2005年に京都議定書の発効や愛知万博（愛・地球博）の開催，2006年に第３次環境基本計画の策定やポスト京都議定書に向けての話し合い，さらに2007年には世界経済フォーラム（ダボス会議）で地球環境問題が焦点になるなど，このところ環境問題に関する重要項目が目白押しです。

実際，2007年になると各国で記録的暖冬になるとともに，温暖化によって21世紀末までに20世紀末と比較して平均気温が1.1～6.4度高くなる可能性があると予測されるなど，地球環境問題の深刻さが浮き彫りになり，ハイリゲンダム・サミットでは地球温暖化が最重要テーマになりました。その一方で日本の環境技術は高く評価され，環境対策にビジネスとして取り組む動きが活発化しています。

このような情勢のなかで本辞典が座右の書として読者の皆様のお役に立てば幸いです。なお，初版と同じ新進気鋭の執筆者の皆様，ならびに第２版の出版にもご尽力いただいた中央経済社の江守眞夫氏と市田由紀子氏に厚く御礼申しあげるしだいです。

2007年７月吉日

編者 記す

初版のはしがき

21世紀になり，今や人類の存亡を左右するようになった地球環境への関心は，確実かつ急速に高まってきています。その反面，後世にまで大きな悪影響をおよぼす環境汚染や環境破壊はますます深刻化しているといっても過言ではないでしょう。多方面で様々な努力や試みが行われているにもかかわらず，その解決策についてはいまだに見通しが立っていないというのが現状ではないでしょうか。それどころか，人類の危機が繰り返し叫ばれるようになった現在でも，地球環境の大切さを頭のなかでは理解できていてもなかなか行動に移せない，というのが私たち一般人の本音のようにすら思えます。

他方，小・中・高校では「総合的な学習の時間」などを使って環境教育を行ったり，高等教育研究機関の大学や大学院では環境問題を対象とする講座や学科が増設されたりしています。民間企業に関しては環境報告書を発行するところが急増し，環境管理システムの国際規格であるISO14001審査登録件数も増加の一途をたどっています。さらに一般の市民や住民，非営利組織（NPO）や非政府組織（NGO），地方自治体を含めた政府機関，国際連合（UN）のような様々な国際機関等，多方面から地球環境への取り組みが活発になってきました。現に日本では「環境立国」といったビジョンまで打ち出されています。

このような動向を背景に，本書は環境問題の学習者や環境実務の初心者向けに辞書として幅広く活用できるだけでなく，読み物としても興味深く読めるよう構成されています。実際，産業公害や都市公害の時代を経て地球環境の破壊へと拡大した今日の環境問題は，20世紀後半に発生した新しい領域だけに，その用語や概念には①これまで使われていなかった新しいものが多い，②難しい専門的な要素の強いものが目立つ，③外国から入ってきたものがかなりある，などの特徴が見られます。そこで本書では「見出し語」の解説をわかりやすくするとともに，最新で使用頻度の高い見出し語を選出する際，学習者や初心者を念頭に置いて以下の点に配慮し，巻末には環境主要年表を付記しました。

第1に，無用の混乱を招かないために，例えば「環境対策」や「環境戦略」のように多様な意味合いを持って使用される用語，あるいは専門性が極めて高い用語や特殊な俗語的表現に関しては見出し語として説明しないようにしました。第2に，国際化あるいはグローバル化の時代を反映し，できるだけ英語名を掲載するようにしました。第3に，厳選された600語以上におよぶ見出し語のなかで最重要語（🍃🍃）と重要語（🍃）を選定し，葉印を付して区別できるようにしました。

以上のようにして執筆・編集・出版された本書が，21世紀になってますます深刻化する環境問題への関心をさらに高めるとともに地球環境に対する読者の理解と洞察を深めるのに役立ち，地球的規模に拡大した多様な環境問題の解決に貢献できることがあれば幸いです。

最後に，多忙にもかかわらず見出し語の解説をご担当いただいた新進気鋭の執筆者の方々，ならびに熱心に取り組んでいただいた編集協力者に対し編者として厚く御礼申しあげます。また，本書の出版に際し，企画段階から長期間にわたり種々ご尽力いただいた中央経済社の江守眞夫氏と市田由紀子氏に心から御礼申しあげるしだいです。

2003年5月吉日

編者 記す

凡　例

1. 見出し語はひらがな，カタカナ，漢字を含めて基本的に五十音順（「あ，い，う，え，お」順）に配列してある。ただし，英語表記の見出し語についてはアルファベット読み（例えば「ISO」は「アイエスオー」）に基づいている。また，濁音（例えば「が，ぎ，ぐ，げ，ご」など），半濁音（例えば「ぱ，ぴ，ぷ，ぺ，ぽ」など），促音（例えば「やっと」の「っ」など），拗音（例えば「しゅ」の「ゅ」など）は，通常の清音（例えば「か，き，く，け，こ」など）に読み替えて配列してある。さらに長音は清音に読み替えて（例えば「ピー」は「ピイ」として）配列してある。なお，中黒（なかぐろ）「・」とハイフン「－」は配列において無視している。

2. 見出し語に付した「⇒」印は，そこに示された別の見出し語（別称や正式名称の場合もある）のなかで解説が加えられていることを指している。また，解説に続く（　）内の「☞」印は関連項目や参照項目を示している。

3. 解説の最後にある〔　〕内に記されたイニシャルは，見出し語とその解説を担当した執筆者（執筆者等一覧を参照）を示している。ただし，全体の構成や環境主要年表は編者が担当している。

4. 見出し語および解説のなかにある外来語や重要語には，できるだけ英語表記（略語を含む）を加えている。

5. 難しい漢字または特殊な読み方をする用語には，読み仮名を付している。また，必要に応じ同義語や記号表記も付している。

6. 約1,000語に及ぶ見出し語のなかで最も基本的で重要と考えられる見出し語（全体の約1割に当たる100語ほど）の左側には葉印2つ「🍃🍃」を付し，その次に基本的で重要と考えられる見出し語（全体の約2割に当たる200語ほど）の左側には葉印1つ「🍃」を付している。ただし，これらは時代の変遷を踏まえ編者の判断で主として学習用に選出したものである。

7. 使いやすくするために，索引は巻末に和文と英文（略語を含む）に分けて掲載している。ただし，英文の最初の定冠詞 ‘The（the）’ は英文索引の配列において無視している。

執筆者等一覧

編　者：

丹下博文　愛知学院大学　教授

執筆者（あいうえお順）：

岩田貴子　日本大学 教授〔TI〕

岡本　純　名古屋学院大学 教授〔JO〕

楓　森博　楓 税理士事務所 所長〔MK〕

神田善郎　㈱トラストエンタープライズ 顧問〔YK〕

九里徳泰　相模女子大学 教授〔NK〕

武内　章　㈱危機管理工学研究所 代表取締役社長〔ST〕

丹下博文　愛知学院大学 教授〔HT〕

豊澄智己　広島修道大学 教授〔TT〕

長岡　正　札幌学院大学 教授〔TN〕

＊　見出し語の解説を担当した執筆者のイニシャルは，それぞれの解説の最後に付記されている。なお，全体の構成と巻末の環境主要年表は編者が担当している。

〔あ〕

アースデイ　Earth Day　米国で学生運動や市民運動がさかんな1960年代の終わりころにG・ネルソン上院議員（ウィスコンシン州選出）によって提唱され，1970年から毎年4月22日を「アースデイ（地球の日)」と定め，地球に感謝し，美しい地球を守る意識を共有して環境の汚染や破壊から地球を守るために行動する日とされている。米国ではとくに20周年に当たる1990年のアースデイ以降に，企業の環境に対する責任についての議論が沸騰したと伝えられている。現在は日本を含めた世界中の国や地域でアースデイにかかわるイベントやキャンペーンなどが毎年行われ，例えば日本では2001年から「地球のことを考え，行動する日」を合言葉に「アースデイ東京」の開催が始まり，現在でも毎年開催されている。(☞環境の日)　〔HT〕

RE100　'Renewable Energy 100%' の略称で，事業運営を100%再生可能エネルギーで調達することを目指す企業が加盟する国際イニシアチブのこと。したがって加盟企業には事業で使用する電力をすべて再生可能エネルギーによって賄うことが求められる。英国のロンドンで2004年に設立された国際環境NGOのTCG（The Climate Group）によって2014年に発足し，18年5月には世界全体で130社以上が加盟。そのなかにはP&G，ネスレ，スターバックス，ウォルマート，イケア，アップルなどの世界的に著名な企業が含まれ，米国企業が最も多い。日本企業ではリコーが17年4月に初めて参加を表明した。(☞再生可能エネルギー)　〔HT〕

ISO　International Organization for Standardization　「国際標準化機構」と日本語に訳される民間ベースの国際専門組織。モノやサービスの国際的な標準化を推進するために1947年に設立された。本部はスイスのジュネーブ。1987年に品質管理・保証のための国際規格ISO 9000シリーズを制定し，1996年からは国際的な環境規格となるISO 14000シリーズの制定を始めた。さらに2005年9月に食品安全マネジメントシステムに関する「ISO22000」，10年11月にはSR（社会的責任）に関する国際規格「ISO26000」，続く11年6月にはエネルギー・

マネジメントシステムに関する国際規格「ISO50001」が発行された。（☞ ISO14000シリーズ，ISO26000，ISO50001，ISO22000）〔HT〕

ISO14000シリーズ　ISO（国際標準化機構）が1996年から制定を始めた一連の国際的な環境規格で，日本では日本工業規格（JIS）として制定されている。このシリーズのなかで経済のグローバル化や経営のボーダーレス化を背景に脚光を浴びているのが「環境マネジメントシステム（環境管理システム）」である。これは，環境汚染物質等の量的規制は各国の経済や技術のレベルに合わせて行うこととしたうえで，各国の企業等が独自に取り決める国際的に規格化された仕組みを指す。したがって，法的規制が基準値を義務として遵守させようとするのに対し，環境マネジメントシステムは発生源における自主的な改善システムとして汚染を未然に予防することに重点が置かれている。なお，このほかにも環境監査，環境ラベル，環境パフォーマンス評価などに関する規格が次々と発行されている。

このシリーズのなかで1996年に発行された環境マネジメントシステムに関するISO14001規格には審査登録制度があって認証を取得でき，最近では企業だけでなく自治体や大学でもISO14001認証取得の動きが活発になっている。なお，ISO14001は2004年12月に抜本改正され，認証取得の基準が厳格化されて企業等に環境対策の一層の強化を促（うなが）している。（☞ ISO，ISO50001，環境マネジメントシステム）〔HT〕

ISO14001認証取得　⇒　ISO14000シリーズ

ISO50001　ISO（国際標準化機構）によって2011年６月に発行されたエネルギー・マネジメントシステムに関する国際規格の名称。環境マネジメントシステム（または環境管理システム）に関してはISO14001がすでに1996年に発行されているが，21世紀になってからのエネルギー問題の重要性と温暖化などの地球環境問題との深い関連性を背景に，ISO50001はエネルギー・マネジメントに特化し，エネルギー・パフォーマンスの向上とともに，エネルギー効率や省エネルギーなどの継続的改善をはかることを目的としている。そのメリットには，①コスト削減，②リスク管理能力の向上，③温暖化ガスの排出削減，④企業価値の向上，⑤海外企業との取引要件の充足，⑥企業競

争力の強化，などが掲げられている。（☞ ISO，ISO14000シリーズ，省エネルギー，継続的改善）〔HT〕

ISO22000　ISO（国際標準化機構）によって2005年11月に発行された食品安全マネジメントシステム（Food safety management systems）に関する国際規格の名称で，フードチェーン（food chain）にかかわる諸組織に対する要求事項が規定されており，安全な食品の生産・流通・販売を目的に認定機関による審査登録制度がある。特に工場内の生産過程における衛生面だけでなく，原材料調達から始まる食品のサプライチェーンにおける表示やコミュニケーションを含めた総合的な安全管理を求めている点が特徴的で，食品に関する安全規格として広く普及している。

しかし21世紀になり，食品のグローバル化や多発する食品事故にともなう安全・安心意識の高まりを契機（けいき）に，日本の食品・飲料メーカーはISO22000より安全管理基準を一層厳しくした「FSSC22000」などの新しい食品安全規格の認証を取得する動きが強まっている。食品に異物を混入するフード・テロやアレルギー物質の管理，さらにBSE（牛海綿状脳症／狂牛病）などの食にかかわる新たな問題の発生が跡（あと）を絶（た）たないことから，海外の流通大手が取引条件として，これらの認証取得を掲げるケースが増加してきていることなども背景にある。（☞ ISO，トレーサビリティー）〔HT〕

ISO26000　2010年11月1日に国際標準化機構（ISO：International Organization for Standardization）によって発行された「SR（社会的責任）」に関する国際規格の名称で，21世紀における「CSR（企業の社会的責任）」の動向を考える場合に欠かせない国際規格といえよう。その注目点の第1は，CSRから企業を示す‘C’を取って単に‘SR’とされたことであるが，これはグローバル化を背景に組織が多様化・複雑化し，企業組織だけでなく行政組織や非営利組織／非政府組織（NPO／NGO）等も幅広くSRの対象にすべきであるとの認識が高まってきたからである。第2は，ISO14001のような認証基準ではなく，第三者機関による認証を要しない自主宣言基準とされた点であるが，これには，SRの内容が画一的であったり類似する必要はなく，組織の性格や態様，あるいは目的によってSRにも個性や独自性があって当然であるとの考え方が根底にある。さらにSRの対象も，深刻化する地球環境問題を中心に広く社会的問題を対象とする傾向が強まり，日本ではISO26000に対する日本企業の取り組み事例が報告されるようになった。

もともと企業の社会的責任は1950年代に先進工業国における産業公害の発生を契機に，その法的な因果関係を裏付ける概念として登場した。ところが日本では半世紀後の2000年に雪印乳業による集団食中毒事件や三菱自動車によるリコール隠し事件が発生するとともに，米国では01年にエネルギー大手企業のエンロンにおける粉飾決算，続く02年には通信大手企業のワールドコムにおいて会計不祥事が発覚し，世界中に企業経営に対する不信感が波及した。その結果，いわゆる企業不祥事に適応される概念として「企業の社会的責任（CSR）」が再び脚光を浴びることとなった。しかしながら国際的には「企業の社会的責任（CSR）」という概念の定義すら明確になっていないのが実状であった。そこで国際標準化機構（ISO）は01年になってようやく企業の社会的責任に関する国際的な規格づくりを開始したという経緯がある。（☞社会的責任，ISO14000シリーズ，企業経営の社会性）　〔HT〕

愛・地球博　⇒　愛知万博

愛知万博　EXPO 2005 AICHI, JAPAN　2005年に愛知県で開催された万国博覧会。正式名称は「2005年日本国際博覧会」で，愛称が「愛・地球博（Exposition of Global Harmony）」。「自然の叡智」をテーマに愛知県瀬戸市の南東部，長久手町の愛知青少年公園などにおいて2005年３月25日から2005年９月25日までの185日間にわたり開催され，最終公式入場者数は約2,205万人に達した。21世紀の人類が直面する地球規模の課題に対する解決の方向性を発信するため，国際博覧会に関する条約に基づいて多数の国や国際機関の参加のもとで地球時代における新たな国際貢献として開催された。

愛知万博の事業企画の基本方針には次の６項目が掲げられた。それは，①生命，宇宙など未知の自然へのアプローチ，②ITの徹底した実用化と新たな実験，③自然とともにある暮らしの喜び，④楽しく魅力的な高齢社会のモデル，⑤アジアの国々を可能な限り包含した世界各国の文化・文明との対話，⑥環境負荷の低い循環型社会のモデル，である。なお，愛知万博の会場は当初予定していた「海上（かいしょ）の森」において国内希少動物種に指定されているオオタカ（Goshawk）の営巣が確認されたりしたため，自然環境保全の観点から会場の面積が縮小されたという経緯がある。（☞自然の叡智，海上の森）〔HT〕

愛知目標　Aichi Target　2010年10月に愛知県名古屋市で開催されたCOP10の際，2011年以降の生物多様性に関する新たな世界目標，すなわちポスト2010年目標を含む今後10年間の戦略計画として採択された目標の呼称。「愛知ターゲット」と呼ばれることもあり，①「自然と共生する（Living in harmony with nature）」世界を目指す2050年までの長期目標（Vision），②生物多様性の損失を止めるための効果的かつ緊急な行動を実施するための2020年までの短期目標（Mission），さらに③この短期目標を達成するための5つの戦略と20の個別目標から構成されている。ただし，愛知目標は生物多様性条約の取り組みを進める柔軟な枠組（わくぐ）みと位置づけられ，生物多様性の状況や取り組みの優先度等に応じて国別に目標を設定し，生物多様性国家戦略のなかに組み込んでいくことが求められている。（☞COP10，生物多様性，名古屋議定書）〔HT〕

ITS（高度交通システム）　Intelligent Transport System　道路交通システムにIT（情報技術）を組み込み交通の効率化を高めるシステムを指す。道路情報の高度化や安全運転の支援，交通の管理制御や通行料金の決済，さらに走行情報の支援や緊急車両の運行支援などを統合化する。道路の安全走行を確保するとともに電子情報により交通のシステムを高度化することでエネルギーの削減をはかり，人と道路と車について円滑な運行と生活環境の改善を目指す。（☞ETCシステム，自動車排出ガス対策，道路交通騒音対策）〔YK〕

アイドリング　idling　本来は機械や自動車エンジンの空回（からまわ）りを意味し，通例は自動車の停止時にエンジンをかけっぱなしにすること。アイドリング時に排出される汚染物質については，沿道や交差点周辺の汚染のみならず大気汚染への悪影響を軽視できない。環境省は1996年の環境月間より「アイドリング・ストップ運動」を展開しているが，自動車の停車時における不必要なエンジン使用を中止することで①大気汚染防止，②騒音・悪臭防止，③二酸化炭素排出抑制が可能としている。この運動は今日，交通エコロジー・モビリティ財団のグリーン経営認証や名古屋市におけるエコ事業所の認定事業所などでは日常的な活動となっている。（☞大気汚染，エコドライブ，グリーン経営，エコ事業所）　〔ST〕

IPCC　⇒　気候変動に関する政府間パネル

アオコ　富栄養化した湖沼でスイゼンジノリ，ネンジュモ，ユレモなどの藍藻類植物プランクトンが大量発生し，水面がドロドロの緑色になる現象。「水の華」とも呼ばれる。アオコが腐敗する時に悪臭が発生する。また，腐敗したアオコが分解される時に大量の酸素を必要とするため，水中が酸欠状態になり水生生物や養殖魚に被害をもたらす。（☞富栄養化）　〔TT〕

青潮　green tide　バクテリアが有機物を分解する際に大量の酸素が消費され，内海や湾の水底付近では酸素の欠乏が起こる。こうして生成された酸素の欠乏した水塊（周囲と比べて水温や水質に特徴のある一群の海水）が海面に上昇したために海の表面が青色に染まった状態を指す。酸素が欠乏した状態は富栄養化や有機汚染によって進むと考えられている。強い風が吹くと，こうした水塊の上昇が見られる。青潮も赤潮と同じように魚介類の大量死を引き起こすことがある。例えば東京湾奥部のアサリの大量死が古くから知られている。（☞赤潮，富栄養化，貧酸素水塊）　〔TT〕

アカウンタビリティー　⇒　説明責任

赤潮　red tide　鞭毛（移動に用いる細い毛のようなもの）をもつ単細胞植物，すなわち鞭毛藻類または海中に浮遊し波に打たれて青白い光を放つ夜光虫などのプランクトンが大量増殖し，海などが赤色や褐色にみえる現象。その原因は完全に解明されてはいないが，生活排水や産業排水に含まれる窒素やリンが海などに流入すると栄養塩類（生物が正常の生活を営むのに必要な塩類）が異常に増加し，さらに水温などの条件がそろった時に発生すると考えられている。魚介類の被害，とくに養殖魚に大きな打撃を与える。従来は湖沼，内海，湾などの閉鎖性水域において発生していたが，近年は外洋でも発生するなど広域化し発生件数も多くなっている。(☞青潮，富栄養化，貧酸素水塊)
〔TT〕

悪臭(あくしゅう)　不快な臭(にお)いの総称。人の嗅覚(きゅうかく)に直接作用し，不快感や嫌悪(けんお)感を与える臭いを指す典型7公害の1つ。公害苦情件数が騒音に次いで多い生活公害である。感覚公害とも呼ばれ，その臭いに対する感じ方は天候，気温，湿度など外的要因だけでなく，人々の健康や心理状態など個人的な要因に左右されやすい。また，発生源が多種多様な臭気物質の複合体であることから，一定基準を定めることが困難な公害とされている。(☞悪臭防止法，典型7公害)
〔JO〕

悪臭防止法　事業活動にともない発生する特定悪臭物質を規制するための法律（1971年6月公布，1972年5月施行，以後4度の改正がなされ現在にいたる)。工場や事業場の事業活動で発生する悪臭物質の排出を規制し，生活環境の保全や健康保護を目的とする。この法律では悪臭の原因となるアンモニア，メチルメルカプタン，硫化水素，アルデヒドなど22種類の悪臭物質が特定悪臭物質として指定されている。都道府県知事（政令指定都市では市長）は地域の実態に合うように特定悪臭物質や臭気指数の指定や規定基準を設定し，工場や事業場に対して改善勧告や改善命令を発動することができる。(☞悪臭)
〔JO〕

アグリ・ビジネス　agri-business　農産物の生産，加工，流通，販売までを含めた食糧ビジネスを指す。食糧は人間が生存するうえで不可欠な生命線であり，事業戦略に用いるためには安全性が問われる。ビジネスとして推進される場合にはバイオ技術に関する安全性の検証や，有害な農薬の使用制限および農薬の使用履歴管理（traceability；トレーサビリティー）が求められる。さらに，生産活動や販売活動に携(たずさ)わる従事者の安全と安心に関するモラルも同様に求められる。なお，1995年の新食糧法施行や1999年の新農業基本法制定で異業種からの参入が可能になった。(☞食物連鎖，農薬汚染，有機農業，トレーサビリティー)
〔YK〕

アジア・太平洋環境会議（ECO ASIA） Environment Congress for Asia and the Pacific アジア・太平洋地域諸国の環境大臣を含む政府関係者，国際機関，民間団体，学識経験者などから構成される国連機関の1つ。この会議は自由に意見の交換を行う機会を提供することにより，域内各国政府の長期的な環境保全にかかわる取り組みを推進し，同地域の「持続可能な開発」の実現を目的としたものである。本会議はアジア・太平洋地域から地球サミットに対する貢献を議論するために「エコ・アジア'91」として1991年に東京で第1回目が開催された。2008年の第16回会議（名古屋）まで日本各地で開催されたが，その後は活動が行われていない。（☞持続可能な開発，地球サミット）

〔TT〕

アジェンダ21 Agenda 21 1992年の地球サミットにおいてリオ宣言とともに採択された行動計画を指すが，「アジェンダ」とは「検討課題」を意味している。21世紀に向けて「持続可能な開発」を達成するために各国および各国際機関が実行すべき行動計画が具体的に規定されている。日本では1993年に「アジェンダ21」行動計画が決定され国際連合に提出された。これは大気保全や砂漠化防止などの環境保全のほかに貧困の撲滅（ぼくめつ）や人口問題などに対する日本としての行動計画をまとめたもので，持続可能な開発を通じた地球環境保全の実現に向け日本の決意を国際社会に示すものといわれた。（☞地球サミット，持続可能な開発）

〔HT〕

足尾鉱毒事件 Ashio Mineral Pollutant Incident 栃木県の足尾銅山による渡良瀬川（わたらせがわ）流域の銅汚染事件を指す。1610年（慶長15年）に足尾銅山が発見され，1613年には幕府直営の銅山となったが，1877年（明治10年）に古河市兵衛が鉱業権を譲り受けて足尾銅山製錬所の操業を開始した。1885年（明治18年）8月に渡良瀬川の魚類の大量死が始まり，1890年8月には渡良瀬川大洪水により栃木・群馬両県の農地に鉱毒被害が発生した。このため1890年12月には栃木県吾妻（あずま）村村民は知事に「製銅所採掘停止」の上申書を提出した。

その後，豪雨のあるたびに河川が氾濫（はんらん）し田畑は毒の海と化した。そこで田中正造は1891年12月に帝国議会で政府の対策を質問したが，政府は誠意ある態度に出なかった。以後もたびたび詰問（きつもん）を続けて1901年

12月10日には明治天皇に鉱害の窮状の直訴までしたという逸話もあり，1973年２月に足尾銅山の採掘が中止となり今日にいたっている。なお，この事件は「日本の公害の原点」といわれることもあるが，このほかに明治時代の鉱毒事件としては愛媛県の別子銅山における精錬所からの排煙による別子煙害事件，ならびに茨城県の日立鉱山における精錬所からの排煙による日立煙害事件が有名。（☞水質汚濁，公害，煙害）

〔ST〕

アスベスト　asbestos　建設廃材に含まれる石綿およびその石綿加工物を指す。石膏ボードなどにはアスベストが含まれているものがある。アスベストの微細で浮遊した粉じんを吸い込むと，人体の肺に付着して健康障害を引き起こす。このため，建設物の解体工事などにおける作業環境のもとでは粉じんの飛散防止に細心の注意を払う必要がある。なお，アスベストは耐熱性・耐水性・耐久性に優れているだけでなく価格も安いため日本では1960年代から輸入が急増し，建材などに多く使われるようになった。しかし，1960年代にアスベストによる肺ガンや中皮腫の発生が確認され，95年になって発ガン性の高い青石綿と茶石綿の輸入・製造が禁止されて2005年からは白石綿も原則禁止になった。さらに2006年３月にはアスベスト救済法（石綿による健康被害の救済に関する法律）が施行され，2011年８月に改正された。（☞ばいじん，粉じん，健康被害）

〔YK〕

アマゾン環境破壊　アマゾン川流域は淡水量が世界最大で，世界の熱帯雨林の４分の１を占め，野生生物の宝庫として知られている。この熱帯雨林と豊富な生態系の破壊が進んでいる。1960年代以降に本格化した伐採や焼畑のためにアマゾン熱帯雨林の１割以上がすでに失われている。この地域に広がる熱帯雨林は世界中で発生する二酸化炭素の吸収源であり，森の消失は地球温暖化に拍車をかけることになる。さらに森の消失は野生生物種の減少につながる。

こうした世界的に影響をおよぼす環境問題だけでなく，住民には「水俣病」と同じような被害も発生している。アマゾン川流域では金の精製過程に使用が禁止されている水銀（mercury）を大量に使っており，その水銀はたれ流しにされている。そのため地域住民や金の採掘者には感覚障害，手足のしびれ，頭痛などの症状が出ている。このほかにもアマゾン川流域には多くの環境問題が発生しており，解決に向けた活動が早急に必要とされている。(☞水俣病，熱帯林，野生生物種の減少)　〔TT〕

アメニティ　amenity　「快適さ」または「快適環境」を指す用語。1970年代ごろから経済学・経営学をはじめ幅広く使用され始めた。当初は快適な製品や快適な環境を指していたが，現在は心地よい環境を表現する広い概念として用いられ，「生活アメニティ」および「都市環境アメニティ」の2つの分野に大きく分けられる。「生活アメニティ」とは生活に関連する快適な製品や生活者が満足する地域文化などである。他方，「都市環境アメニティ」は快適な居住空間，文化的な施設，整理された交通環境など，快適な都市空間に関係するものを指す。(☞都市環境)　〔TI〕

安定型処分場　産業廃棄物を最終処分する施設の一形態。廃棄物から溶(と)け出した有害物質を含んだ浸出水が漏(も)れるのを防ぐ遮水(しゃすい)設備や漏れ出てしまった浸出水を集めて処理する集排水処理設備を設営しておらず，単に廃棄物が崩(くず)れることのないような囲(かこ)いを設けた程度の廃棄物処理場を指す。この最終処分場は長期間の放置や雨水の浸入によっても性質が変化せず，有害化のおそれや付近の環境を汚染する危険性のない廃棄物を処理する目的で使用されている。具体的には，廃プラスチック類，ゴムくず，金属くず，ガラス，陶磁器くず，建設廃材などが処分の対象品目とされている。しかし，近年では上記の物質の混合物からも有害物質が排出されることが明らかになり，見直しが検討されている。(☞最終処分場，産業廃棄物)　〔JO〕

〔い〕

ESG投資　環境（Environment），社会（Social），企業統治（Governance）という3つの観点から企業を評価する投資手法を指し，欧州の金融機関では主流になりつつある。とくに最近では企業不祥事の多発を背景に，企業が統治される仕組みを表す企業統治（Governance），すなわちコーポレート・ガバナンス（Corporate governance）も企業価値を評価する際に重要視されるようになってきた。このように財務情報だけに頼っていては判断できない企業価値に着目する投資手法は，企業の社会的責任を重視する社会的責任投資（SRI）や地球と社会との持続可能生（サステナビリティ）に配慮するサステナブル投資とも軌(き)を一(いつ)にしており，世界的にも拡大傾向が顕著になっている。

その特徴は長期的視点から企業価値を評価する点にあり，このためには財務情報だけでは不十分で，例えば「啓発された自己利益」の創出に向けて地球環境問題の解決や社会貢献への積極的な取り組みなどが投資対象を選別する際に必須の要素になってきた情勢を反映している。ちなみに世界最大の公的年金基金である日本の年金積立金管理運用独立行政法人（GPIF）は2017年度からESG投資を本格化し，18年9月には新たな「環境株式指数」の採用を発表した。（☞社会的責任投資，啓発された自己利益，サステナビリティ，社会貢献）　〔HT〕

ETCシステム　Electronic Toll Collection System　高速道路における電子式料金収受システムを指す。高速道路の料金所で停車することなく料金の支払いを自動的に行えるシステムとして用いられる。電波を利用した情報交換により料金所での停止が不要になることで渋滞(じゅうたい)解消がはかれるとともに高速道路交通の多様な交通情報交換システムが構築できる。また，料金所の渋滞による車の排気ガスを原因とする呼吸器系の健康障害防止も期待できる。2001年には対象エリアが三大都市圏から全国に拡大。ITS（Intelligent Transport System）を基盤とする高度道路交通システムとして最先端の情報通信技術を用いて運用されている。（☞ITS）　〔YK〕

EV　⇒　**電気自動車**

イエローストーン国立公園　Yellowstone National Park　世界で初めて設定された米国の国立公園。モンタナ州・ワイオミング州・アイダホ州の３州にまたがっており，全米最大の規模で四国の約半分の面積を持っている。1978年には世界遺産にも登録された。ロッキー山脈の裾野に広がるイエローストーン国立公園には１万にもおよぶ間欠泉（一定の時間を隔てて周期的に熱湯または水蒸気を噴出する温泉）や温泉が湧き，硫黄の岩石があらゆるところで見られることから「イエローストーン（黄色い石）」と呼ばれる。毎年200万人以上の人が訪れる。ヘラジカ，バイソン，ハイイログマ，オオカミなど多くの野生生物が生息し，公園内を流れる川にはレインボートラウトやブルックトラウトなどの魚類，さらにワシやハヤブサなどの鳥類も多く生息している。(☞世界遺産，国立公園)　〔TT〕

硫黄酸化物　sulfur oxides　硫黄の酸化物を指し，略称は“SOx”と表記されソックスと呼ばれることもある。成分の大部分は二酸化硫黄。この物質は人体の組織を破壊し血液系統を冒すなど健康に悪影響をおよぼす。また，酸性雨（acid rain）の原因になる。他方，大気中で紫外線と化学反応を起こして硫酸を発生するため，大気汚染防止法で排出基準が定められ総量規制の対象になっている。硫黄含有量の少ない化石燃料の利用や化石燃料の排煙から硫黄分を除去する排煙脱硫技術などの組み合わせによって環境汚染抑止への取り組みが進められている。(☞酸性雨，総量規制，脱硫装置，大気汚染防止法)　〔YK〕

諫早湾干拓　reclamation of Isahaya Bay　長崎県南東部に位置する有明海に面した諫早湾は日本最大級の干潟で「有明海の子宮」と呼ばれるほど生物が豊かな地域である。しかし，1986年に「かんがい用水が確保された大規模で平坦な優良農地を造成し，生産性の高い農業を実現すること」および「高潮・洪水・常時排水時等に対する地域の総合防災機能を強化すること」の２つを事業目的に定めた干拓事業が始まった。その総事業費は2,490億円，計画面積は農用地として1,400ヘクタール，調整池として1,700ヘクタールを開発する大規模な公共事業であった。

一方，諫早湾との関連性は明らかではないけれども，有明海には多くの異変が起こっている。例えば有明海は国内最大のノリの産地であるが，2001年にはノリ養殖のシーズン最盛期に赤潮が発生し深刻な被害をもたらした。また，鮨（すし）の貝柱に使われる大型の２枚貝であるタイラギの水揚げが激減した。さらに，かつてはシギやチドリなど多くの渡り鳥の飛来地であったが，1997年４月に潮受け堤防が閉じられてからは，こうした渡り鳥の姿はほとんど確認できないようになった。この干拓事業には当初から事業自体の必要性や環境保全の観点から疑問や批判が多く寄せられていた。結局，こうした声は聞き入れられず干拓事業は着工されたが，公共事業や干潟保護の関心を高めるきっかけとなった。（☞干潟，藤前干潟，赤潮）〔TT〕

異常気象　abnormal weather　気象庁は「過去30年間の気候に対して著しくかたよりを示した天候」と定義している。他方，世界気象機関（WMO：World Meteorological Organization）は「平均気温や降水量が平年より著しくかたより，その偏差が25年以上に１回しか起こらない程度の大きさの現象」と定義している。近年は世界的に異常気象が多発しており，その外的要因としては火山の噴火，内的要因には偏西風が南北に大きく波打つ「ブロッキング現象」，さらに「エル・ニーニョ現象」や「ラ・ニーニャ現象」などがある。

一般的に異常気象は過去に経験した現象から大きく外（はず）れた現象を指して使われることが多く，最近では2018年に勃発（ぼっぱつ）した西日本豪雨や夏の記録的猛暑も異常気象と呼ばれている。また，とくに突発的かつ局地的で予測が難しい大雨はゲリラ豪雨と呼ばれることがある。（☞エル・ニーニョ現象，ラ・ニーニャ現象，ゲリラ豪雨）〔TT〕

イタイイタイ病　Itai-Itai disease　富山県神通（じんずう）川流域の住民に発生した公害で，原因不明の骨折などにより耐（た）え難（がた）い痛（いた）みをともない，「いたい，いたい」と泣き叫んだことから命名された。地元の医師が調査を行い，1955年にその結果を発表したため全国的に知られるようになった。当初，因果関係の特定が困難なために風土病または伝染病と信じられていた。しかし，1968年になって当時の厚生省はようやく上流にある岐阜県神岡鉱山からの廃液に含まれるカドミウムが農作物や飲料水に混入し，それが体内に蓄積され骨がもろくなったことが原因であるという見解を示した。こうして日本初の公害認定病となり，その後の訴訟を通じて認定患者には加害企業から補償が行われたが，今もなお地元自治体などによって汚染調査が実施されている。また，2012年には富山県立イタイイタイ病記念館が開設された。(☞カドミウム，公害)

〔TN〕

一次エネルギー　primary energy　一次エネルギーとは，自然界にそのままあるもので，変換処理が施されていないエネルギーをいう。一次エネルギーは2分類（枯渇性エネルギーと再生可能エネルギー），3種類に分けられる。枯渇性エネルギーは，①化石エネルギー（石油，石炭，天然ガス等），②原子力エネルギー（ウラン等の核物質）の2種類で，それに加えて③再生可能エネルギー（太陽光，風力，地熱，バイオマス，水力，潮汐（ちょうせき），潮流等）がある。人類の一次エネルギー利用は，薪（まき）などのバイオマスや水力利用の期間が長かったが，産業革命において化石燃料を燃焼して高温の状態をつくり，そこから得られるエネルギーを各種の動力，のちに電力として活用したことが大きな転機となった。したがって産業革命後は「化石エネルギー文明」と呼んでよいであろう。

化石燃料燃焼の弊害は，そのものが枯渇性であるとともに，各地で公害問題として，また気候変動にかかわる地球環境問題として現れた。それを代替する原子力エネルギーは枯渇性であるとともに，廃棄物処理の困難さと安全管理の問題が付きまとう。今後100年間のうちに人類の一次エネルギー利用の大転換であるエネルギー革命が進むとしたら，その主役は再生可能エネルギーとなる。一次エネルギーは文明そのものを支える重要な要素である。この一次エネルギーを転換したエネルギーを二次エネルギーと呼び，電気，都市ガス，石油製品（ガソリン，ディーゼル燃料，灯油，重油等），石炭製品（コークス等），熱供給などがある。(☞産業革命，化石燃料，自然エネルギー，原子力発電)

〔NK〕

一次電池　⇒　リチウムイオン電池

一酸化炭素　carbon monoxide　“CO”と表記する炭素原子の酸化物。化学的に窒息性を持つ無味，無臭，無色の気体で，酸素の供給が不十分な状態で物が燃える時に発生することが多い。人体の血液中のヘモグロビンと結合し細胞に酸素が供給されなくなると一酸化炭素中毒になる。一酸化炭素は，狭い空間や換気のよくない部屋に充満していても無刺激性のため，気づかないうちに急性中毒になるので換気に注意が必要。なお，2005年から社会的問題となっているガス機器の不完全燃焼による死亡事故は，一酸化炭素中毒が原因。（☞二酸化炭素）〔YK〕

一般廃棄物　municipal waste　産業廃棄物に含まれないすべての廃棄物（廃棄物の処理及び清掃に関する法律，第2条第2項）。主な一般廃棄物としては，日常生活で排出される生ごみ，紙くず，粗大ごみなどの家庭系ごみやし尿がある。あるいは，事業活動にともない排出される「ごみ」のなかでも，小口の事業所やオフィスから排出される紙くずなど，市町村で適正な処理をすることができるごみも事業系一般廃棄物として処理されている。現状ではこれらの廃棄物は各市町村単位で処分されているが，①排出量の増加，②処理施設の不足，③処理費用の高騰から，ごみの減量化が課題となっている。（☞廃棄物処理施設，廃棄物処理法，産業廃棄物）〔JO〕

遺伝子組み換え食品　genetically modified food　遺伝子を組み換えてつくられた農作物やその農作物を原材料として加工された食品。遺伝子の一部を取り，異なる生物体の遺伝子に組み込むなどの操作でつくる。本来なら備わっていない能力を発揮させ，害虫に強い作物や除草剤に強い作物，栄養価の高い作物などをつくることを可能にした。これまで厚生労働省が安全性審査を行ったものとしては，じゃがいも，大豆，てんさい，とうもろこし，なたね，わた，アルファルファ，パパイヤなどのうちの数品種がある。当初は良い面ばかりが強調されていたが，遺伝子組み換え技術には未知の部分も多く，安全性が疑問視されるようになったことから今後の研究が待たれており，さまざまな議論がなされている。消費者にとっては遺伝子組み換えの表示が目安になり，毎年対象となる食品が調査・検討されている。〔TI〕

遺伝資源　⇒　**生物資源**

井戸水汚染　一般に良質で衛生的にも安全な水と考えられてきた井戸水が，大地の汚染によって地層の溶解成分を多く含み汚染された状態を指す。例えば浅いところの井戸水は炭酸が多く含まれ，腐食性を持ち配管の材質である鉄や亜鉛を溶出したり，水道水の水質基準を超える硝酸性窒素の発生が見られ，鉄バクテリアの繁殖で地下水が汚染される危険性がある。他方，深いところの井戸水には，アンモニア性窒素，亜硝酸性窒素，鉄，マンガンなどが含まれる場合があり，時には硫化水素の検出や鉄バクテリアの発生すら見られる。(☞雨水利用，水質汚濁)　〔ST〕

癒し効果　⇒　屋上緑化

イラク戦争　Iraq War　2003年３月，イラクにおける大量破壊兵器の保有が世界的な安全保障の脅威になっているとして，米英が中心となり空爆が開始された。直接的な開戦理由としては，湾岸戦争時の停戦決議である国連安保理決議1441違反を開戦理由として掲げた。石油利権に絡む各国の思惑から強硬な反対意見が存在するとともに，油井炎上による大気汚染など「戦争は最大の環境汚染源である」という地球環境保護の立場から戦争そのものへの非難も巻き起こった。ところが米英側の勝利宣言の後，米国の調査団がイラクに大量破壊兵器が存在しなかったことを報告し，イラク攻撃の正当性が疑われる事態にいたった。(☞湾岸戦争)　〔MK〕

医療廃棄物　medical waste　医療機関（病院，診療所など）から排出される廃棄物。具体的には，使用済みの注射針や血液の付着したガーゼ類など。以前は一般廃棄物として処理されてきたが，処理の過程や医療現場で事故が多発したため，1989年に当時の厚生省が医療廃棄物処理のガイドラインを策定し産業廃棄物として処理することを決定した。

しかし，その後も不法投棄や事故が跡を絶たず，1992年に廃棄物の処理および清掃に関する法律が改定され，①感染のおそれのあるものを特別廃棄管理物に指定すること，②医療機関に特別管理産業廃棄物管理責任者を置くこと，③医療廃棄物はできるだけ内部で処理を行うこと，④外部に医療廃棄物の処理を委託した場合にはマニフェスト（廃棄物管理票）に記載することが示された。(☞一般廃棄物，産業廃棄物，不法投棄，マニフェスト)　〔JO〕

インバース・マニュファクチャリング　⇒　逆工場

インバウンド　⇒　観光公害

〔う〕

ウィーン条約　Vienna Convention for the Protection of the Ozone Layer　1985年3月にオーストリアのウィーンにおいて採択された条約で，正式名称は「オゾン層保護のためのウィーン条約」。オゾン層を破壊する物質について国際的に協調して研究を進めるとともに各国が適切と考える対策を行うことを定めている。このウィーン条約に基づきオゾン層保護のため1987年には「オゾン層を破壊する物質に関するモントリオール議定書」が採択され，特定フロンおよび特定ハロンの生産量の削減に関する国際的合意が成立した。日本においてもこれらを的確かつ円滑に行うため1988年に「特定物質の規制等によるオゾン層の保護に関する法律」が制定されている。(☞モントリオール議定書，オゾン層)　〔ST〕

ウォームビズ　⇒　クールビズ

雨水利用（うすい）　古くは生活用水を確保するために天水（てんすい）が活用され，近年では洪水対策，ヒートアイランド現象の緩和，湧水（ゆうすい）枯渇対策，省資源，省エネルギー，修景，防災などの観点から進められている雨水の利活用を指す。雨水利用システムには，一般住宅・事務所ビル等での利用，消防用・震災時の用水貯留槽，ため池，修景地・せせらぎ等水景などの利水を主目的とするものと，広場貯留，校庭貯留，ダム，遊水池，調節池，浸透トレンチ，浸透ます，透水性舗装など流出抑制を主目的とするものとの2種類がある。

雨水利用は単に水資源問題にとどまらず，都市型洪水の防止に役立つことから大型公共施設での雨水利用が効果を発揮している。例えば日本初の雨水利用施設として東京の国技館（1985年オープン，貯水量1,000トン）をはじめ，東京ドーム（1988年オープン，貯水量2,000トン，トイレの洗浄水や消防用水として活用），横浜国際総合競技場（1998年オープン，貯水量2,000トン，現日産スタジアム，フィールド散水，トイレ用水，植栽への散水として活用）などの事例がある。(☞井戸水汚染，水環境，水資源)　〔ST〕

宇宙ごみ　space debris　宇宙開発が始まって以来，人工衛星など多くの人工物が軌道上に打ち上げられ，地球の周りを回っているが，稼働中の人工衛星は１割以下にすぎない。残る９割は不要になった衛星や打ち上げロケットなどの破片であり，これらを一般に「宇宙ごみ」と呼ぶ。人工衛星の原因不明の故障や落下の一因と考えられている。(☞ごみ)　〔TT〕

宇宙船地球号　Spaceship Earth　アメリカの経済学者が1966年に「未来のための資源協会」の講演で発表した考え方。経済の型には「カウボーイ経済」と「宇宙飛行士経済」の２つがある。前者はアメリカ西部開拓時代のように，資源の枯渇(こかつ)など全く心配する必要のなかった時代の経済。これに対して後者は，宇宙船にある貴重な資源はすべて有限であり，水・空気・食料などはいつかなくなってしまう。また，人間が出す炭酸ガスや排泄(はいせつ)物は宇宙船内部を汚染する。これからは廃棄物を生産過程に還元するようなシステムを開発し，生態系を破壊しないことが大切になってくる。すなわち地球を１つの宇宙船に見立てた経済システムと考えるわけである。近年，この宇宙船地球号の欠陥が指摘されることが多い。例えば地球温暖化，エネルギーの限界，食料不足，飲料水の汚染などさまざまな問題が顕在(けんざい)化している。　〔TT〕

美しい国づくり政策大綱　⇒　景観法

奪われし未来　Our Stolen Future　米国では1962年に化学物質による環境汚染に警告を発した『沈黙の春』が出版された。それから30年以上が経過した1996年に，今度は環境ホルモン（内分泌かく乱化学物質）の危険性に警告を発した科学ドキュメンタリー『奪われし未来(Our Stolen Future)』（シーア・コルボーン他著）が出版されて世界的なベストセラーになった。

その内容とは，合成化学物質が生物のホルモン作用を阻害し，①ワシが巣をつくらない，②ワニやカモメの卵がふ化しない，③ミンクが子を産まない，④アザラシやイルカが大量死する，そして⑤人間の精子数までも激減している，という衝撃的なものであった。要するに，合成化学物質は発ガン性だけでなく，すでに人類自身の存続を脅(おびや)かすほど現代文明にとって危険な存在になっている実態が明らかにされたわけである。(☞沈黙の春，環境ホルモン，合成化学物質)　〔HT〕

海のエコマーク　⇒　MSC マーク

埋め立て処分　産業廃棄物を最終的に処分する方法の１つ。廃棄物処理には埋め立て処分と海洋投棄の２種類があり，現在では海洋投棄が原則禁止されたため，埋め立てによる処分が困難な場合を除いて大半が埋め立てによって処分されている。処理施設は最終処分場と呼ばれ，廃棄物処理は自治体に任されている。近年では施設近隣の住民による建設反対運動の広がりによって，処分場の確保がますます困難になってきている。(☞産業廃棄物，海洋投棄，最終処分場)　〔JO〕

〔え〕

エアロゾル　aerosol　固体または液体の微粒子が気体中に比較的安定して浮遊している状態を指す。化学的組成としては無機物から有機物まで範囲が広い。大気中のエアロゾルには海塩粒子（海水が舞い上げられて生成するもの），土壌粒子フライアッシュ（石炭燃焼で生成するもの），炭素粒子（自動車から排出するもの）などがある。また，大気中に霧状に存在するものに硫酸ミストや硝酸ミストなどがある。とくに工場等ではエアロゾルが存在すると火気による爆発を起こすことがあり，現在では特殊フィルターによる濾過や高電圧による電気集塵が行われている。また，炭鉱などで多量にエアロゾルを吸入すると「塵肺」という病気にかかることがある。大気環境基準は健康への配慮から10μm（ミクロン）以下の粒子（浮遊粒子状物質：SPM）に設定されている。エアロゾルは対流圏や地表では太陽光を反射して地表面に到着する量を減らす日傘効果を引き起こすとされ，気象変動にも大きな影響を与えると説明されている。（☞浮遊粒子状物質）

〔ST〕

Hf 蛍光灯　High frequency fluorescent lamp　Hf 蛍光灯とは，高周波点灯蛍光灯，インバーター形蛍光灯，もしくは高周波点灯方式蛍光灯とも呼ばれる。電子安定器（Hf 専用器具）を内蔵し，ランプ径も一回り小さいため器具本体を薄く設計することができる。従来のラピッドスタート式やグロー式と比較すると高効率・高照度の蛍光灯で，点灯の周波数を高めることによってチラツキを軽減し消費電力を約30％削減できる。また，蛍光灯に内蔵されている電子安定器はボルトフリー・ヘルツフリーであるため，電源電圧や周波数の制限がなく使用できる。この Hf 蛍光灯は省エネルギーに貢献しており，国が定める環境物品等の調達の推進にかかわるグリーン購入法にも適合している。（☞省エネルギー，グリーン購入法）

〔JO〕

HV　⇒　**ハイブリッド車**

ABS　⇒　**COP10**

液化天然ガス　LNG（Liquefied Natural Gas）　天然ガスの主成分となる無色・無臭で燃えやすく常温では気体のメタンガスをマイナス162℃以下に冷却し液体化したもの。これにより天然ガスの体積が600分の１に圧縮されるため運搬や貯蔵が可能になり，LNG 船で大量輸送できるようになった。燃焼した際に発生する二酸化炭素（CO_2）が化石燃料のなかで非常に少ないため，火力発電や工場用の燃料としての需要が世界的に急増している。2018年時点で日本は世界最大のLNG 輸入国であるが，今後は経済成長が続く新興国の多い東南アジアや南アジアでの需要が拡大すると予想されている。とくに中国は環境対策として石炭や重油から天然ガスへの燃料転換を進めており，2025年ごろにはLNG の輸入量が日本を抜いて世界一になるとの予測すらある。（☞天然ガス，化石燃料，シェールガス）〔HT〕

液状化現象　soil liquefaction　液状化現象は海や湖沼等の砂地を埋め立てた場所で起こる。地盤が締め固められていないか，あるいは水を含んだ状態の地下水位の高い地盤が地震によって強度を失う場合に発生する現象。元来は土木工学の用語であったが，近年になり一般的に使われるようになった。この液状化現象は巨大地震の際に現れ，日本では1964年の新潟地震（M7.5）で信濃川河畔の集合住宅が倒れるという大惨事となった。液状化現象は現代の都市計画にも大きくかかわってくる問題。都市では川や沿岸部の軟弱地盤や埋め立て地盤にビル，道路，橋，空港，レジャー施設等の大型建造物を建設しているからである。日本では1971年に「道路橋耐震設計指針」が政府から出され，液状化しやすい地盤の判定方法を世界で初めて導入した。その後，４回改定されている。その指針では対象範囲，地下水位，細粒分含有率，粒径が指標となっている。液状化対策としては，なんらかの方法で地盤を締め固めることがある。埋立地の空港施設建設ではセメントを混ぜて埋め立て材にしている。1995年の阪神・淡路大震災，2011年の東日本大震災でも地盤の液状化が起こり，水道やガスなどのインフラが止まる被害が出た。（☞阪神・淡路大震災，東日本大震災）〔NK〕

エコアクション21（EA21）　持続可能な社会の実現に資することを目的に，広範な中小企業，学校，公共機関などに対し，環境への取り組みを効果的・効率的に行うシステムを構築・運用・維持し，環境への目標を持ち，行動し，結果を取りまとめ，評価し，報告するための方法として，環境省が策定したエコアクション21ガイドラインに基づく事業者のための認証・登録制度のこと。この制度は2004年10月から開始され，2017年３月末現在で全国7,791事業者が認証・登録を受けた。

その環境活動評価プログラムの特徴として次の３項目が掲げられている。第１は，ISO14001をベースとしつつ，中小企業等でも容易に取り組める環境経営（または環境マネジメント）システムのあり方をガイドラインとして規定していること。第２は，二酸化炭素排出量，廃棄物排出量，総排水量など，環境への必要な取り組みを環境パフォーマンス評価の対象として規定していること。第３は，事業者が環境への取り組み状況等を環境活動レポートとして作成・公表する環境コミュニケーションを必須の要素として規定していること，である。

エコアクション21は，①環境への負荷の自己チェックの手引き，②環境への取り組みの自己チェックの手引き，③環境経営システムガイドライン，④環境活動レポートガイドライン，の４つのパートから構成されている。この４つのパートにそって取り組むことによって幅広い事業者が効率的にシステムを構築することができ，環境に関する取り組みの現状把握から，目的・目標の設定，管理，改善にいたるまでの総合的な運営をはかることができると説明されている。

また，エコアクション21に取り組むことのメリットには，①環境経営システムと環境への取り組み，環境報告の３要素が１つに統合されているため，比較的容易かつ効率的に取り組むことができる，②環境への取り組みの推進だけでなく，経費削減や生産性・歩留(ぶど)まりの向上などの効果が期待できる，③環境活動レポートの作成・公表によってステークホルダーの信頼性が向上する，④大手企業が環境への取り組みや環境経営システムの構築を取引先の条件の１つとするサプライチェーンのグリーン化に対応できる，などが掲げられている。

さらに2017年４月には「エコアクション21ガイドライン（2017年版）」が環境省から発表され，その趣旨は次のように説明されている。つまり，環境と経済の好循環を実現するため，1996年に幅広い事業者が取り組める「環境活動評価プログラム」を策定し，2004年には環境経営を支援して企業価値を向上させる仕組み「エコアクション21（2004年版）」へと発展させてきた。2015年には「パリ協定」が採択され，大手企業はいち早く環境経営を発展させて経営の重要な要素として取り込み，より戦略的な環境への取り組みを加速させている。同時に，環境面の法令などの遵守（コンプライアンス）や環境コミュニケーションといった取り組みもより進化させている。このような状況は，バリューチェーン上の重要な存在である中小事業者などにとっても，自らの事業を発展させる絶好のチャンスが到来したといえる。エコアクション21ガイドラインの2017年版は，事業者が経営のなかに環境への取り組みを位置付けることで，事業者の成長を加速させ，進化を最大化できることを念頭に策定している。エコアクション21における環境経営とは，狭義の環境マネジメントシステムをベースに環境のみならず経営全体を発展させることができる仕組みである，と。（☞ISO14000シリーズ，ステークホルダー，環境コミュニケーション，環境経営，パリ協定）〔HT〕

エコ・イノベーション　eco-innovation　イノベーションは一般に「革新，新機軸」という意味を表し，エコ・イノベーションとは①環境に配慮した製品や技術の開発につながる技術革新，あるいは②経営上の工夫や創造性の発揮によって戦略的に環境経営を推進する経営革新を指している。「環境イノベーション」とか「グリーン・イノベーション」という用語もほぼ同義で用いられている。なお，2007年3月に発表されたEU（欧州連合）におけるエコ・イノベーションの動向と発展に関する欧州委員会（European Commission）の報告書では，エコ産業の力強い成長を確認する一方で，地球環境や気候変動の現状を考えると，クリーンで環境にやさしいイノベーションの大規模な導入が求められる点が強調されている。（☞環境経営，環境配慮型商品，クリーン）〔HT〕

エコ・エコノミー　⇒　プランB

エコカー　環境に悪影響を与える物質の排出をできるだけ減らすために開発された自動車。ガソリン車の中では超小型車や，技術の向上によって有害物質である一酸化炭素や炭化水素の排出を減らしたり排出ガスをきれいにしたりするように設計された低排出ガス車（LEV）が該当する。ガソリンを利用しない自動車では① CNG（Compressed Natural Gas：圧縮天然ガス）を利用する車，②メタノール（メチルアルコール）を燃料とする車，③エンジンとモーターを組み合わせたハイブリッド車，④無排出ガス車（ZEV）である電気自動車，などがある。（☞エコカー減税，電気自動車，低公害車，ハイブリッド車，メタノール）〔JO〕

エコカー減税　経済産業省主導で2009年度から開始された，環境性能の優れた車に対しての税制上の優遇措置。地球温暖化対策の一環として低排出ガスの車を普及させることを目的としている。次世代カーと呼ばれるハイブリッド車（プラグイン・ハイブリッド車を含む）や電気自動車（燃料電池車を含む），天然ガス車，ディーゼル仕様車など国土交通省が定める排出ガスと燃費の基準値をクリアした自動車が対象。それぞれ条件によって減税内容は異なるが，自動車税，自動車重量税，自動車取得税が軽減される。なお，自動車の購入時に支払う自動車取得税は2019年10月の消費税増税の際に廃止され，それに代わって購入段階における燃費性能に応じて支払う燃費課税が導入されることになる。（☞エコカー，自動車のグリーン化，グリーン化税制，低公害車，ハイブリッド車，プラグイン）〔MK〕

エコ偽装　⇒　環境偽装

eco 検定　⇒　環境社会検定

エコサービス　eco-service　製品は形をともなう物財（product：モノ，例えば家電製品や文具など）と，形をともなわないサービス財（例えば教育や修理，輸送など）に大きく分けられ，エコサービスはそれぞれに使われ方が異なる。まず①物財においては，物財そのものを売るのではなく，リースやレンタルなどのように従来物財で提供していたことをサービスに替えていくこと。次に②サービス財の分野では，環境改善・環境保全を考慮に入れたサービス財や環境負荷が少ないサービス財を指す。〔TI〕

エコ産業革命　1991年4月に東京で開催された「地球環境問題に対するアジア・太平洋環境会議（エコ・アジア'91）」において，環境と開発に関する国連会議（UNCED：United Nations Conference on

Environment and Development）のモーリス・ストロング事務局長（当時）が提唱した概念。産業革命以来の大量生産・大量消費・大量廃棄に基づいたライフスタイルを改め，環境への配慮を経済社会活動のなかに組み込んでいくことを目指す。つまり環境コストを市場原理に内部化し，経済と環境の統合をはかろうとする概念である。この概念は地球サミットの基本テーマとされた。（☞産業革命，地球サミット，環境コスト，アジア・太平洋環境会議，大量生産・大量消費・大量廃棄）〔TT〕

エコ事業所　環境に配慮した経営を行っている事業所を一般に「エコ事業所」と呼ぶ。例えば名古屋市では「地球を守る第一歩」として環境に配慮した取り組みを自主的かつ積極的に実施している事業所を「エコ事業所」として認定する制度を2002年３月に創設し，2018年５月末現在ですでにエコ事業所とさらにレベルアップした優良エコ事業所を合わせて約2,000もの多くの事業所が認定され増加し続けている。また，他の模範となるような優れたエコ事業所に対しては表彰する制度もある。このような事業者の自主的な取り組みを支援する背景には以下のような基本認識があると説明されている。

つまり，これまで大量生産・大量消費・大量廃棄型の社会経済システムは人々を経済的に豊かにし，快適で便利な生活基盤を築く原動力となってきたが，その一方で大量に資源やエネルギーを消費し，地球温暖化やごみ問題といった今日的な環境問題を引き起こした。例えば地球温暖化などの環境問題は，エネルギー消費など通常行われている事業活動そのものが原因となっており，こうした行為を規制的手法で抑制するには限界があることから，事業者には自らの事業活動の基盤となる地球環境保全に向けた自主的な取り組みが求められている，と。

現在，名古屋市の先駆的かつ模範的なエコ事業所認定制度（事務局は名古屋市環境局内）のほかにもエコ事業所の認定制度（またはそれに類似する制度）には広島市のエコ事業所認定制度，あるいは愛知県には自動車エコ事業所認定制度が創設されており，世界的な環境問題への関心の一層の高まりを背景に，今後，エコ事業所の認定制度は日本全国の自治体に普及していく可能性が高い。（☞大量生産・大量消費・大量廃棄，環境経営，グリーン経営）〔HT〕

エコシステム　eco-system　本来は「生態系」を意味するが，最近では有機的なつながりのある社会システムの特徴を指す用語として比喩的に使われるようになってきた。エコシステムは繊細なバランスに基づく共生関係のうえに成り立っているため，たとえ弱肉強食による生存競争があっても常に全体的にバランスがとれていなければならない。したがって，その特徴は多様性（diversity）がないと破壊されやすい点に求められる。（☞共生，エコロジー）〔HT〕

エコ住宅　地球温暖化に対する防止策の一つとして，環境に配慮し，居住するなかで消費するエネルギーを効果的に抑制できる住宅のこと。政府や自治体によるさまざまな補助金制度があり，エコ住宅普及の追い風になっている。エコ住宅と呼ばれるものにはさまざまな形式があるが，エコ住宅に欠かせない設備やシステムには，①高効率給湯器，②家庭用燃料電池，③太陽熱温水器やソーラーシステム，④断熱材や高反射率塗料，⑤LED照明や節水型トイレなどがある。さらに電気自動車の充電設備を兼ね備えた住宅，あるいは蓄電池システムや消費エネルギーの見える化モニターを備えた住宅なども含まれる。また，立地環境と設計上の工夫によって風通しや採光に配慮した住宅もエコ住宅と考えることができる。（☞見える化，家電・住宅エコポイント）〔JO〕

エコ商品　⇒　チーム・マイナス6％

エコスクール　環境に配慮した学校施設，あるいは環境に配慮した活動に積極的に取り組む学校を指して用いられる用語。日本では1990年代半ばころから関心が持たれるようになり，1996年（平成8年）に報告された「環境を配慮した学校施設（エコスクール）の整備について」のなかで，環境に配慮して設計され，環境を考慮して運営され，環境教育にも活かせるような学校施設が望ましい，とされた。つまり環境を考慮した学校施設は，施設面・運営面・教育面の3つの観点から捉えることができるわけである。これを受けて1997年から5年間，環境を配慮した学校施設（エコスクール）に関するパイロット事業が実施された。その後は，新エネルギー，省エネ・省資源，資源リサイクル，建物・屋上緑化といった施設面だけでなく，学校における環境に配慮した活動面の取り組みも見られるようになってきている。なお，現在，エコスクールはエコスクール・プラスおよびエコスクールパイロット・モデル事業として認定されるようになった。(☞環境教育，環境学習)〔HT〕

エコステージ　環境経営のステージ（段階）を示すことによって経営改善と競争力の向上をはかり，組織の持続可能性を高めるために日本で開発された環境経営評価システムの名称。環境問題への関心の高まりを背景に環境に配慮した経営，すなわち環境経営が21世紀に存続・発展する企業の選別基準として重要になってきた。しかし，ISO14001などの環境マネジメントシステムを導入する動きが活発化している反面，実際には形式的な対応のみで成果のあらわれていない企業も多いといわれている。また，ISO14001の認証取得には高額な費用がかかり，中小企業には難しい。そこで，ISO14001を補完するマネジメントシステムとして環境規格「エコステージ」では5段階の審査基準を設定し，段階的な認証取得によってレベルアップしやすいよう工夫されている。(☞環境経営，ISO14000シリーズ)〔HT〕

エコセメント　⇒　都市ごみ

エコソリューション　⇒　環境ソリューション

エコタウン事業　環境に調和した街(まち)づくり推進のための支援事業。経済産業省および環境省が地方公共団体や民間団体の計画したプロジェクトを共同で承認し，ソフト面やハード面で支援する。1997年に創設された事業で，あらゆる廃棄物をなくすことを目指したゼロ・エミッション構想を地域振興策の基軸と位置づけ，地域の特性を活かしながら既存の枠(わく)にとらわれない循環型社会の構築を目的とする地域振興支援事業である。(☞ゼロ・エミッション，循環型社会)〔JO〕

エコツアー　⇒　エコツーリズム

エコツーリズム　ecotourism　エコロジー（ecology）とツーリズム（tourism）を組み合わせた造語で，エコツアーや環境観光とも呼ばれる。自然が豊かなニュージーランドやオーストラリアをはじめ，各国で自然の大切さを旅行客に理解してもらおうと盛んに行われている。日本でも世界遺産に登録されている鹿児島県の屋久島や東北地方の白神山地など，各地で取り組みが始まっている。現地の人たちと一緒に植林をしたり，自然破壊の現場を視察したりするツアーもあり，自然保護と観光の両立をはかる新しい取り組みとして環境保全活動の盛り上がりを背景に注目を集めている。

エコツーリズムは自然観察を中心にその土地に存在する生態系を守りながら，自分たちが旅行を通じて与える環境負荷を最小限にとどめようとする新しい旅行形態。生態系のなかには住民生活も含まれることから，観光を通じて住民が経済的に自立できるよう支援する活動も重要である。つまり，観光によって周辺地域の住民に収入をもたらし，貧困が原因で進みつつある開発途上国の熱帯林破壊などを防止するという地球規模の環境保全に貢献する効果も期待されているわけである。(☞世界遺産，環境負荷，国際エコツーリズム年)　〔TT〕

エコデザイン　eco-design　製品をつくっていく過程のすべての段階において，環境負荷をできるだけ減らすようにする計画や推進システムのこと。製品を実際に生産し消費者の手元に届けるには，①素材の選定，②材料への加工，③部品の組み立て，④製品の製作，⑤製品流通の過程がある。これらのあらゆる段階で環境に優しい社会の実現を目指す。1997年に国際標準化機構（ISO）でエコデザインの導入を支援する「製品規格に環境側面を導入するための指針」が発効され，1998年に日本工業規格（JIS）としても盛り込まれた。エコデザインは環境への総合的な対応手法であり，製品製造，技術，社会システムにいたるまで一貫したライフサイクル設計に基づいて検討されなければならない。2005年にEuP指令（Energy-using Products：エネルギー使用製品）が発効され，さらに2009年にErP指令（Energy-related Products：エネルギー関連製品）へ改定し発効された。(☞ISO，プロダクト・ライフサイクル)　〔TI〕

エコドライブ　eco drive　環境に配慮して自動車を運転（ドライブ）すること。アイドリングストップ，経済速度走行，点検・整備の実施，タイヤ空気圧の適正化，エンジンの空ふかしをしない，急発進・急加速・急ブレーキをやめる，無駄な荷物を積まない，控(ひか)えめなエアコン使用などを心がけることで使用燃料の効率化を図り，CO_2，あるいは自動車に関する他の環境負荷を抑制することを目指す。日本では運輸関連のCO_2排出が全体の2割ほどを占め，個々のドライバーが環境にやさしい運転を意識することは総排出量抑制に大きく貢献する。また，道路周辺地域の環境被害を軽減する効果をも併(あわ)せ持つ。省エネルギーの観点からもドライバー側の経費削減につながるエコドライブ運動は，車両通行の繁多(はんた)な都市部を中心に全国的な広がりを見せている。(☞アイドリング，省エネルギー)　〔MK〕

エコバランス　⇒　ライフサイクル・アセスメント

エコピープル　⇒　環境社会検定

エコビジネス　⇒　環境ビジネス

エコファンド　eco-fund　企業へ投資する際に環境問題への取り組みを主要な評価基準とする投資信託の総称で，「環境ファンド」とも呼ばれる。間接的に環境保全に貢献することから欧米社会ではすでに定着している。日本では1999年に初めて登場した。環境への配慮はコスト増加に結びつくと考えられてきたが，公害問題などによる業務停止や企業のイメージダウンを避けることができるうえ，環境への対応が法的に義務づけられた場合も，対応していなかった企業より環境保全に使う資金が少なくてすむという長所がある。その結果，長期的には株価の上昇を見込めることが，投資の大きな理由となっている。さらに，環境保全に積極的に取り組む企業への社会的責任投資（SRI）の考え方が背景にある。アメリカではSRIの運用パフォーマンスが，市場平均に比して堅調に推移しているというデータがある。(☞グリーン・カンパニー，社会的責任投資)　〔MK〕

エコポイント　⇒　家電・住宅エコポイント，グリーン物流パートナーシップ会議

エコポート　eco-port　環境と共生する港湾を指す。1994年3月に運輸省（現在の国土交通省）は，今後の港湾環境対策の基本的な考え方を「新たな港湾環境対策―環境に共生する港湾（エコポート）をめざして」にまとめた。エコポートの目指すものは，①自然に溶け込み生物に優しい港，②積極的に良好な自然環境を創造する港，③アメニティが高く人々に潤いと安らぎを与える港，④環境に与える負荷が少なく環境管理が行き届いた港，の4つである。今後の港湾環境政策の基本的な方向については，交通政策審議会港湾分科会環境部会において見直し作業中である。（☞共生，アメニティ）〔ST〕

エコマーク　eco-mark　商品のなかで環境負荷が少ないか，あるいは環境保全に役立つと認められる商品に付けられるマーク。エコラベルの一種であるが，日本ではエコマークが比較的普及している。製造業者や流通業者，または消費者がこのマークを見て暮らしと環境のかかわりを思考したり，環境にやさしい商品選択に役立ててもらうことを目的に1989年にスタートした。企業が申請し，（財）日本環境協会が審査・認定する。認定の商品は有効期間が定められている。エコマークが付けられる商品例として，物財（モノ）としては，紙，プラスチック製品，繊維製品，事務用品などがある。さらに2012年からサービス財のカーシェアリング，ホテル，飲食店などにも拡大された。このようなマークはドイツ，北欧，アメリカ，カナダ，大韓(だいかん)民国（韓国），台湾，ニュージーランドなどでも導入されている。（☞エコラベル，グリーン・シール，日本環境協会）〔TI〕

エコマテリアル　eco-materials　地球環境にやさしい材料や素材のことで，環境負荷の低減やリサイクル性の向上を視野に入れて開発されたもの。例えば生分解性プラスチックや鉛フリーはんだ（人体に有害な鉛を含んでいないはんだ）が実用化されている。また，木・土・草・コルク・紙などの天然素材も，製造・消費・リサイクル・廃棄のどの段階においても環境負荷の発生を抑えて利用できれば「エコマテリアル」と呼ばれる。（☞環境負荷，生分解性プラスチック）〔TT〕

エコマネー　eco-money　日本で誕生した用語で，市町村など比較的狭い地域で独自のルールを決めた「地域通貨」。エコロジー（生態環境），エコノミー（経済），コミュニティ（地域），マネー（お金）

の4つの意味を合わせもつ。地域や環境のためのボランティア活動などをポイント化し，それを特定の商品やサービスとの交換に使用できるシステムである。カナダで「LETS（Local Exchange Trading System）」と呼ばれる地域交換制度が実施されたのをきっかけに欧米諸国に広がった。この地域通貨が日本に「エコマネー」という通称で取り入れられつつあり，2005年に開催された「愛・地球博」では「EXPO エコマネー」が実験的に実施されるなど，各地で計画・実施されている。「地域限定」「非匿名（とくめい）」「無利子」「信頼」という4原則からなり，地域の相互扶助を助長する，または今までの経済・社会システムの不足する部分を補って地域経済を活性化するシステムとして注目されている。（☞エコロジー）　〔MK〕

エコライフ　eco-life　エコロジカル・ライフスタイルまたはエコロジカル・ライフの略称で「環境にやさしい暮らし（または生活）」の意味。1990年に環境庁（現在の環境省）が「生活と環境を調和した暮らし」として提唱した新しい生活様式や考え方である。具体的には「使わない部屋の電気は消す」「油などを排水溝から流さない」「冷暖房の節約」などを推奨している。こうした1人ひとりの環境に配慮した行動が地球環境問題の解決につながると考えられている。（☞エコロジー，ライフスタイル）　〔TT〕

エコラベル　eco-label　「環境ラベル」とも呼ばれ，製品の環境負荷が少ないことを消費者に知らせるために用いられる。企業は製品にラベルを付けることによって自社の環境への取り組みをアピールすることができる一方，消費者にとっては商品選択の際にその商品の環境負荷がわかる。また，こうした環境ラベルが貿易障壁とならないよう，基準の統一や相互認証等の問題が WTO や OECD 等の場で議論されている。エコラベルは「タイプⅠ：第三者認証のもの」「タイプⅡ：自己主張のもの」「タイプⅢ：第三者認証のうち環境負荷を数値等で表すもの」の3種類が主なものである。日本のエコラベルはエコマーク，グリーンマーク，再生紙使用マーク等がある。ドイツではブルーエンジェル，アメリカではグリーン・シールなどが代表的。（☞エコマーク，グリーン・シール）　〔TI〕

エコリフォーム eco-reform 化学物質の発生を抑えるために天然の建材を使うようにする住宅の改装（リフォーム）を指す。この背景には，住宅建材が発散する化学物質によって体調を崩（くず）すいわゆる「シックハウス症候群」が1990年代の後半あたりから増加し始め，2000年以降に急増した経緯がある。そこで，2002年に成立した改正建築基準法では，建材などから発散する有害な化学物質について初めて法的な使用規制が盛り込まれた。しかし，最近ではシックハウス症候群対策としてだけでなくエネルギー消費を少なくする地球に優しいリフォームを意味するようになってきた。例えば太陽光発電など省エネにつながるものや自然素材を使うことで環境と自然に配慮したリフォーム，すなわち地球に優しいだけでなく家計や家族にも優しいリフォームを指すようになっており，こうしたエコリフォームに対しては補助金が支給されるようになってきた。(☞シックハウス症候群，エコ住宅) 〔HT〕

エコ・リュックサック eco-rucksack ドイツのフリードリッヒ・シュミット・ブレークが1993年に提唱した環境負荷低減に資する有効な工学的尺度で，人間が使用する製品やサービスを得るために動かされ変換される自然界の物質の量を指す。例えば製品のエコ・リュックサックは物質集約度とも呼ばれ，その製品を構成する素材の重量（キログラム）にリュックサック因子を相乗して得られる。このリュックサック因子は素材1キログラムを得るためにどれだけの重量の鉱石・土砂・水・その他いろいろの物質を何キログラム自然界で消費または移動させたかを表したものである。この工学的尺度の目的は環境負荷の低減にある。

ドイツのブッパータール研究所によれば，鋼鉄のリュックサック因子は21であるから1 kgの鋼鉄は自身の重量も含めて21kgのエコ・リュックサックを背負っているという。リュックサック因子の値としてアルミニウムは85，再生アルミニウムは3.5，金は540000，ダイヤモンドは53000000といわれる。製品のエコ・リュックサックの値およびサービスの量は製品のライフサイクル全体にわたって計算されエコ・リュックサックをより小さい値にし，サービスの量をより大きい値に設計することによって製品の環境に対する負荷をより小さいものとすることができる。(☞環境負荷，ゼロ・エミッション，隠れたフ

ロー）　〔ST〕

エコレールマーク　eco-rail mark　鉄道貨物輸送を活用して地球環境問題に積極的に取り組んでいる商品・企業であることを表示するマークを指す。このマークを商品やカタログ等に表示することにより，消費者と企業が一体となって鉄道貨物輸送による環境負荷低減のための取り組みを促すことを目的としている。国土交通省が2005年４月から始めたこの認定制度は，具体的には社団法人・鉄道貨物協会内の「エコレールマーク運営・審査委員会」の定めるエコレールマーク事業実施要領により実施されており，2017年９月22日現在の累計で188商品（213品目）・85企業が認定されている。2005年２月の京都議定書の発効を受け，CO_2削減に向けて長距離輸送を鉄道・海上貨物コンテナ輸送に切り替える「モーダルシフト」が全国で展開されているが，鉄道貨物輸送はCO_2排出量がトラックに比べ約８分の１と環境負荷が非常に低く環境にやさしい輸送手段になっていることが，このエコレールマーク認定制度促進の背景にある。（☞京都議定書，モーダルシフト）　〔ST〕

エコロジー　ecology　環境問題でよく使われる用語で，「生態学」または「生態的環境」を指している。そもそも「生態（せいたい）」とは生物が自然界において生命活動を営（いとな）む形態のこと。したがって，「生態学」は生物学の分野にはいり，生物の「住みか」を研究することから始まり今日では生物とその生活環境との関係を研究する学問と説明されるようになった。それは研究対象によって海洋生態学，森林生態学，都市生態学などのように分類することができる。

一方，生態的環境という意味では「生態系（エコシステム）」が注目されている。これはある地域で生活するすべての生物と，それと相互依存関係を有する非生物的な環境によって形成されるつながり（系）を表し，そのなかでは生物種の間で発生する食物連鎖を含めた物質やエネルギーの循環が系統的に起こると想定されている。なお，この場合の非生物的環境には大気，水，土壌，光などを挙げることができる。（☞エコシステム，食物連鎖）　〔HT〕

エコロジカル・フットプリント　ecological footprint　１人の人間

が持続的な生活を営むために必要な地球上の面積を指す。カナダのブリティッシュ・コロンビア大学が開発した指標。産業経済活動の大きさを，それをささえている生態系の面積で表し，「ある特定の地域の経済活動，またはある特定の物質水準の生活を営む人々の消費活動を永続的に支えるために必要とされる生産可能な土地および水域面積の合計」と定義されている。地球全体にとっての持続可能な社会を構築するためには，「人間の経済活動が生態系の環境収容能力の範囲内で無理なく行われているかどうか」といった議論が背景にあり，これは「経済の環境収容能力要求量」とも説明されている。

今日，地球の持つ環境収容能力と経済活動のバランス状態を測る永続的指標の必要性が増している。これは「人間の経済活動の規模は果(は)たして地球生態系の環境収容能力とバランスがとれているのか，もし超過しているとすればどの程度超過しているのか，肥大化した経済活動の規模はどのようにどれだけ減らす必要があるのだろうか」という数量的政策目標を立案するための分析手法が求められていることにほかならない。

世界自然保護基金（WWF）はこのエコロジカル・フットプリントを用いて2005年現在における世界の環境容量（地球が持続可能であるための環境負荷の最大値）を計算した。この結果によれば地球上の1人当たりの公平割当面積は2.1グローバル・ヘクタールであったのに対し，エコロジカル・フットプリントは1人当たり2.7ヘクタールであったので，世界全体の社会活動はすでに地球の環境容量の約1.3倍で環境容量の限界点を超えており，世界中の全員が日本人と同様の消費水準で生活しようとすれば地球が2.3個必要になるという結果まで出ている。（☞持続可能な開発，世界自然保護基金，環境負荷）〔ST〕

エシカル消費　ethical consumption　エシカルは「倫理的，道徳的」を意味し，エシカル消費（倫理的消費）とは人や社会や環境に配慮した商品やサービスを積極的に選択し購入する消費行動を指す。現代ではモノのライフサイクルを通じた人や社会や環境に対する負担や影響が見えにくくなっていることが多いため，持続可能な消費活動の一環と捉(とら)えてよいであろう。とくに最近では価格面だけで購入せずに人や社会や環境への配慮を考えて購入する必要性が高まり，リサイクル製品やエコマーク商品に加え，フェアトレード，地産地消，さらに被災地応援や障害者支援につながるような商品の選択や購入もエシカル消費に含まれるようになってきた。(☞リサイクル，エコマーク，フェアトレード，地産地消，グリーン・コンシューマー)　〔HT〕

ESCO 事業　ESCO Projects　ESCO とは Energy Service Company の略で，公共施設や工場などの建物に省エネルギーについての施設導入や運用システムなどの包括的なサービスを提供し，省エネによって実現した光熱費の減少分から報酬を得るビジネスである。この ESCO 事業は第２次オイルショックによる省エネ対応のため米国で開始され，同国では1983年に ESCO 協会が設立された。日本では1999年に ESCO 推進協議会が組織され本格化した。実施期間は15年。省資源や温暖化対策に貢献する新しい環境ビジネスとして注目されている。

事業の内容は，①省エネ方策発掘のための診断やコンサルティング，②省エネ方策導入のための計画立案，設計，施工，施工管理，③導入後の省エネ効果の計測・検証，④導入した設備等の保守・運転管理，⑤事業資金の調達，金融機関のアレンジ，である。これらを包括したサービスとして行い，一定の省エネルギー効果を保証した出来高払いの契約を行うことが特徴である。また，シェアード・セイビングス契約（民間資金活用型）では ESCO 事業者が改修工事の資金を調達するため，施設導入側には一切の金融負担を負う必要がないことも魅力の１つとなっている。

2013年の市場規模は約300億円で，業務用733施設，産業用115施設が報告されている。ある企業では ESCO 事業でコジェネレーション・システムを導入し，新たな自家発電，廃熱蒸気・廃熱温水利用により年間のエネルギー削減率9.3%，エネルギーコスト削減額が1,755万円，同削減率13.3%となった。2007年施行の環境配慮契約法でグリーン契約の対象となり，ESCO 事業導入のインセンティブになっている。(☞省エネルギー，環境ビジネス，環境配慮契約，コジェネレーション)　〔NK〕

SDGs　⇒　持続可能な開発目標

SBT 認定　SBT は ‘Science Based Targets’ の略称で「科学に基づいた目標」と邦訳される。2015年12月に採択された地球温暖化対策の国際的な枠組み「パリ協定」で目指す世界の平均気温の上昇を産業革命以前から2度以内に抑えるという目標に見合った温暖化ガス削減目標を立てた企業が，世界自然保護基金（WWF）などの環境保護団体から構成される「SBT イニシアチブ」へ削減目標を提出し，専門的に審査されて与えられる認定のこと。業種により削減目標の厳しさは異なるが，2018年初めまでに世界で80社以上が認定を受け，日本企業では15年10月にソニーが初めて SBT 認定を取得。ESG 投資が国際的に普及してきている情勢を背景に，SBT 認定を受けた企業は温暖化ガス削減に積極的に取り組んでいることが認められたこととなるため，世界中で認定を求める企業が増加している。

なお，SBT 認定の基準には次の5項目が掲げられている。それは①自社や発電所などが排出する温暖化ガス排出量の把握，②最低でも温暖化を2度以内に抑える削減目標の設定，③目標の年限は5～15年後，④企業全体の温暖化ガス排出状況を毎年開示，⑤間接的な排出量が多い企業における年限を区切った削減目標の設定である。（☞パリ協定，ESG 投資）

〔HT〕

エタノール　ethanol　アルコールの一種であり，理論化学式 C_2H_6O で表される。酒精とかエチルアルコールとも呼ばれ，揮発性が高い。水や有機溶剤などと容易に混和する。このために，溶剤，有機合成原料，消毒剤などに用いられ，飲用，工業用，燃料用として広く使用されている。他方，バイオエタノールは，でんぷん質や木質系のセルロース等を糖化してアルコール発酵させ，蒸留して製造されるエタノールである。（☞バイオエタノール）

〔YK〕

エネルギー課税　エネルギーに税を課すこと。エネルギーは石油や石炭などの「化石燃料」と「電力」に大別される。化石燃料の使用は二酸化炭素の排出をともない地球の温暖化を招くことになる。欧州では環境保全のために環境政策の一環として炭素税などエネルギーに課税するエネルギー税制が導入されている。比較的低い税率で広範囲に適用されるものとターゲットを絞って適用されるものがあり，エネルギー多消費産業に対しては，いずれの国も減免措置を講じている。

現在，わが国では化石燃料に課税する国税として石油等関税，石油税，揮発油税，石油ガス税，地方道路税，航空機燃料税などがある。

また地方税として地方道路譲与税，軽油引取税，石油ガス譲与税などがある。揮発油税，石油ガス税，地方道路税，軽油引取税などは主に「道路特定財源」として道路の建設・補修などの財源に充(あ)てるための「目的税」である。他方，電力については電気料金に電源開発促進税が課税されている。その税収は主に原子力発電の開発に関連する経費に使われている。(☞環境税，ガソリン税，炭素税，化石燃料)〔MK〕

え

エネルギー起源二酸化炭素　energy source carbon dioxide　燃料の燃焼で発生・排出される二酸化炭素（CO_2）を指す。発生源としては，石油や石炭を燃料とする火力発電，ガソリンを燃料とする自動車や航空機などがあり，その排出量の9割以上はエネルギー起源二酸化炭素であることから，地球温暖化抑制のために規制が求められる。他方，非エネルギー起源二酸化炭素とは，工業プロセスにおいて原料の化学反応で発生・排出される二酸化炭素や，プラスチックや廃油等，廃棄物の焼却で発生・排出される二酸化炭素を指し，セメント製造，ソーダ灰製造，鉄鋼製造，アンモニア製造過程でも発生・排出される。なお，エネルギー起源とは，エネルギーの発生源を指しており，一次エネルギーの同義語と考えてよい。二酸化炭素は炭素の完全燃焼によって発生するが，炭化水素から水素を製造するときの副産物としても製造される。(☞二酸化炭素，地球温暖化)　〔YK〕

エネルギー基本計画　エネルギー基本計画は2002年6月に制定されたエネルギー政策基本法に基づいて安全性，安定供給，経済効率向上，環境適合という4つの基本方針に則(のっと)り，エネルギー政策の基本的な方向性を示すために政府が策定するものである。2018年7月にはエネルギーをめぐる国内外の情勢変化を踏まえ，2030年，さらに2050年を見(み)据(す)えた新たなエネルギー政策の方向性を示す第5次のエネルギー基本計画が閣議決定された。この検討の際の原点には2011年3月に勃発した東日本大震災における福島第一原発事故の経験・反省・教訓を常に踏まえるべきことが掲げられた。そのうえで2030年に温室効果ガス26%削減を目指す方針には多様なエネルギー源を組み合わせたエネルギーミックスの確実な実現に向けた取り組みの強化，さらに2050年に温室効果ガス80%削減を目指す方針には2016年11月のパリ協定発効に見られる脱炭素化への世界的な情勢変化を踏まえ，エネルギー転換と

脱炭素化に向けた挑戦によるあらゆる選択肢の可能性の追求が示されている。(☞パリ協定，東日本大震災)〔HT〕

エネルギー多消費産業　経済活動においてエネルギーの消費量が多い産業を指す。経済活動ではエネルギー原料である石油，鉱石，原子力，太陽光や風力などを利用してつくり出されたエネルギーを用いて製品の生産活動や販売活動を行う。エネルギー消費量の多い産業の好例としては石油化学産業がある。地球環境の維持や資源の枯渇防止あるいは地球温暖化抑止のためには資源の節約や浪費の抑制，さらに代替材の開発などが課題になる。(☞地球温暖化，地球温暖化対策推進大綱，省エネルギー)〔YK〕

エネルギー・ベンチャー　⇒　環境ベンチャー

エネルギー・マネジメントシステム　⇒　ISO50001

FSSC22000　⇒　ISO22000

FSC　⇒　森林認証制度

FCV　⇒　燃料電池車

MSCマーク　英国のロンドンに拠点を持つMSC（Marine Stewardship Council：海洋管理協議会）が発行するロゴマーク。海の環境を保全しながら，天然海産物の持続的な利用を実現する漁業，すなわち環境配慮型漁業に「認証」を与え，その方法によって捕獲された海産物にMSCマークを付ける。したがって，MSCマークが付けられた製品は海の自然を守りつつ採取された海産物といえる。設立から20年を経た2017年にはMSCマーク付き水産物製品数の世界総計が25,000に到達するなど，「海のエコマーク」とも呼ばれるMSCマークの認知度は急速に高まっている。(☞エコラベル，トレーサビリティー)〔TT〕

エリア・マーケティング　「地域（area：エリア)」を思考の核とす

るマーケティング理論。エリア・マーケティングとは消費者の生活基盤である「地域」を基本に置き，地域の環境条件と価値を把握・吟味(ぎんみ)し，それぞれの地域の文化的，歴史的，経済的，自然的多様性を考慮したあらゆるマーケティング活動であり，1970年代に日本で理論構築が始まった。エリア・マーケティングは現在，3つの方向で構成されている。①都市部に本社機能を持つ企業はマーケティングを全国統一のもので計画実行するのではなく，個別地域に対応させる。②地方に存在する企業は自分たちの地域の価値を最大限に活(い)かし，その価値を高めて全国的にブランド化し，市場を拡大していく。③地元に根づいた企業（とくに流通業）がその地元で営業を行っていく際に，地域の消費者に合わせたマーケティングや営業活動を行っていく。

これが生まれた要因は2つ挙げられる。1つは，実態として日本には地域差が存在しており，それに対応していかなければ今後のマーケティング活動は機能しないという点にある。他の1つは環境問題に関係があり，企業が地域に密着して環境を把握し，環境保全をはかりながら消費者ニーズに呼応した活動をすることが，企業としての社会的責任であり企業のあるべき姿である，という議論が登場したことによる。（☞グリーン・マーケティング，環境マーケティング，ソーシャル・マーケティング，社会的責任）〔TI〕

LED　light emitting diode　電圧を加えると発光する半導体素子のことで，発光ダイオードとも呼ばれる。その原理は，半導体のPN接合―半導体の内部構造で，P型とN型が接合している部分では，一方向のみに電流を流しやすい整流性という性質を持ち，この特性を利用している―の物理現象を利用している。白熱電球や蛍光灯に比べ，より少ない消費電力で発光するため，省エネの光源として注目されるようになった。LEDの用途は，青色発光ダイオードの発明により格段に広がり，その省電力特性と相まって交通信号灯，家庭用電球，野菜工場の照明，漁船の夜間操業灯，情報表示板など，従来の蛍光灯や白熱電球に置き換わる新しい光源として幅広い範囲で利用されるようになった。〔YK〕

LNG ⇒ 液化天然ガス

エル・ニーニョ現象　El Nino　南アメリカのエクアドルやペルーの沿岸沖から中部太平洋赤道域の海面水温が，12月から翌年３月にかけ異常に上昇する現象。数年に１回の割合で発生する。クリスマスごろから上昇し始めることにちなんでエル・ニーニョ（スペイン語で「幼な子イエス」の意）と呼ばれる。気象庁は監視海域の５カ月間の平均海面水温が平年よりも0.5度以上高い状態が６カ月連続した場合を「エル・ニーニョ現象」と定義している。

エル・ニーニョ現象が起こると赤道海域で上昇気流が活発になり，次いで北太平洋高気圧が強まるといったように大規模な気流の変動が生じ，干ばつや洪水などの異常気象を引き起こすことが多い。日本では梅雨（つゆ）明けが遅れたり，局地的な大雨や冷夏・暖冬になったり，コメなどの農作物に被害が出た例もある。この逆の現象をラ・ニーニャ（スペイン語「エル・ニーニョ」の女性形）現象と呼ぶ。（☞異常気象，ラ・ニーニャ現象）〔TT〕

塩害（えんがい）　salt damage　塩害には「塩風害」と，土壌中の塩分が集積する「土壌の塩類化の害」とがある。まず「塩風害」は強風で海上から運ばれた海塩粒子が植物の葉や茎に付着して植物が枯れたり，海塩粒子が送電線に付着して，絶縁不良事故や海岸地帯・工場地帯で使用する碍子（がいし）の絶縁強度低下をもたらすことを指す。次に「土壌の塩類化の害」は乾燥地帯における灌漑（かんがい）により長い間に塩類集積が起こって砂漠化し，植物が生育しなくなることを指す。（☞砂漠化）〔ST〕

煙害（えんがい）　smoke damage　製錬（せいれん）工場等の発生源から排出される煤煙（ばいえん）中の炭素の微粒子（びりゅうし）・タール性炭化水素・二酸化硫黄（いおう）等による人体や動植物の被害を指す用語。このほか大都市における自動車の排気ガスやディーゼル車などから排出される黒煙による健康被害，たばこによる健康被害，森林火災や自然災害がもたらす煙害がある。日本における二酸化硫黄（いおう）による被害は栃木県の足尾銅山，愛媛県の別子銅山・四坂島製錬所，茨城県の日立鉱山，岐阜県の神岡鉱山などの周辺で見られたが，今日では被害地域の買収，工場移転，高い煙突の設置，操業制限，製錬方式の改善，および脱硫技術の開発によって大部分が解決されている。（☞大気汚染，足尾鉱毒事件，脱硫装置）〔ST〕

エンド・オブ・パイプ　end of pipe　エンド・オブ・パイプとは「排出口」のことで，末端部分における処理を意味する。具体的には工場内または事業場内で発生した有害物質を最終的に外部に排出しない方法を指す。例えば生産設備から排出される環境汚染因子を固定化したり，中和化したりする公害対策技術を「エンド・オブ・パイプ技術」と呼ぶ。これは排気や排水が環境に放出される瞬間に何らかの処理をすることによって環境負荷を低減する技術を指し，具体的には電気集塵(しゅうじん)機やバグフィルターなどの装置が挙げられる。これらは排気中の固形物質が大気中に出ないように設計されている。

このほかに人の行動の各過程で環境に悪影響を与えないように環境負荷低減の徹底をはかろうとするゼロ・エミッションの考え方がある。これは産業における生産などの工程を再編成し，廃棄物の発生を極力抑(おさ)えて新たな循環型産業システムを構築しようとするものである。(☞ゼロ・エミッション，環境負荷)　〔ST〕

〔お〕

屋上緑化（おくじょう）　オフィスビルやマンションなどの建物の屋上を緑化すること。都市部ではヒートアイランド現象の緩和に加え，断熱による省エネ効果にともなう冷暖房費の削減，紫外線の遮断（しゃだん）による建物の長寿命化，居住者への癒（いや）し効果，保水効果による都市水害の緩和，大気の浄化，景観の向上といった様々なメリットをもたらす。このため，とくに都市部においては建物の壁面を緑化する壁面（へきめん）緑化とともに底堅い需要が見込めることから，最近では民間企業が事業化に本格的に乗り出している。自治体でも一定の条件のもとに助成金を支給する動きが見られ，屋上緑化を行う場合に建築基準法で定められた建物の容積率を緩和する「屋上緑化容積ボーナス制度」を導入する自治体まで現れた。（☞ヒートアイランド現象，都市緑化，壁面緑化，紫外線）〔HT〕

汚染者負担の原則（PPP）　Polluter Pays Principle　環境汚染対策に必要なコストは汚染者が負担すべきであるという考え方。国際貿易における競争条件を平等にするため，1972年に経済協力開発機構（OECD）が提唱した原則である。国により環境規制が異なることや，政府が汚染者に補助金を交付して対策をとらせると公正な競争が阻害されるという考え方に基づく。このため製品やサービスの生産および消費に関連して環境コストが生じる場合には，その分を価格に転嫁（てんか）して利用者が負担すべきであると考えられている。（☞環境コスト，拡大生産者責任）〔TN〕

オゾン層　Ozone Layer　「オゾン」とは酸素の同素体（化学式はO_3）で酸化力の強い気体であるが，このオゾンを大気圏中で比較的多く含む層を「オゾン層」と呼んでいる。地上10～50キロメートルくらいの成層圏に当たり，高度25キロメートルあたりがオゾンの濃度は最も高いと言われている。このオゾン層には動植物に有害な太陽からの紫外線を吸収する作用があるので，人類の生存にとって不可欠。ところが，オゾン層がフロン（Flon）などの化学物質によって破壊されるという説が1974年に米国で提唱された。さらに，1985年には南極大陸上空でオゾン層に穴があいたような「オゾンホール（Ozone

Hole)」という現象が観測されて世界に衝撃(しょうげき)を与えた。

なお，オゾン層を保護するために国際的な仕組みとして1985年にウィーン条約，そして1987年にはモントリオール議定書が採択され，日本では1988年にオゾン層保護法が制定された。現在，オゾン層破壊の原因となるフロンは生産が中止され回収が進められているものの，一度破壊されたオゾン層の回復には数十年かかると推測されている。参考までに2018年11月に発表された世界気象機関（WMO）と国連環境計画（UNEP）の報告書によれば，一時破壊が進んだオゾン層はフロンの規制が奏功(そうこう)し2060年代には地球全体で1980年代の水準まで回復すると予測されている。(☞フロン，ウィーン条約，モントリオール議定書，世界気象機関，国連環境計画) 〔HT〕

オゾン層の破壊　⇒　オゾン層

オゾン層保護法　⇒　オゾン層

オゾンホール　⇒　オゾン層

汚泥(おでい)　sludge　産業廃棄物として処理される泥(どろ)状物質の総称。例えば工場や建設現場で発生する泥状の物質を指す。①動植物性原料を使用する際の廃水処理時に発生する有機性汚泥，②金属洗浄時に発生する無機性汚泥，そして③これらが混ざり合った混合性汚泥に分類される。全廃棄物の約３分の１に相当しており，近年これらの汚泥に脱水を試み原材料として再利用したり，発生するメタンガスをエネルギー化しようとする試みが活発になってきている。(☞再生利用，メタンガス，産業廃棄物，活性汚泥) 〔JO〕

温室効果　⇒　地球温暖化

🍃🍃 **温室効果ガス**　温暖化ガスとも呼ばれ，大気中に含まれている温室効果（greenhouse effect）を有するガス（気体）のこと。人間の活動によって大量に排出されると地球温暖化の原因になる。その代表が化石燃料を燃やす時に発生する二酸化炭素（炭酸ガス：CO_2）であるが，メタン，フロン，亜酸化窒素などにも温室効果がある。太陽光で暖(あたた)められた地表面から放出される赤外線は，地球から熱を宇宙に逃がす作用があるけれども，温室効果ガスはその赤外線を吸収してしまうため地球温暖化を引き起こす。なお，温室効果ガスの90％以上を二酸化炭素が占めている。（☞地球温暖化，二酸化炭素，エネルギー起源二酸化炭素，化石燃料，紫外線）　〔HT〕

温暖化ガス　⇒　温室効果ガス

温度調整　⇒　チーム・マイナス６％

〔か〕

カーシェアリング　car sharing　複数の人で自動車を共同で利用（カーシェア）すること。日本では，新車購入やレンタカー（rent-a-car）に比べ，安価な料金で短時間利用するのに適した新しい利用形態として小型車を中心に普及しつつある。例えば主婦が子供の学校の送り迎えをしたり，大型小売店へまとめ買いに行ったり，あるいは週末に家族や友人とドライブに出かけたりする場合に適している。また，自動車の無駄な使用を抑制する観点からは，環境にやさしいと考えられる。なお，カーシェアリング・サービスを事業として行う場合は，会員制で月額利用料など一定の利用料金を徴収することになるが，短時間の利用にはレンタカーより割安になる場合があり，費用と利便性の両面からカーシェアリングが注目されるようになってきた。

また，最近では自転車のシェアリング・サービスだけでなく米国では電動スケーターのシェアリング・サービスまで行われるようになってきた。ただし，自転車や電動スケーターのシェアリング・サービスが拡大する一方で，シェアリング・サービスで使われた自転車や電動スケーターが歩道に放置されて歩行の妨（さまた）げになっているといった摩擦（まさつ）が生じている，という指摘もある。(☞シェアリング・エコノミー)

〔HT〕

カー・プール　car pool　道路交通を円滑にするための交通システムで，米国等で見られる。自動車の交通量を削減する方法として，朝夕のラッシュ時に自家用車に相乗（あいの）り（2人以上が乗車）することで自動車の交通量を減らし，フリーウェイ（高速道路）の交通渋滞（じゅうたい）を緩和し自動車の排出ガスを減少させる効果がある。同乗者がいる自動車は専用レーン（カー・プール・レーン）を通行することができたり，橋の通過料金が無料になるなど，地域によってさまざまな特典が設けられている。

〔JO〕

カーボン・オフセット　carbon offset　発生させた二酸化炭素などの温室効果ガス排出量を認識したうえで，削減が困難な量を他の場所で削減し相殺（そうさい）する仕組み。削減方法としては植林やクリーン開発メカニズムなどがある。このオフセットの仕組みを提供する団体がカーボン・オフセット・プロバイダーと呼ばれ，消費者が排出量削減に貢献するためのカーボン・オフセット商品も普及している。なお，カーボン・オフセットは温室効果ガスの削減努力を積極的に行ったうえで，それでも生じる削減不足分に対応するための補完的な仕組みで，カーボン・オフセットを実施すれば削減努力を免れるというものではない。環境省の「我が国におけるカーボン・オフセットのあり方について（指針）」（2008年）をはじめとする各種ガイドラインが公表されている。さらに2013年からは排出削減量を国がクレジットとして認証する制度が開始されている。（☞クリーン開発メカニズム，植林）〔TN〕

カーボンナノチューブ　carbon nanotube　炭素から生成したチューブ状の物質で，炭素原子が六角形に結合した形状構造をもつ。円筒の重層構造により単層ナノチューブと多層ナノチューブに分けられる。「ナノ（nano）」とは10^{-9}（十億分の１）の大きさを示す。カーボンナノチューブは微細，軽量，強度が高く電子を放出しやすいなどの特性を利用して製品の応用開発がはかられ，省エネランプ，大型の壁掛けテレビ，燃料電池，局所温度計，ナノサイズの電気回路，あるいは微細繊維状にして表面積の広さを利用したガス吸着剤など，幅広く研究が進められている。他方で微細であるがゆえに，人体の吸収器官から体内に摂取されて残留した場合の人体への影響も研究されている。（☞燃料電池）〔YK〕

カーボンニュートラル　⇒　パリ協定

カーボン・フットプリント　carbon footprint　日本語に翻訳すれば，「炭素の足跡」となり，温室効果ガスの発生が環境を悪化させることを地球環境に足跡を残すことに例えた用語。足跡としての温室効果ガスはCO_2排出量に換算して算定する。製品を対象とした場合には，販売するまでに発生した排出量をライフサイクル・アセスメントによって算定する。算定結果を製品上のエコラベルに表示し，消費者はエコラベルから排出量の大小を判断できる。このため「CO_2の見える化」とも呼ばれる。イギリスでエコラベルを表示したポテトチップやシャンプーが販売されてから世界的に知られるようになり，日本では経済産業省を中心にルール作りが進められた。(☞エコラベル，カーボン・オフセット，ライフサイクル・アセスメント，見える化)〔TN〕

カーボンプライシング　carbon pricing　「炭素の価格付け」と邦訳され，具体的には地球温暖化の原因となる二酸化炭素（CO_2）の排出量を削減するために二酸化炭素の排出に価格を付ける制度を指す。その代表例が炭素税や排出量取引（または排出権取引）で，欧米が先行しており，日本でも2017年から環境省が導入の検討を始めた。その目的は価格を付けることによって排出量に見合う課税をしたり排出量を売買できるようにし，企業などの各主体のコスト負担を明確化して行動を変えたりイノベーションを誘発し，最終的に二酸化炭素の削減を促進する点にある。基本的に温暖化対策には規制，環境税（炭素税など），排出量取引の3つがあり，そのうちの環境税と排出量取引にとってカーボンプライシングの導入が必要になる。実際，カーボンプライシングは2015年に採択されたパリ協定に掲げられた高い削減目標を達成するための有力な手段として世界中で注目されている。(☞環境税，炭素税，排出権取引，パリ協定)〔HT〕

ガイア仮説　Gaia hypothesis　地球はすべての現象を自らにとって望ましい状態に保つ自己調整能力と自己更新能力を備えた巨大な生命体であるという，ラブルック（J.E.Lovelook）が提唱した仮説。この仮説は生態系・生物進化と地球環境変動への関心を大いに高め，地球と生命を緊密な関係としてとらえる新しい見方を示した。名前の由来はギリシャ神話にある大地の神「ガイア：Gaia」である。地球生化学の分野や環境問題だけでなく，文化的にも大きな影響を与えた。(☞宇宙船地球号，エコシステム)〔TT〕

会計責任　⇒　説明責任

回収業者　資源として再利用できるものを収集することを商（あきな）いとする業者。2001年4月に資源有効利用促進法が施行されたのにともない，製品や副産物対策として部品の再利用対策（リユース）や事業者による使用済み製品の回収・リサイクル，使用済み製品の分別（ぶんべつ）回収が義務づけられた。これらを回収し，選別を担（にな）う回収業者の役割は今後ますます重要になる。古紙回収業者，廃油回収業者，フロン回収業者などが主な回収業者であるが，回収は人手に依存するところも多く採算が合わないなど難しい側面もある。(☞資源有効利用促進法)　〔JO〕

海上(かいしょ)の森　愛知県瀬戸市東部に広がる豊かな雑木林の里山。最高標高は山上峠付近の403.6メートル。1,000年以上前から始められた窯業(ようぎょう)のための陶土(とうど)採取と燃料材の乱伐(らんばつ)によって「海上の森」は荒廃し，はげ山状態になった歴史がある。その後，燃料の革命によって薪材(まきざい)（燃料にする木材）の需要がなくなって森は徐々に回復し，現在のコナラやアベマキなどの雑木林ができ上がった。多くの沢や湿地も存在するため非常に豊かな生態系が見られる。現地調査で確認されたシダ植物以上の高等植物は132科732種におよんでおり，日本版レッドデータブックで絶滅のおそれがあると記載された動植物のうち15種類が生息している。(☞愛知万博，レッドデータブック)　〔TT〕

改正省エネ法　省エネ法は石油危機を契機に1979年に制定され，正式名称は「エネルギーの使用の合理化等に関する法律」。1997年の京都議定書発効以降，省エネを通じた環境対策を目的に一連の改正が実施された。例えば1998年改正では機械器具のエネルギー消費効率についてトップランナー方式が採用され，自動車や家電製品などに適用された。2005年改正では輸送部門を対象に，物流事業者とともに荷主にも省エネが義務付けられた。さらに2008年改正では省エネを要する建物の範囲を拡大するとともに，管理方法を工場・事業場単位から企業単位へ変更し，一定規模以上のコンビニやフランチャイズ・チェーンにも省エネ対策が求められた。規制対象となる企業には省エネ計画の策定やエネルギー使用量の定期報告などが義務付けられている。(☞石油危機，トップランナー方式，省エネルギー，ロジスティクス分野における CO_2 排出量算定共同ガイドライン)　〔TN〕

改正容器包装リサイクル法　一般廃棄物のかなりの部分が容器包装廃棄物であることから，それらを再利用し，結果的に廃棄物の量を減らそうという目的で1995年に制定されたのが「容器包装リサイクル法」である。それを見直し，2006年に「改正容器包装リサイクル法」が公布された。主な改正の方向は，①一般廃棄物の量は容器包装リサイクル法を施行してからもあまり減少することなく高止まりの傾向にあるため，3Rのさらなる推進を図ること，②リサイクルに要する社会全体のコストが増加している状況を考慮し，一層のコスト削減や効率化をはかること，③関係している組織，企業，住民がさらに協力しあうこと，である。(☞3R，容器包装リサイクル法，レジ袋有料化，リサイクル)〔TI〕

改正リサイクル法 ⇒ 資源有効利用促進法

快適環境 ⇒ アメニティ

海面上昇 sea level rise 気温の上昇による海水の膨張や氷の融解によって海面水位が上昇する現象を指し，温室効果ガスなどによる地球温暖化の影響として懸念されている。IPCC（気候変動に関する政府間パネル）の1995年の報告では，過去100年間に海面は10～25センチメートル上昇した。また，温室効果ガスの排出を削減する方策を何ら講じない，いわゆる「なりゆきまかせのシナリオ」に基づいた予測では海面が2100年までに平均約50センチメートル上昇するという。なお，IPCC の2001年の報告では2100年までに9～88センチメートル上昇すると予測され，さらに2007年の報告では18～59センチメートル上昇すると予測されて予測の幅が狭くなっている。

海面水位上昇の影響には，①サンゴ礁の島々の水没のみならず，②沿岸低地にある耕地の水没，③沿岸地域の地下水への塩水侵入，④高潮（たかしお）による洪水の危険性増大，⑤埋め立て地に建設された汚水処理場や廃棄物処分場の浸水による水質汚染等が指摘されている。(☞気候変動に関する政府間パネル，地球温暖化，環境難民，ツバル)〔ST〕

買い物袋 一般の小売店，スーパー・マーケット，デパートなどで商品購入の際に商品を入れるプラスチック製のレジ袋を指す。その大半が利用後に廃棄されるため，石油資源の無駄遣い（むだづかい）であるばかりでなく，ごみとして焼却したり埋め立てたりする場合にも環境に大きな負荷をかけることになる。商店街，スーパーなどの小売店のなかには，①客自身が買い物袋を持参するマイバッグ運動の呼びかけ，②レジ袋の有料化，③買い物袋を持参した客に対してスタンプを押し，スタンプがたまると金券と交換するスタンプ方式の採用，④レジ袋を必要とする買い物客だけに袋を渡す申し出方式の採用など，レジ袋を減らすための努力をしている店舗もある。しかし，便利さや手軽さからレジ袋の利用者は減少しておらず，効果が疑問視されている。なお，2007年4月に施行された改正容器包装リサイクル法によって大手小売業はレジ袋の削減に取り組むことを義務づけられたことから，レジ袋の有料化が促進されつつある。(☞容器包装リサイクル法，レジ袋有料化，プラスチックごみ)　〔JO〕

海洋汚染　marine pollution　広々とした海を表す「海洋」は地球の表面積の70％以上を占め，ここから地球上に生物が初めて誕生した。海洋汚染とは，この海洋が人間活動によって汚染される現象を指す。その原因は有害物質の海洋投棄だけではない。例えば生活排水や工場排水などの流入による富栄養化がプランクトンを大繁殖させて赤潮を発生させる現象が指摘されており，これは北海，バルト海，地中海のような閉鎖性海域でも見られるという。

海洋汚染は世界中の海で珊瑚(さんご)が白い骨のようになって死滅する白化(はくか)現象も引き起こしている。さらにタンカー事故も深刻な海洋汚染につながり，1989年3月にアラスカ沖で発生したバルディーズ号の座礁(ざしょう)事故では原油が大量に流出し自然環境に深刻な被害をおよぼした。1997年1月には日本海でもナホトカ号の重油流出事故が発生した。なお，日本では1970年に海洋汚染防止対策を定めた「海洋汚染及び海上災害の防止に関する法律（海洋汚染防止法）」が制定されている。なお，最近ではプラスチックごみによる海洋汚染が深刻化し国際的な問題に発展している。(☞海洋投棄，バルディーズ号，ナホトカ号，赤潮，白化現象，富栄養化，プラスチックごみ)　〔HT〕

海洋汚染及び海上災害の防止に関する法律　⇒　海洋汚染

海洋管理協議会　⇒　MSC マーク

海洋ごみ　⇒　海洋プラスチック憲章

海洋投棄　ocean dumping　廃棄物の最終処分を海洋で行うこと。

廃棄物は原則的に陸上で処分することになっているが，これまでは廃棄物の性状により判定基準や排出地域など細かい規則が設けられ，しゅんせつ土砂，し尿などの有機性汚泥，家畜ふん尿，廃酸，廃アルカリなど一部の廃棄物の海洋投棄が許(ゆる)されてきた。しかし，本来許可されていない廃棄物の不法投棄が跡(あと)を絶たず，国際的にも生態系の汚染や低レベル放射性物質による海洋汚染が問題となっている。日本ではこれまで例外的に許可してきたし尿や汚泥の海洋投棄についても陸上処理に切り替えることを決定し，2007年2月から廃棄物の海洋投棄を全面的に禁止する方針を明らかにしている。(☞海洋汚染，埋め立て処分，最終処分場)
〔JO〕

海洋プラスチック憲章　2018年6月にカナダ東部のシャルルボアで開催された主要7カ国首脳会議（G7サミット）において採択された憲章で，カナダ，イギリス，フランス，ドイツ，イタリアの5カ国とEU（欧州連合）が署名したものの，日本と米国は署名しなかった。プラスチックは分解されにくく微少化して直径5ミリ以下のマイクロプラスチック（microplastics）となり，それが海に流出し海洋ごみとなって魚介類が食べると食物連鎖で動物だけでなく人体にも危険がおよぶ可能性が出てくる。

このプラスチックの規制強化を進める憲章が提唱された背景には，近年，使い捨てのレジ袋，ペットボトル，ストロー，食品包装容器など人間生活によって廃棄されるプラスチックごみ（または廃プラスチック）の海への流出が増加し続けて海洋汚染の原因となり，海の生態系や漁業の持続可能性を阻害し，人間の健康被害すら引き起こすおそれがあるという海洋プラスチック問題の深刻化がある。

なお，北太平洋の米カリフォルニア州沖からハワイ沖にかけ日本の面積の4倍以上にわたる広大な海域にはマイクロプラスチックを中心に海を漂(ただよ)うプラスチックごみが非常に多く集まるため「太平洋ごみベルト」と呼ばれる実態がある。また，日本では2018年6月にマイクロプラスチックの使用を抑制する努力義務を企業に課す改正海岸漂着物処理推進法が成立している。(☞廃プラスチック，プラスチックごみ，海洋汚染，使い捨て)
〔HT〕

外来種　⇒　固有種

外来生物　一般に外来生物とは，もともとその地域にいなかったのに人間の活動によって意図的であるか否かにかかわらず，外国から入ってきた生物を指す。例えばカミツキガメ，アメリカザリガニ，ホテイアオイなど身近にたくさん存在する。また，外来生物のなかでも地域の自然環境に大きな影響を与えて生物多様性を脅(おびや)かすものを，とくに侵略的外来生物と呼び，沖縄本島や奄美大島に持ち込まれたマングースが典型例と言われている。ただし，渡り鳥や，海流にのって日本にやってくる魚や植物の種子などは，自然の力で移動するので外来生物に当たらない。(☞自然環境，生物多様性，外来生物法)　〔TT〕

外来生物法　正式名称は「特定外来生物による生態系等に係る被害の防止に関する法律」で，2004年に成立し2005年10月から施行された。その目的は，特定外来生物の飼育，保管または運搬，輸入，その他の取り扱いを規制するとともに，国等による特定外来生物の防除等の措置を講ずることにより，特定外来生物による生態系等にかかる被害を防止し，もって生物多様性の確保，人の生命および身体の保護ならびに農林水産業の健全な発展に寄与することを通じて，国民生活の安定と向上に資することにある。

この場合の特定外来生物とは，海外から日本に導入または侵入してきた外来種のうち，とくに生態系，人の生命・身体，農林水産業へ被害を及ぼすもの，または及ぼすおそれがあるもののなかから指定される。実際のところ，ルアーフィッシングの対象としてなじみの深いブラックバス（オオクチバスおよびコクチバス），さらにヒアリやカミツキガメなど約40種類が指定されている。ただし，生きているものに限られ，個体だけでなく，卵，種子，器官なども含まれる。とくに同法は海外から入ってきた生物に焦点を絞(しぼ)り，人間の移動や物流が盛んになり始めた明治時代以降に導入されたものを中心に指定している。(☞エコロジー，生物多様性，固有種)　〔TT〕

科学技術者倫理　科学技術者として持つべき公共心と倫理を指す用語で，1986年に発生した「スペースシャトル・チャレンジャー号」の爆発事故が大きな教訓を残した。製品開発や素材開発などの先端的な科学技術開発の分野においては，個人の功名心や科学技術の最先端を追求するあまり，人命と自然環境を軽視することがないよう，心と行動に歯止めをかける倫理が求められる。例えば開発費用を抑制するために製品の欠陥を隠して消費者へ発売したあとにリコールの発生によって消費者に多大の迷惑と損失を招くことがある。また，食品などで未承認の遺伝子操作による食品開発を行って市場に供給すると，多くの消費者に健康上の被害を拡大させるおそれがある。これらの抑止力の1つとして科学技術者倫理が重視されるわけである。(☞環境倫理，カネミ油症事件，職業倫理）〔YK〕

化学的酸素要求量 ⇒ COD

化学物質 chemical material ／ chemical substance 一般的には化学反応を利用した化合や精製などの製造工程によって製造または加工された物質を指す。化学肥料，薬品，塗料，燃料，合成洗剤，化粧品，界面（かいめん）活性剤などさまざまな用途に用いられ社会へと供給される。実際，製造業における化学産業のエネルギー消費量は全体の3分の1ほどを占め，最大のエネルギー消費産業になっている。なお，自然物と人工的化合物を総称して化学物質とすれば人体も化学物質でできているため，この世界に存在する物質のすべてを指すという意見もある。(☞エネルギー多消費産業，大気汚染，土壌汚染，化学物質アドバイザー）〔YK〕

化学物質アドバイザー chemical material adviser 化学物質に関する専門知識や化学物質について的確にアドバイスする能力を持つ人材の呼称。一定の審査を経て，市民，企業，行政に対して中立的な立場で客観的な情報提供やアドバイスをするが，営利を目的としておらず，いわゆる資格でもない。この背景には，化学物質の影響やその仕組みが多くの人々にとっては難解で，化学物質に関するリスクコミュニケーションが十分に進んでいない現状がある，と指摘されている。化学物質アドバイザーへの登録基準は，大学や大学院で化学関連を専攻し，一定期間，社会人としての経験を積み重ね，環境リスクを理解しコミュニケーション能力を有する者が審査のうえ化学物質アドバイザーの名簿に登録される。その多くは有識者で，化学系会社，環境調査会社，病院の医薬局，化学分析評価機関，消費者団体，行政機関等で職務経験を有しているか勤務をしている。(☞化学物質）〔YK〕

化学物質排出移動量届出制度（PRTR）　Pollutant Release and Transfer Register　1996年に経済協力開発機構（OECD）が勧告し，各国において法制化が行われている制度。企業は指定された化学物質の排出量および廃棄する際の移動量を記録して行政機関に報告し，行政機関は集計結果を公表する。企業は化学物質に対する管理の改善に積極的に取り組むことが期待されるとともに，行政機関は集計結果に基づいて化学物質対策を効果的に実施することができる。日本では「特定化学物質の環境への排出量の把握等及び管理の改善の促進に関する法律」（化学物質排出把握管理促進法またはPRTR法）に基づいて2001年4月から実施されている。さらに，その後の改正において対象となる化学物質の種類が増加している。（☞化学物質）〔TN〕

拡大生産者責任（EPR）　Extended Producer Responsibility　環境に配慮した設計を行い，製品のライフサイクル全般を通じて環境への悪影響を減らすために拡大された生産者の責任を指す。拡大生産者責任は製造業者に費用負担を負わせており，リサイクルについて責任を果たす役割を製造業者および輸入業者とした汚染者負担の原則の一形態であり，OECD（経済協力開発機構）で1994年から検討が始められた。現在のところ，拡大生産者責任の対象物は自治体が管理する廃棄物に限定される。

一方，リサイクル費用や廃棄物処理費用を生産者が負担することで当該費用が製品の価格に上乗せされることがある。しかし，量的拡大を追求した経済活動は環境破壊や環境汚染などの公害を発生させ，業務の過酷な負荷による過労死など広範な社会的現象を引き起こす。人と自然の共生をはかるとともに資源の有効利用を幅広く行うことで新しい需要が生まれ，新しいビジネスも生まれると考えられる。（☞環境アセスメント，環境経営，環境ビジネス，汚染者負担の原則，循環型社会形成推進基本法，共生）〔YK〕

核燃料廃棄物　nuclear fuel waste　核燃料を生成した鉱石の残材，使用済み核燃料を再処理したあとの残量物，核処理施設から発生する廃棄物などを指す。核廃棄物処理では，定められた手順によって廃止措置等が進められる。原子力発電所の廃止措置プロセスでは，使用済み燃料を搬出した後5～10年程度の安全貯蔵期間を設けて放射性物質の減衰をはかり，その後に解体撤去する。例えば110万キロワット・クラスの軽水炉は放射性廃棄物が約３％以下（重量で１万トン程度）で，残りは放射性廃棄物として扱う必要のない廃棄物（重量で約51万トン前後）と言われている。（☞核燃料リサイクル，リサイクル，放射性廃棄物）〔YK〕

核燃料リサイクル　nuclear fuel recycle　精錬(せいれん)した核燃料を原子炉で使用したあとにできる使用済み燃料には，燃え残りのウランやプルトニウムが含まれている。これを再び原子炉の燃料に利用する一連の核燃料循環過程を核燃料リサイクルと呼ぶ。核燃料には原子炉の燃料として使われるウラン，プルトニウムおよびこの混合物がある。このウランとプルトニウムの混合酸化物（MOx）を燃料として軽水炉で利用することをプルサーマルという。原子力発電所から排出される使用済み燃料のリサイクルでは技術的課題も多いが，現在のところ最も確実なプルトニウムの利用方法とされる。（☞核燃料廃棄物，プルサーマル）〔YK〕

か

隠(かく)れたコスト　hidden costs　通常の企業会計では環境コストを集計しないために把握(はあく)や管理が困難な状態にあるコスト。環境規制の強化にともない企業のコスト負担が増加しており，環境コストの明確化および管理を目的として環境会計の導入が進んでいる。環境負荷は企業活動から生じるので，環境コストは通常コストと同時に発生することが多い。したがって，環境コストを通常コストから明確に区分することが困難な場合もあり，①環境コストに該当するか否(いな)かを支出目的から判断する，あるいは②何らかの基準を設けて特定のコストを環境コストと通常コストに配分する措置がとられている。他方，企業活動の効率化によっても環境負荷が削減されるため，通常コスト管理を通じての環境対策も効果的である。（☞環境会計，環境コスト，環境負荷）〔TN〕

隠れたフロー　hidden flows　自然環境から経済活動に投入される物質フローは測定が試みられ結果も公表されているが，実際に発生しているにもかかわらず，統計上には現れにくいフローを指す。例えば鉱物資源の採取・加工では目的とする資源以外にも大量の廃棄物を生じ，これらは資源の輸入・使用段階において認識されないことが多い。このため日本のような資源輸入国では，物質フローの過少集計が行われやすい。循環型社会を確立するには通常の物質フローに加えて隠れたフローの明確化が課題となり，ライフサイクル・アセスメントにおいて考慮することや企業の原材料調達方法の見直しが必要となる。(☞エコ・リュックサック，ライフサイクル・アセスメント)　〔TN〕

かけがえのない地球　⇒　国連人間環境会議

可視化　⇒　見える化

賢い選択　⇒　クールチョイス

過剰包装　包装は製品の保護を主目的とするが，消費社会においては製品を新鮮かつきれいに見せる効果や，店舗・企業イメージの向上をもたらす役割など，製品の付加価値的要素を多く含んでいる。とくに過剰包装という場合には，製品の保護を目的としない包み紙や箱類を指しており，製造段階ですでに付加されている過剰なパッケージ，流通段階で付加されるトレイ，誕生日祝い，中元，お歳暮などのいわゆるプレゼントや贈答品のラッピングなどが該当する。

これまで店舗や企業は宣伝効果という観点から，年々「過剰包装」気味になってきたが，限りある資源の有効活用やごみの減量化，さらに地球環境への負荷を軽減するといった目的から，近年ではメーカー，小売業，消費者の間で過剰包装を追放する動きが見られる。　〔JO〕

カスケード利用　カスケードとは多段階という意味であり，資源やエネルギーを１回の使いきりにするのではなく，使用したことによって性質が変わった資源や使用した際に出る廃棄物を別の用途に使い，さらに別の用途に活(い)かすという具合に，資源を多段階にわたって活用すること。このような多段階の利用によって，資源の利用効率が向上し，多種多様な物質に幅広く応用できることから，さまざまな利用法が実用化されている。例えば，石油などを燃焼させたエネルギーで電気を作り，その排熱を冷暖房に利用し，さらにその排熱を使って給湯したり，木材においては端材から精油を抽出したり，残渣(ざんさ)を環境浄化

に活用する，などのカスケード利用がなされている。〔JO〕

化石燃料　fossil fuel　古代生物が化石化して地中に堆積（たいせき）し分解されて燃料となった石炭，石油，天然ガスなどを指す。これらのエネルギー資源に人類は多くを依存しており，その過剰な消費が地球環境問題の大きな原因になっている。例えば化石燃料を消費すると二酸化炭素（CO_2）が排出され，地球温暖化を引き起こすことになる。その一方で化石燃料は有限で枯渇（こかつ）するおそれがあるため，今日では代替エネルギー（alternative energy）の研究開発が急務となっている。（☞代替エネルギー，二酸化炭素，温室効果ガス）〔HT〕

仮想水　virtual water　農産物や畜産物，あるいは工業製品を生産する際には水を使用し，水がなければ生産活動は不可能になるであろう。しかし，それらの最終生産物を輸入すれば，輸入国にとっては生産活動に要する水を使用する必要がなくなり，結果的に水を節約できることになる。つまり，輸入国で生産した場合を仮定し，その際に輸入国で節約できる水を想定して仮想水（バーチャル・ウォーター）と呼ぶわけである。世界的な水不足を背景に水の節約や自給率向上を目的に1990年代初頭に提唱された概念であるが，世界の水使用の多くは農業用であることから，実際には農産物１キロを生産するのに必要な仮想水は何トンといった数値で表示される。（☞水資源，水危機）〔HT〕

仮想評価法　contingent valuation method　環境の価値（利用価値や非利用価値など）におよぼす影響について受益者を対象にアンケート調査を行い，環境改善のための支払意思額や環境悪化に対する受取補償額を質問し，これらを集計した結果に基づいて環境政策を評価する手法。アンケートの方法には自由に金額を記入するものから提示金額に対して賛否を記入するものまで様々な種類がある。例えばアラスカ沖で発生したバルディーズ号の原油流出事故（1989年）による補償金額の算定において実施された。わが国でも吉野川可動堰（かどうぜき）や釧路湿原などを対象に実施されている。（☞コンジョイント分析，バルディーズ号）〔TN〕

ガソリン税　gasoline tax　石油製品であるガソリンに課税される石油諸税の1つ。国税・間接税である。製品化されたガソリンには地方道路税と揮発油税が課される。一般にこれらをあわせてガソリン税と呼ぶ。地方道路税は道路の建設・補修のための財源となり，この税収は「特定財源」として使用される地方目的税である。製品化される以前の原油または石油の段階では関税および石油税が課されている。また，ディーゼル車の燃料である軽油には軽油引取税が課されている。(☞エネルギー課税，環境税)〔MK〕

活性汚泥（おでい）　activated sludge　汚水を処理するのに用いられる好気性微生物からなる汚泥の集合体。酸素を好み，細菌類や微小な動物類とともに生息している。汚水中に含まれる有機物を栄養として細菌類が増え，その細菌類を食べて生きている単細胞の原生動物と微小な多細胞を持つ後生動物が混住しながら1つの生態系をつくっている。これらの生物の働きにより汚水中の有機物が取り除かれ，水中の物質を酸化あるいは還元し分解する。(☞汚泥)〔JO〕

家庭ごみ　household waste　一般家庭から出るごみ。各市町村などの自治体によって収集されているが，その方法は市町村によって若干異なるものの，ごみの排出量削減対策やリサイクル推進のための分別収集が基本となっている。家庭ごみは，①生ごみや紙くずなどの可燃ごみ，②金属製品やガラスくずなどの不燃ごみ，③空き缶や空きびんなどの資源ごみ，④家具やマットレスなどの粗大ごみ，⑤蛍光管や乾電池などの有害ごみに分類することができる。

自治体によっては家庭ごみの有料化を検討したり，リターナブル（リターナル）びんやアルミ缶の回収機を独自に用意してリサイクルを推進しているところもある。とくに2000年の容器包装リサイクル法施行後は，資源ごみの区分を細かく分けて分別収集する市町村が増加している。(☞事業系ごみ，容器包装リサイクル法)〔JO〕

家電・住宅エコポイント　日本政府が経済の活性化と環境保全を同時に達成するために実施したポイント制度。グリーン家電普及促進事業として実施された家電エコポイントとは，環境省，経済産業省および総務省が，地球温暖化対策の推進，経済の活性化，地上デジタル放送テレビの普及を目的に，省エネ型のエアコン，冷蔵庫，地上デジタル放送対応テレビを購入すれば，申請により特定の商品と交換できるポイントが発行される制度。他方，住宅エコポイントとは，国土交通省，経済産業省および環境省が，地球温暖化対策や景気対策を目的にエコ住宅の新築やエコリフォームを実施すれば，申請により商品との交換や追加工事の費用に充当できるポイントが発行される制度。それぞれ2009年から11年にかけて実施されたが，後者については東日本大震災の影響を考慮して，復興支援・住宅エコポイントとして2015年まで延長された。なお，2019年10月の消費増税を前に15年に実施された住宅エコポイントを参考に，消費者の負担軽減を目的とする住宅の新築や改築にポイントを付与する新しい仕組みが検討されている。(☞エコ住宅，エコリフォーム)
〔TN〕

家電リサイクル法　正式名称は「特定家庭用機器再商品化法」。一般家庭で使用されなくなったテレビ（ブラウン管方式)，エアコン，冷蔵庫，洗濯機の大型家電４品目を対象にしたリサイクルと廃棄物の減量を促進するための法律で，2001年に施行された。これまで埋め立て処分されてきた家電製品の部品を再び商品として利用することを目的としており，①メーカーは廃棄された家電製品の引き取りやリサイクルの促進，もしくはフロンの回収や破壊，②小売業者は販売製品の引き取りとメーカーへの引き渡し，③市町村は収集とメーカーへの引き渡し，④消費者は収集運搬費用の負担が，それぞれの役割として規定されている。

ただし，同法施行後も排出家電のうち，最終的にメーカーに引き渡されずに追跡不可能な「見えないフロー」と呼ばれるものが約半数あり，家電不法投棄や横流しに絡(から)む問題が跡を絶たない要因になっているのが実態で，対策が必要となっている。(☞リサイクル，フロン，不法投棄)
〔JO〕

カドミウム　cadmium　少し青みをおびた白色をした可鍛性(かたんせい)（打ち延ばすことができる性質）で，研磨(けんま)が可能な引き伸ばしやすい金属である。主に鉄や銅，真ちゅうや合金のメッキに用いられる。さらに腐食防止やハンダ付け性の改善や表面熱伝導度の改善に用い，原子炉の吸収剤や遮蔽剤(しゃへいざい)としての用途もある。天然では亜鉛鉱石の精錬により排出される。カドミウムの蒸気は有毒で大気汚染防止法，水質汚濁防止法により有毒物質として指定されている。(☞大気汚染防止法，水質汚濁防止法，水質環境基準，イタイイタイ病)〔YK〕

カネミ油症事件　1968年，北九州市の製造業者が製造した食用油「カネミライスオイル」を摂取した人たちに，皮膚や眼に症状が出る油症が集団発生した。手足のしびれ，黒い皮膚の赤ちゃん，黒いにきび症状などが出て表面化した。届け出た人は西日本一帯におよび，とくに福岡県や長崎県を中心に1万4,000人を超えた。米ぬか油（ライスオイル）製造工程に，大阪市の大手化学会社で製造されたPCB（ポリ塩化ビフェニル）やダイオキシン類のPCDF（ポリ塩化ジベンゾフラン）等が混入したため，それらの物質の相乗的な作用が指摘されている。(☞健康被害，ダイオキシン)〔TI〕

可燃ごみ　燃やすことができるごみ。対象となるごみは，①食事などから排出される生ごみや台所ごみ，②少量の草・木の葉・枝（乾燥したもの），③封筒，書類，紙くず，紙おむつ（汚物は取り除く）などの紙製品，④ハンドバッグ，靴，ゴムなどの布・革・ゴム製品，⑤使い捨てカイロ，保冷財，乾燥剤，カセットテープ・ビデオテープ，てんぷら油など。大半の市町村では，可燃ごみを指定の専用袋に入れて，口をしばり特定場所に出すことを義務づけている。とくに生ごみについては，堆肥（たいひ）化装置を購入する場合に補助金制度として購入金額の半額を補助するなど，ごみの堆肥化をすすめ可燃ごみの減量化を推進する自治体が多い。(☞不燃ごみ)〔JO〕

花粉症　pollinosis　近年，日本では花粉症の患者数が極めて多くなってきており，国民病とまで呼ばれるようになった。その原因は春季に飛散するスギやヒノキなど，あるいは秋季に飛散するブタクサやセイタカアワダチソウなどの花粉で，それらに対するアレルギーによって引き起こされると考えられている。症状は，クシャミ，鼻汁，鼻塞，眼のかゆみ，流涙，時には頭痛，全身倦怠等である。花粉症の発症については大気汚染との関係も取りざたされており，ディーゼル排気微粒子等の粒子状物質が鼻粘膜に影響を与え，花粉の体内への侵入を容易にしている可能性が高いと指摘されている。また，体内から回虫などの寄生虫を駆除した結果，体内の免疫力が低下したため多発したという説もある。なお，環境省は「花粉症環境保健マニュアル」を作成しているが，花粉症が1960年代以降に増加傾向にあることから2014年1月にその改定版を作成した。ただし，そのなかで花粉症と地球環境との関連性については明確に言及されていない点を付言しておきたい。（☞大気汚染，ディーゼル排気粒子，微小粒子状物質，熱中症）〔JO〕

ガラパゴス ⇒ 屋久島

カリンB号事件 1988年にナイジェリアに不法投棄されたイタリアの有害廃棄物を積み込んだドイツ船籍の貨物船「カリンB号」が世界各地で入港を拒否され世界中をさまよった事件。有害廃棄物の越境移動にともなう国際摩擦を象徴する事件として有名であるが，同じような事件はほかでも起きている。こうした背景のもとに，翌年の1989年には有害廃棄物の越境移動およびその処分の規制に関するバーゼル条約が採択された。（☞有害廃棄物の越境移動，バーゼル条約）〔HT〕

がれき（瓦礫） tiles and pebbles 家屋・ビルなどの建物，その他の工作物の撤去時に出るコンクリート，または舗装補修工事で掘り起こされたアスファルトがらなどの廃棄物。そのなかでコンクリートは細かく砕（くだ）いて再生砕石（さいせき）または再生砂，アスファルト道路や駐車場等の路盤材，建築用基礎材，上下水道管の埋設保護材などに利用される。他方，アスファルトがらは破砕（はさい）した後に加熱してアスファルト分を溶融し，再びアスファルト混合材として道路舗装の表層または上層基盤材として利用される。主に舗装補修工事で発生するアスファルトとコンクリートとの混合廃棄物であるアスファルト・コンクリート塊（かい）は粉砕（ふんさい）した後にふるい分けし，再生路盤材や埋めもどし材などに使用する。（☞災害廃棄物）〔JO〕

環境 environment 一般的には人間や動植物などの生物の存在と活動に直接的または間接的に影響を与える外界ないしは周囲の状況を指す用語。日本では1900年代前半の大正期あたりから広く使われ始めた。今日，人間を主体とする場合の「環境」という用語は人間を取り巻く自然環境だけでなく，人間活動に関係する社会環境，すなわち生活環境，教育環境，文化環境，経営環境，市場環境，都市環境，国際環境などのような多くの分野で非常に幅広く使用されるようになってきた。

これらの環境は基本的に自然環境と社会環境の2つに大別されるが，現在のいわゆる「環境問題」は主として自然環境を対象にしている。この背景にあるのは，人間の存在や活動が自然環境に多大な悪影響をおよぼすようになり，自然環境を損(そこ)なうようになったという実態にほかならない。(☞自然環境，気候変動)〔HT〕

環境アセスメント　environmental assessment　環境に悪影響をおよぼす可能性のある事業を行う事業者が，その事業の実施にあたり，環境を保全するために事前に環境への影響を調査・予測・評価する活動を指す。「環境影響評価」とも呼ばれ，1969年に米国で初めて制度化されてから世界各国へ波及していった。

日本ではすでに1970年代の初めころから環境影響評価制度の重要性が認識されていたが，各種の公共事業を対象に「環境影響評価法（環境アセスメント法)」が制定されたのは1997年のこと。同法によって道路，ダム，鉄道，飛行場，発電所，埋め立て・干拓(かんたく)などの開発事業のうち，規模が大きく環境への影響が著しいおそれのあるものについて環境影響評価手続きの実施が義務づけられた。また，同法の制定を背景に，多くの地方公共団体（地方自治体）で環境影響評価条例が制定されている。〔HT〕

環境意識　一般に環境に対する問題意識を指す。このような環境意識の芽生えは第2次世界大戦後に深刻化した産業公害に求められるが，1970年代からは化学工場の爆発事故や原子力発電所の事故といった環境汚染事故（または事件）が発生するたびに環境意識が高まった。環境汚染にかかわる事故や事件は不特定多数の地域住民に健康被害だけでなく，有形・無形の深刻な被害をおよぼすからである。また，最近では自然災害に対しても同様の傾向が見られるようになった。(☞自然災害)〔HT〕

環境イノベーション　⇒　エコ・イノベーション

環境影響評価　⇒　環境アセスメント

環境影響評価条例　⇒　環境アセスメント

環境影響評価法　⇒　環境アセスメント

環境 NGO　Environmental NGO　国際的活動を通して地球環境保全の問題に取り組む非政府組織を指す。国や企業とは異なる第3の立場からの環境保全活動が期待されている。民間非営利組織（NPO：Non-Profit Organization）は，①定款・規約など法人格を持ち組織性がある，②国の機構とは異なる民間性がある，③利益の正会員への配分をしないで事業の拡大のみに使う，④運営は自らの手で行う自立性がある，⑤個人から時間や資金の自発的な拠出（きょしゅつ）を募（つの）り，組織への参加が個人の意思に基づいている，という5つの特徴をもつ。

「環境 NPO」を分類すると，分野別では，①公害等汚染問題の解決を目的とする団体，②野鳥保護等の自然保護を目的とする団体，③街並（まちな）み等の地域のアメニティ保全を目的とする団体の3つに区分できる。規模別では，①地域密着型タイプ，②広域的問題を扱うタイプ，③全国的な活動を展開するタイプの3つがある。

一方，非政府組織（NGO：Non-Governmental Organization）は国際連合憲章第71条で使われている用語で1968年以降一般的に使われるようになり，今日 NPO は地域社会で福祉やまちづくり活動などを行う団体，NGO は開発協力などの国際的な活動を行う団体を指すようになった。「環境 NGO」としては，例えば野生生物保護を目指す世界自然保護基金（WWF），世界資源研究所（WRI），国際自然保護連合（IUCN），地球の友（FOE），グリーンピース（Greenpeace）などがあり，日本国内では財団法人「緑の地球防衛基金」などがある。（☞地球環境問題，世界自然保護基金，グリーンピース，環境ボランティア）　〔ST〕

環境 NPO　⇒　環境 NGO，環境ボランティア

環境 ODA　環境分野への2国間および多国間の政府開発援助（ODA）を指す。政府開発援助は開発途上国へ流れる公的資金のうち，経済協力開発機構（OECD）の開発援助委員会決定の３条件を充足するものをODA（Official Development Assistance）としている。３条件とは①政府ないし政府の実施機関によって供与されること，②開発途上国の経済発展や福祉の向上に寄与すること，③資金協力については無償部分が一定割合以上であることである。具体的には，無償資金協力，技術協力，国連諸機関・国際金融機関などへの出資，拠出および政府借款（しゃっかん）で構成されている。そのなかで環境ODAは開発途上国の環境保全のための政策や，事業の援助に当てられたものを指す。日本は1989年にフランスで開催されたアルシュ・サミット以来，途上国の持続可能な開発の実現に向けて環境ODAに積極的な姿勢を示している。
（☞持続可能な開発） 〔ST〕

環境汚染　⇒　バーゼル条約

環境オンブズマン　environment ombudsman　オンブズマンはスウェーデン語で代理人や弁護士などの意味を表し，日常の行政への監視あるいは行政に対する苦情の受け付け等を専門に行う民間人を指す。環境オンブズマンの行政監視は環境保全に関する行政施策に対して行われている。環境オンブズマンは市民主権の理念に基づき環境行政に関係する諸機関が公正，公平，合理的，効率的に運営されているかを観察し，要望や提言等を通じ環境問題の解決に資することを目的として活動している市民の代理人たる団体や機関を指す。なお，環境基本条例等の中に環境オンブズマン制度を取り入れている事例（滋賀県等）もある。（☞環境行政） 〔ST〕

環境会計　environmental accounting　企業などの組織が環境に与える影響を可能な限り貨幣によって測定・管理し，その成果を報告する手法。通常の企業会計が費用と収益を計算して利益を算定することに準じ，環境会計では環境コストとこれに対応する環境ベネフィットを計算するが，「環境利益」を算定する段階には至っていない。

アメリカでは環境保護庁（EPA）が1992年から「環境会計プロジェクト」に着手。環境コストの管理技法や環境コストの削減に成功した事例を紹介し，企業に対して環境会計導入の利点を強調している。日本においては先駆的な企業が「環境報告書」を通じて独自の環境会計を公開していたが，環境省が2000年に「環境会計ガイドライン」を公表したことにより，公開目的の環境会計について共通の枠組み（わくぐ）が整備された。また，経済産業省からは環境コスト管理技法についての報告書が公表されている。このように企業を対象とした環境会計は環境コスト管理を目的とした内部管理の側面と情報公開を目的とした外部報告の側面があり，両方の側面を統合して運用することが求められている。

さらに，環境問題は広範囲にわたることから個別の経済主体を対象とした環境会計に加え，国民経済全体を対象として環境コストおよびベネフィットを集計するマクロ環境会計も実施され，国民経済計算などにおいて考慮されている。（☞環境コスト，環境ベネフィット，環境会計ガイドライン，環境報告書，環境保護庁）〔TN〕

環境会計ガイドライン　環境省が環境報告書に掲載する環境会計を対象に，作成者および利用者に対する統一的な枠組みの構築を目的に公表しているガイドライン。1999年に中間とりまとめが公表されて以来，改訂作業が行われている。同ガイドラインでは，環境会計を作成者が環境保全の取り組みを効率的に実施するための内部機能と，利用者が環境保全への取り組みを評価するための外部機能に区分している。とくに後者については環境保全コストの分類・集計方法やコストに対応する効果について解説が加えられており，各企業がガイドラインに基づいて環境会計を実施すれば，企業間の比較可能性が高まり環境保全努力が社会的にも評価される。（☞環境会計，環境会計プロジェクト，環境報告書ガイドライン）〔TN〕

環境・開発サミット（WSSD）　World Summit on Sustainable Development　地球サミットから10年後の2002年8月26日から9月4日にかけ南アフリカ共和国のヨハネスブルクで「持続可能な開発に関する世界首脳会議」，すなわち「環境・開発サミット（またはヨハネスブルク・サミット）」が開催された。そこでは開発途上国の貧困問題を背景に乱開発による環境の破壊や劣化に歯止めがかかっていない実態が浮き彫りにされた。

環境・開発サミットには世界190カ国の代表と104人の首脳が集まり，NGO のメンバーも日本から約400人が参加したと報じられている。しかし，このサミットでは「持続可能な開発」における「共通だが差異ある責任」という地球サミット（1992年）の時に確認された原則をめぐり，先進国と開発途上国の対立の構図が鮮明になった。この背景には，地球サミット以降も先進国と開発途上国の間に横たわる貧富の格差が拡大し続けたという根本的な要因がある。結局，環境・開発サミットでは行動計画（実施文書）とヨハネスブルク宣言（政治宣言）が採択されて閉幕した。(☞地球サミット，共通だが差異ある責任，貧困問題)　〔HT〕

環境カウンセラー　1996年度から始まった環境カウンセラー登録制度に基づいて環境省の環境カウンセラー登録簿に登録された人材のことで，この登録簿はインターネットを通じて広く一般に公表されている。その登録は事業者を対象に環境カウンセリングを行う「事業者部門」と市民や市民団体を対象に環境カウンセリングを行う「市民部門」の2つに区分されている。環境カウンセラーは環境保全に関する専門的知識や豊富な経験を有し，その知見や経験に基づいて市民やNGO（非政府組織），あるいは事業者の環境保全活動に対する助言などの環境カウンセリングを行う。

環境カウンセラーに期待される役割は，市民，市民団体，事業者，行政などの各主体とパートナーシップを形成しながら自主的に環境保全活動を推進することにある。最近になり環境カウンセラーが知名度を上げて活動の場を広げるために各地域で自発的に任意の組織を設立し，講演やセミナーを主催するといった活動が活発化している。なお，環境カウンセラーになるには環境省が実施する書面審査（第1次審査）および面接審査（第2次審査）の両方に合格しなければならないが，人材登録制度であり国家資格ではない。(☞環境保護)　〔HT〕

環境学習　environmental learning　環境を総合的にとらえ，自然観察などを通じて体験的に学ぶことを一般に「環境学習」と呼ぶ。近年急速に顕在化する地球環境問題をはじめとするさまざまな環境問題の解決には，行政・企業・市民が三位一体となって行動することが強く求められている。行政は環境行政を行い，企業は環境経営を実践し始めている。しかし，市民の環境意識は高いものの，実際の行動に結びつかない現状がある。こうした現状を打破するために環境学習を通じて市民の環境意識と環境行動のギャップを埋めようとする動きが活発に行われている。

環境学習の内容は環境汚染や地球温暖化などを理論的に学ぶものから，実際に自分たちの手で植林を体験したりするものまで多くの種類がある。こうした経験を通じて国民1人ひとりが環境問題に関心と知識を持って人間活動と環境とのかかわりについて理解し，環境に配慮した行動をとることが求められている。(☞エコツーリズム，環境教育，環境意識，環境行政，環境経営) 〔TT〕

環境格付け　企業の格付け（rating）に関する制度は歴史的には米国で発達し，その使命は資金調達のための債券発行（起債）に際し，投資家を保護するための情報提供にあった。この格付け手法と同じように，企業の環境問題に対する取り組みを評価しようとするのが「環境格付け」である。日本ではすでに日本経済新聞社が1997年から「環境経営度調査」を毎年実施するなど，環境格付けに関する活動が本格化している。

環境経営学会の資料によれば，環境格付けに際しては「単に環境パフォーマンス指標にとどまることなく，経営の質の面，特に社会性，倫理性の側面からの評価も含むことから，その影響は投資家のみならず消費者および取引先，さらには国際的なステークホルダーにまでおよぶことになる」と記されている。このように環境格付けでは「企業経営の社会性（Social Context of Corporate Management)」が問われることになり，最近では「環境性」という用語まで使われるようになってきた。(☞環境経営学会，環境経営度調査，環境パフォーマンス，ステークホルダー，企業経営の社会性) 〔HT〕

環境確保条例　東京都が制定した「都民の健康と安全を確保する環境に関する条例」の略称。1969年に東京都は「公害防止条例」を制定したが，その内容・規制・システム等を見直す必要性にともない2000年12月に環境確保条例が公布され，一部を除き2001年から施行されている。工場公害規制，自動車公害対策，化学物質の適正管理，土壌汚染対策，環境負荷低減への取り組み，地下水揚水量（ようすい），焼却行為，騒音・振動等の制限からなり，項目や内容の見直しが随時行われている。 〔TI〕

環境革命　Environmental Revolution　「Revolution（革命）」とは本来，周期的な回転を表す天文学上の用語であったが，「フランス革命」や「独立革命」のように武力を用いて政治体制を根本的に変える現象で使われるようになった。それが「産業革命」とか「IT 革命」のように，技術の進歩を背景とする社会経済システムの大きな変化に対しても適用されるようになっていった。したがって，「環境革命」という場合には，従来の経済的または物質的な価値を重視する価値観から，環境を中心とする社会的な価値を重視する新しい価値観へと大きく変化する革命的現象を指すと考えられる。なお，世界人口の急増や地球温暖化の進展状況などを考慮すれば，IT 革命の次は環境革命が起こると予想される。（☞産業革命，地球温暖化）〔HT〕

環境家計簿　1980年に大学の研究グループが地球温暖化を防ぐために，ある行動の結果が環境的にどのような結果（数値）になるのかを記載する「環境家計簿」を提唱した。これは，家計簿で家庭内における金銭の動きを記録し検証するために帳簿をつけるのと同じように，環境に関する日々の動きを数値化して記録するものである。環境家計簿の様式にはとくに決まったものはなく，対象者や地域などに応じてさまざまなものがあり，インターネット上で行えるものもある。環境家計簿には，特定の環境項目に焦点を当てたもの（例えば汚水，ごみ，二酸化炭素），環境全体を網羅（もうら）するもの，などがある。〔TI〕

環境価値評価法　環境政策の評価を目的として環境経済学の分野で考案された技法。環境資源は通常の経済資源と異なり価格を決定することが困難である。このため，①不動産のように環境資源と関連を有する商品の価格変動によって間接的に評価を実施する，②環境資源から享受する便益に関してアンケートを実施し，その集計結果に基づいて評価を行う方法などが提唱されている。なお，①にはトラベルコスト法やヘドニック価格法などがあり，②には仮想評価法やコンジョイント分析などがある。（☞仮想評価法，コンジョイント分析，環境資源）〔TN〕

環境ガバナンス　environmental governance　ガバナンス（統治）とは政治的観点からの利害調整の仕組みや制度を指し，環境ガバナンスという場合には環境に関する利害を調整して環境を管理する仕組みや制度を意味していると考えられる。従来はガバナンスの主体は国家またはその法律であるのが通例であったが，グローバル化の進んだ今日ではガバナンスに関与する主体は国家政府，地方自治体，国際機関，地域社会，NPO や NGO，企業や産業界，さらに女性・若者・消費者などのさまざまな市民団体，先住民など非常に多様化してきている。最近になり地球環境ガバナンスとか国際環境ガバナンスという用語も使われるようになってきたが，近年における科学技術の急速な進歩や，激変を続ける政治経済情勢に対応するため，環境ガバナンスの実現には各主体において高いレベルの柔軟性と改革能力を備える必要性が指摘されている。（☞環境 NGO，ESG 投資）〔HT〕

環境監査　environmental audit　企業による環境規制の遵守（じゅんしゅ）状況や環境保全活動の効率性を企業の内部または外部の者が定期的に検査すること。もともとは環境リスク回避を目的とした経営管理手法として発達した。ISO14001の環境マネジメントシステムでは，システムの維持および継続的改善を目的とした内部監査が義務づけられており，認証取得には専門家の外部監査を求めている。さらに環境報告書を公表する企業の増加を背景に，環境報告書の信頼性を確保するために独立した第三者の検証を自主的に実施する企業も増えつつある。（☞サイト・アセスメント，環境報告書，環境リスク）〔TN〕

環境管理会計　environmental management accounting　企業が環境配慮を効率的に実施するために活用する計算手法の体系。環境コストの現状把握から着手してコスト効率的な環境配慮の方法を選定し，一定の環境コストから得られるベネフィット（成果）が最大となる方法を特定するなど，環境負荷削減と収益性追求の同時達成を目的としている。製品原価管理，設備投資決定および業績評価を対象とし通常の管理会計の枠組みに準拠しながら発展しているが，貨幣情報に加えて環境負荷に関する物量情報も対象としている。

環境管理会計の手法は企業が自主的に開発して採用するものであるが，企業による環境配慮の社会的重要性を考慮し各国政府も手法の開発および普及に取り組んでいる。国連の持続可能開発部からは各国への普及を目的に『環境管理会計：手続と原則』(2001年）が公表され，日本でも経済産業省が企業への普及を目的として『環境管理会計手法ワークブック』(2002年) を公表している。(☞環境品質原価計算，トータルコスト・アセスメント，マテリアルフロー原価計算) 〔TN〕

環境管理システム ⇒ 環境マネジメントシステム

環境管理のための諸原則 ⇒ 持続的発展のための産業界憲章

環境技術 environmental technology 生活環境や自然環境を維持し改善するために活用される技術の総称。大量生産・大量消費・大量廃棄の結果がもたらした環境の悪化を再生するために取り組むべき項目の例として，①ゼロ・エミッション（廃棄物ゼロ），②リサイクル率の向上，③地球の温室効果ガス（CO_2など）の削減，④省エネルギー，⑤省資源，⑥人の身体能力や知識能力，生命力の向上，⑦汚染源の清浄化（土質，水質，空気の清浄と放射線や光線の害の防止）などがある。地球環境を悪化させる大気汚染や水質汚濁さらに土壌汚染や騒音，電波障害や光害(ひかりがい)などに対して解決をはかるために工学技術や科学技術を駆使して快適な生活環境の改善と維持をはかることが求められる。(☞環境ビジネス，光害，大量生産・大量消費・大量廃棄) 〔YK〕

環境基準 主に生活環境に関し，生活者として安心で安全かつ快適な生活が送れるよう，健康を保護し生活環境を保全する目的で置かれた望ましい周囲環境の基準を指す。環境基本法（1993年11月施行）においては環境への負荷軽減と地球環境保全について目的を定め，諸施策を総合的に実施するために環境基本計画が策定された。そこでは環境にやさしい製品に貼付(ちょうふ)されるエコラベルによる表示を通じて消費行動を促す配慮もされている。(☞環境基本計画，環境基本法，地球環境，エコラベル) 〔YK〕

環境規制 環境政策として行われる環境基準の設定など，行政機関によるあらゆる法的または規制的な手法を指す。近年，環境問題の深刻化にともない，環境規制は国内だけでなく国際的にも厳しくなる傾向が見られる。これに対し，環境規制のような規制的手法の不備を補(おぎな)

うために用いられるのが経済的手法である。これは市場メカニズムに基づく経済的インセンティブを高めて政策目的を達成しようとする手法で，具体的には優遇税制，課徴金，補助金などの制度を指す。（☞経済的手法）〔HT〕

環境偽装　環境配慮型製品は一般製品よりも消費者から選ばれる傾向がある反面，追加的なコストや手間がかかるのが通例。このような状況下で特別な環境配慮を実施していない製品を環境配慮型製品と偽(いつわ)って販売すること。大手製紙業者による再生紙における古紙使用割合の過大表示が発覚してから広く使用されるようになった用語である。その後，製紙業界以外でも同様な偽装行為が行われていることが明らかとなった。環境配慮型製品はエコラベルの表示を通じて一般製品と区分されるものの，表示が信用されないと区別が事実上困難になる。その解決方法としてはエコラベル交付後も公正な第三者による検証を定期的に実施することであるが，膨大なコストと手間を要するため，企業の自主判断に委ねるしかないのが現状といえよう。（☞エコラベル，環境配慮型商品）〔TN〕

環境基本計画　環境基本法に基づく環境政策の理念を実現するために，同法第15条によって環境保全に関する各種の施策を総合的かつ計画的に推進する目的のもとに策定される計画。1994年に第１次計画が策定され，2000年に見直された第２次の環境基本計画には環境政策の指針として，①汚染者負担の原則，②環境効率性，③予防的な方策，④環境リスクの４項目が示された。さらに「持続可能な社会」を構築する条件を満たすために，①循環を基調とする社会経済システムの実現，②自然と人間との共生，③すべての主体の参加，④国際的取り組みの推進，という４つの長期的目標が掲げられた。

その後，2006年に第３次の環境基本計画が策定されて閣議決定されたが，そのなかでは今後の環境政策の展開の方向として次の６項目が重視されるべきである，と考えられている。つまり，①環境的側面，経済的側面，社会的側面の統合的な向上，②環境保全上の観点からの持続可能な国土・自然の形成，③技術開発・研究の充実と不確実性を踏まえた取組，④国，地方公共団体，国民の新たな役割と参画・協働の推進，⑤国際的な戦略を持った取組の強化，⑥長期的な視野からの政策形成，である。

引き続き第４次の環境基本計画が2012年４月に閣議決定され，それから６年後の2018年４月には第５次の環境基本計画が閣議決定された。この最新の第５次環境基本計画では2015年に国際的に採択された「持続可能な開発目標（SDGs）」や「パリ協定」後に初めて策定された環境基本計画である点を踏まえ，持続可能な開発目標の考え方も活用しながら分野横断的な６つの重点戦略（経済，国土，地域，暮らし，技術，国際）を設定し，環境政策による経済社会システム，ライフスタイル，技術などのあらゆる観点からのイノベーションの創出や経済・社会的課題の同時解決を実現し，将来にわたって質の高い生活をもたらす新しい成長につなげていくことがポイントして掲げられている。（☞環境基本法，環(わ)の国，汚染者負担の原則，環境効率性，環境リスク，持続可能な開発目標，パリ協定）〔HT〕

環境基本法　Environmental Basic Law　1992年に開催された地球サミットを踏まえ，それまでの「公害対策基本法」に代わって日本の環境政策の方向を示すために1993年に制定されたのが「環境基本法」である。1950年代になると日本では高度経済成長とともに産業活動によって発生する産業公害が大きな社会的関心を集め，深刻化する公害への行政的対応を推進するため1967年に「公害対策基本法」が制定された。しかし，1990年前後から，①廃棄物問題に象徴されるように通常の社会経済活動による環境への負荷が増大した，②地球温暖化のように地球的規模で対処すべき問題が顕在化した，③都市化が進んで身近な自然が減少した，などを背景に従来の公害対策から地球環境対策へと焦点が移っていった。そこで制定されたのが環境基本法であり，①環境負荷の少ない持続的発展が可能な社会の構築，②国際的協調による地球環境保全の積極的推進，などの理念のもとに日本における環境法制の中心的存在となっている。ただし，環境基本法は放射性物質による大気汚染，水質汚濁，土壌汚染の防止措置については原子力基本法等の定めに委(ゆだ)ねている。なお，現在まで数回にわたり環境基準等に関して改正が行われている。（☞公害，地球環境問題，原子力基本法，環境基準）〔HT〕

環境教育　environmental education　人間と環境とのかかわりに

ついて理解と認識を深め，環境に配慮した責任ある行動が取れるような環境学習を推進すること。つまり，人間活動と環境とのかかわりについて理解し，大量消費を中心とした現代社会のライフスタイルがいかに環境に負荷をかけているかという認識を持ち，生活環境の保全や自然保護に配慮した行動を心掛けるとともに，より良い環境の創造活動や自然との触れ合いに主体的に参加し，健全で豊かな環境を人々の共有資産として次世代に引き継ぐことができるよう環境学習を推進することを指す。政府や自治体が学校教育のなかの学習指導要領に環境にかかわる内容を充実させることを盛り込む一方，教育機関では環境に関するボランティア活動を支援するなど環境意識を高める教育を行っている。(☞環境学習，ライフスタイル，環境意識)　〔JO〕

環境教育促進法　⇒　環境保全活動・環境教育推進法

環境行政　行政は国家の統治作用から立法および司法の作用を除いたものとされるが，一般に環境行政という場合には環境基本法の第1条に規定する環境保全の目的を達成するために行われる全体として統一性があり，継続的で形成的な国家活動を指す。具体的には公害防止，自然保護，生活環境保全，および地球環境に関する公共事務の管理・実施がある。

これらの施策内容は，公害防止のための環境基準の設定と規制，自然環境・地球環境の保護・保全，生活環境におけるリサイクルの促進，地方公共団体・民間団体等の活動促進，国際協力の実施等「規制」と「促進」，その「財政措置」によって，環境保全に関する行政施策に全体的統一性を与えている。地方公共団体では環境基本条例，公害防止条例，自然環境保全条例および環境影響評価条例等の環境保全関連条例が制定され，環境保全に関する施策が実施されている。(☞環境基本法，環境確保条例，環境アセスメント，環境基準)　〔ST〕

環境金融　environmental finance　環境に配慮し持続可能な社会の実現に貢献する金融メカニズムを指す用語で，近年，とりわけ東日本大震災後における環境意識の一層の高まりを背景に拡大しつつある。実際，環境省から2011年に「持続可能な社会の形成に向けた金融行動原則（21世紀金融行動原則）」が発表され，その趣旨が次のように説明されている。つまり，2011年3月11日に東日本を襲った史上最大級の地震と津波は，自然災害を前に人間がいかに無力であるかを暴(あば)きだした。日常生活を支えてきた科学技術が，一転して人間社会に深刻な影響を与えたことも大きな衝撃(しょうげき)だった。この震災からの復興活動を通じてエネルギーの持続可能な利用や生態系と調和した地域を再興できれば21世紀型の社会システムとして世界に発信できるモデルになりえよう。ここに金融が社会から必要とされ信頼される存在であり続けるためのカギがある。持続可能な社会の形成を推進する取り組みに21世紀の金融の新しい役割を見出すことができる，と。(☞東日本大震災，ESG投資，社会的責任投資，環境債，エコファンド)　〔HT〕

環境クズネッツ曲線（EKC）　Environmental Kuznets Curve

1971年にアルフレッド・ノーベル記念経済学スエーデン銀行賞を受賞したアメリカの経済学者・統計学者サイモン・スミス・クズネッツ(Simon Smith Kuznets, 1901-1985) の発見したクズネッツ曲線(1955) は，「一般に各国における所得分配の不平等性が所得水準の上昇につれて上昇し，一定の高原状態を経て下降へと転ずる」という経験則を指し，所得格差を表す指標（Y軸）と経済発展を表す指標（X軸）とは「逆U字型の関係」を呈(てい)する。この経験則の類推により，環境問題へ応用しY軸を環境汚染物質の排出量に置換して観察すると，先進国で経験的に見られるように，1人当たりの所得の増加に伴(ともな)って初めは汚染が増大し，一定程度の経済成長段階に至った後には汚染はやがて低下に転じて同様に逆U字型曲線を描くと考えられる。この環境問題に適用した「逆U字型曲線」を指して「環境クズネッツ曲線」(世界銀行『世界開発報告：開発と環境』，1992) と称する。

この仮説の一般的妥当性についてはいまだ議論が続けられているが，この曲線が当てはまるのは産業公害型汚染物質である二酸化硫黄 (SO_2) と1人当たり所得水準との相関関係の事例である。このY軸上の環境汚染物質排出量の低下の背景は，所得の増加に伴い人々は消費の増大よりも豊かな環境をより望む傾向が高まることや，さらなる技術の発達・普及のほか，経済社会構造の変化，社会システムの変化などにより説明される。持続可能な開発の達成のためには低開発諸国が先進国の経験を先取りし，後発性の利益を享受してこの「逆U字型曲線」をできるだけなだらかなものにすることが世界全体から見ても

極めて重要である。(☞地球有限主義)〔ST〕

環境経営 environmental management ／ sustainable management
環境への配慮や対応を重視した経営，あるいは持続可能性のある経営を指す。企業経営の内容を環境面から評価する環境会計への関心の高まりや，環境報告書を作成・発行する企業の増加を背景に注目を集めるようになった。その対象には環境会計の導入による環境情報開示をはじめ，ISO14001の認証取得や環境ビジネスへの進出などが幅広く含まれ，環境経営学や環境経営論を構築する動きすら見られる。
なお，環境経営学会（特定非営利活動法人で略称はSMF）の資料によれば，「環境経営」とは経済（economy），生態的環境（ecology）および倫理観（ethics）という3つの側面を兼ね備えた持続可能な社会を実現する「グリーン経営（green management）」を意味する，と説明されている。ただし，21世紀の今日，環境経営は企業にとって当然または常識的なことになりつつある。(☞環境会計，環境報告書，環境経営学会，健康経営)〔HT〕

環境経営学会（SMF） Sustainable Management Forum of Japan
環境経営に対する関心の急速な高まりを背景に2000年10月に設立された学会。現在は特定非営利活動法人（NPO）として活動しており，事務局は東京都内にある。同学会の目的は，工学，経営学，そのほかの関連諸科学と諸経験を総合し，マネジメント・フォー・サステナビリティの確立のため，研究者，経営者，市民の理論的・実証的研究の場を開設し，幅広い研究活動を行い，これらの研究成果を実社会に根付かせる普及啓発活動も行うことにある。
参考までに同学会の設立趣旨は次のように説明されている。いわく「産業は新しい技術を開発し，実施する圧倒的な力の持ち主であることから，地球環境の原状回復に関し重大な責任を負っている。それと同時に製品やサービスの提供者として資源循環の最上流部に位置し，環境負荷をコントロールしやすい立場にあり，持続可能な社会の実現に向けて積極的な役割を演じることを求められている」と。(☞環境経営，サステナビリティ)〔HT〕

環境経営度調査 日本経済新聞社と日経リサーチが企業の環境対策

を総合的に評価することを目的に1997年から毎年行っている環境格付けの調査で，ランキングが公表されている。2018年には第21回の調査結果が発表されている。全国の有力企業を製造業と非製造業に分け質問紙郵送法で実施されており，この調査結果によって産業界の環境問題への取り組みや環境経営に対する意識改革の状況が把握できるという。また，この調査が行われるようになった背景には，環境問題への取り組みが優良企業の条件になりつつあるという時代の趨勢（すうせい）が指摘されている。なお，2002年の調査から企業における二酸化炭素の削減計画やグリーン調達の基準に関する項目が追加設定された。（☞環境格付け）〔HT〕

環境経済学　environmental economics　1960年代後半あたりから先進工業国では経済成長の代価として環境汚染が深刻な社会問題に発展し，経済学にとっても無視できない研究対象となった。これ以降，グリーン・エコノミー（green economy）という用語まで登場し，環境を考慮に入れた経済学，すなわち環境経済学を提示しようとする試みが始まった。その最も重要な課題は地球サミットの理念となった「持続可能な開発」が果（は）たして実現可能な概念なのかどうか，という点を明らかにすることにあると言われている。

経済学の主流学派によれば，自由な市場メカニズムは基本的には信頼しうるものであるけれども，環境問題は市場経済に内包（ないほう）されている欠陥（けっかん）の表れであり，そのような「市場の失敗」を是正するには炭素税などの環境税の導入による政府の介入が正当化されるという。さらに持続可能な開発を実現するには経済発展の追求のバランスを，①消費パターンを環境にやさしい製品を使う方向，ならびに②投資パターンを環境資本を増やす方向へと変えなければならない，と説明されている。（☞持続可能な開発，炭素税，環境税）〔HT〕

環境計量士　Certified Environmental Measurer　経済産業省が管轄する国家資格。日本では1960年代から70年代にかけて公害問題が大きな社会問題となり，1974年に計量法改正が行われ，計量士制度に環境計量士が新設された。環境計量士は有害物質の濃度，騒音，振動など環境にかかわる計量器の整備，計量の正確の保持，計量方法の改善など適正な計量の実施を行うために必要な措置を講じることを任務とする。環境計量士資格は環境計量士（濃度関係），環境計量士（騒音・振動関係），一般計量士の３区分に分けられる。試験内容は，共通科目として計量関係法規と計量管理概論，専門科目として環境計量士（濃度関係）では環境計量に関する基礎知識（化学），化学分析概論および濃度の計量。環境計量士（騒音・振動関係）は，環境計量に関する基礎知識（物理），音響・振動概論ならびに音圧レベルおよび振動加速度レベルの計量。一般計量士は，計量に関する基礎知識，計量器概論および質量の計量となる。

2018年３月の第68回試験では平均16.9％の合格率であった。受験のための条件や学歴，年齢などの制限はない。試験に合格し，実務経験を１年以上持つことで資格登録ができる。また，一般計量士は産業技術総合研究所計量研修センターにおいて一般計量教習（３カ月），一般計量特別教習（２カ月）の課程をともに修了し，実務経験が５年以上あれば資格登録できる。近年，環境測定技術者としての就職先も多い。(☞公害)　〔NK〕

環境月間　⇒　環境の日

環境権　environmental right ／ eco-right　1970年に日本弁護士連合会が提唱した環境権は，「人は良き環境を享受する権利をもち，みだりに環境を汚染する者には環境権に基づいて，その差し止めを求めることができる」という考え方を指す。憲法第13条（幸福追求権）ならびに憲法第25条（生存権）等から基本的人権の一種とみることができ，法的保護を受けられるとの考え方である。

環境権への認識の深まりは1972年の国連人間環境会議で採択された人間環境宣言をきっかけとする。裁判所は「憲法第13条及び第25条の解釈から，いままで私法上の権利としては環境権は存在しない」として必ずしも環境権に好意的な判決を示してこなかったが，1993年の環境基本法や1997年の環境影響評価法等の制定によって判決の論拠が崩れ，環境権是認の方向が整いつつある。一方，環境権は私権として理解するのではなく，環境行政の目標としてその実現を目指すべきであるとし，行政法的手続きの中で環境権をとらえ直す動きもある。(☞環境基本法，国連人間環境会議，人間環境宣言)　〔ST〕

環境広告　グリーン広告とも呼ばれる。環境問題を通して顧客との関係を深めるコミュニケーション活動である。環境広告の訴求方法は2つのタイプがある。1つは，自社製品や企業のための広告というよりも，環境保護，環境保全，野生動植物の保護，資源の節約などに焦点を当て，現代社会や現在のライフスタイルへ警告を発して環境に対する意識を促(うなが)すための広告である。もう1つは，自社製品がいかに環境にやさしいかを訴求したり，企業の環境対策や環境への取り組みを明示する広告である。これまでの環境広告の表現方法は曖昧(あいまい)な部分が多く見られたが，環境情報の提供に関する規格としてISO14021において環境広告の表現にも厳格な基準が設けられた。(☞環境問題，環境コミュニケーション，ライフスタイル)〔JO〕

環境行動　⇒　環境学習

環境公約　environmental commitment　米国では企業の社会に対する姿勢を理念やビジョンとして提示し，その実践(じっせん)を公約（commit）することの重要性が説かれている。環境公約もこの考え方に基づいて企業が環境問題に対する姿勢ないしは取り組みを社会に対し約束したものと言えるであろう。実際のところ，米国企業の環境公約では法的基準の遵守は最低限のものと考えられており，経営者の責務として積極的に環境の保護・保全に取り組む姿勢が明示されていなければならない。(☞環境理念，環境問題，環境マネジメントシステム)〔HT〕

環境合理性　⇒　環境効率性

環境効率性　eco-efficiency　資源やエネルギーを無駄(むだ)なく利用し，環境への負荷をできるだけ少なくして必要な財やサービスを生産または消費する効率的な経済活動を示す指標のこと。例えば企業において生産される財やサービスの価値を，その生産過程で発生する環境負荷で割った値(あたい)を指し，この割合が高くなればなるほど経済活動の質が向上したことになる。ただし，環境効率性はすでに環境報告書などで使われているが，これを測定するための規格化された方式はまだ確立されていない。

環境効率性という概念は1992年に設立された「持続可能な開発のた

めの経済人会議（WCSB)」において初めて提唱され，環境と経済が両立する持続可能な21世紀の新しい経済社会を構築するキーワードの1つとして注目されるようになった。なお，環境効率性を基礎づける行動原理として「環境合理性」という概念も提示されているが，これは環境が人類にもたらす価値を重視した合理的判断に基づいて行動することを指している。(☞環境報告書) 〔HT〕

環境コスト　environmental costs　環境負荷を予防または低減させるために行う支出を指し，原状回復のようにベネフィット（成果）をともなわない環境損失とは区別されることもある。自らが発生原因をつくり出して負担する「内部コスト」と，発生原因をつくり出した者以外がその影響を受けて負担する「外部コスト」の2つがある。内部コストは環境保全コストを中心に各種の分類が示されているが，環境保全にどの程度まで自主的に取り組むのか，また効率的に実施できるのかに応じて支出水準が異なる。他方，外部コストは環境への影響を特定して算定される。ただし，両コストの区分は一定時点から見たもので，環境規制の強化や自主的な対応により外部コストの内部コスト化が進展している。(☞隠れたコスト，環境ベネフィット) 〔TN〕

環境コストの原価計算　cost accounting for environmental expenditures　企業が環境コスト管理に着手するためには環境コストを正確に把握（はあく）し，発生原因となっている製品の原価に配分する必要がある。これまでの原価計算では環境コストを集計しないことから製造間接費など他のコストに分散して計上されていた。このため製造間接費の正確な計算を目的とした活動基準原価計算（activity-based costing）により環境関連活動を明確化した後，これらの活動に要するコストを集計して製品に配分し，原価算定や価格決定を行うことが提唱されてきた。さらに，通常のコストから環境コストを分離して把握するだけでは環境負荷の低減に不十分であるため，製造活動にともなう環境負荷を廃棄物などのマテリアルロスを中心に測定して貨幣評価を行うマテリアルフローコスト会計にも関心が高まっている。(☞環境コスト，マテリアルフローコスト会計) 〔TN〕

環境コミュニケーション　environmental communication　持続可

能な社会を創造する際に主体となる①個人，②企業，③非営利組織（NPO または NGO），④行政機関などが環境問題に対してパートナーシップ（partnership）を組むために，環境情報を発信・受信・交換・共有する行為を指す。これによって各主体が環境意識を向上させ，相互理解を深め，さらに信頼関係を強めて問題認識を共有できるようになると考えられている。この環境コミュニケーションの新しい媒体（ばいたい）として注目されるのがインターネットで，実際にも環境省が作成した自然環境に関するホームページは予想以上に人気を集めアクセス件数が急増した，という実績が報告されている。

なお，環境情報とは環境コミュニケーションの対象となる情報をすべて含んだ概念であり，環境省の調査結果によれば，接触する環境情報の量と種類，ならびに情報源の数が多ければ多いほど個人の環境保全行動もより多く行われるという。（☞環境意識，自然環境，環境省，環境問題）〔HT〕

環境債　環境に配慮した再生可能エネルギーや省エネルギー対策などの環境関連事業に充当する資金を調達する目的で，企業や自治体等が発行する債券のこと。グリーンボンド（green bond）と呼ばれることがある。環境意識の高まりや ESG 投資の拡大を背景に環境債に対する投資家の関心が高まり，2016年を境（さかい）に日本国内だけでなく中国を中心にアジアにおける環境債の発行が増加している。実際，日本では2017年10月に東京都が初めて「東京グリーンボンド」という環境債を発行した。この環境債が発行されると発行主体には環境対応に積極的であるとの社会的評価が向上する一方で，投資家は債券投資を通して地球環境問題の解決と持続可能な社会の実現に対する社会貢献的なメリットを享受することができる。（☞環境意識，ESG 投資）〔HT〕

環境再生保全機構（ERCA）　Environmental Restoration and Conservation Agency　1965年10月に公害防止事業団法に基づく特殊法人「公害防止事業団」として設立され1992年に改組された旧環境事業団と，1974年 6 月に公害健康被害補償法に基づく旧公害健康被害補償予防協会とが合体・再編され，環境分野の政策実施機関として2004年 4 月に設立された独立行政法人を指す。監督官庁は環境省，農林水産省，経済産業省，および国土交通省。環境再生保全機構は公害による健康被害者への補償・健康被害発生予防とともに，環境問題の解決のため事業者や地方自治体の環境対策を支援するとともに，「地球環境基金」による内外の民間環境団体の育成を行い地球環境の保全活動にも寄与している。

本機構の主な事業は，①公害健康被害補償業務，②公害健康被害予防事業，③「地球環境基金」の設置による民間団体の環境保全活動への支援等の地球環境対策事業，④ポリ塩化ビフェニル（PCB）基金による PCB 廃棄物処理助成事業，⑤最終処分場維持管理積立金管理業務，⑥良好な環境の創出その他の環境保全に関する調査研究等業務，⑦大気汚染対策に寄与する緑地形成のための建物の建設・譲渡事業，⑧アスベスト（石綿）健康被害救済業務，⑨環境情報収集・整理・提供，研修，⑩債権管理回収業務の10事業である。なお，旧環境事業団が実施していた PCB 廃棄物処理事業・環境浄化機材貸付事業等は，特殊会社である日本環境安全事業株式会社に事業の承継がなされている。（☞健康被害，公害，環境問題，PCB，アスベスト，最終処分場）

〔ST〕

環境産業　環境を改善，維持，進展させる産業を指す。循環型経済社会システムにおいて環境問題は政策主導や NGO あるいは産業化などを組み合わせ，市場機能を活用して産業の裾野（すその）を発展させることが望ましい。例えば資源の再利用などにより製品やサービスのコストが高くなった時は，補助金などの支給によって市場価格とバランスをとる施策を併用する必要がある。

現在 CO_2 の排出権を市場で取引する制度でも仲介業務がビジネスとして始められている。水質汚濁防止や大気汚染防止あるいはゴミ処理等の装置を提供する産業は環境装置産業と呼ばれる。再利用の産業としては自動車リサイクル，家電リサイクル，パソコンリサイクル，自動車解体業等があり，修理保全産業としては DIY（Do It Yourself）店やパーツショップがあり，他素材への転用としては住宅廃材リサイクルや廃棄食材の肥料化等がある。また，物流運送の共同配送化ではエネルギーが節約できる。さらに自然エネルギーの産業化としてはソーラーシステム，太陽光・風・波・地熱・バイオマス発電などが生まれている。なお，環境省によれば2015年には環境産業の市場規模が104兆円強まで拡大して過去最大となり，2000年との比較では約1.8倍

になった。(☞環境投資，クリーン・エネルギー，自然エネルギー)
〔YK〕

環境事業団 (JEC) ⇒ 環境再生保全機構

環境資源　環境を保全・改善する資源，または環境に関連する資源を指す用語。企業で生産され社会で消費される製品はリサイクルすれば資源として再利用できるものが多い。また，資源ごみの多さは，有効な再利用をすれば資源大国になる可能性があることを示唆(しさ)している。このため，ごみやスクラップを抑制し再利用を促進する法律や，グリーン購入で再利用をはかり，リサイクルやリユース産業の創出を後押しする行政の補助金や交付金制度による支援への努力が進められている。(☞グリーン購入，グリーン購入法)　〔YK〕

環境指標 ⇒ PSR モデル

環境社会検定　環境社会検定（eco 検定）は，①環境に対する幅広い知識を持ち社会の中で率先して環境問題に取り組む「人づくり」，②環境と経済を両立させた持続可能な社会の推進を狙(ねら)って東京商工会議所が創設した。検定合格者は「エコピープル：環境問題を日々の生活の中で意識し，一人ひとりが可能な範囲で積極的に行動する人」になることが期待されている。また，商工会議所はエコピープルを中心に，環境問題に関する新たな動向の情報を提供できる仕組みを構築し，各人の問題意識に沿った活躍の場を検討している。なお，第1回試験は2006年10月15日に実施され2018年3月までに約43万人が受験し，25万人を超えるエコピープル（＝検定試験合格者）が誕生している。(☞環境基本計画，環境問題)　〔TT〕

環境・循環型社会・生物多様性白書 ⇒ 環境白書

環境省　Ministry of the Environment　公害対策を主たる任務として1971年に発足した環境庁を，環境問題の重点移行にともない2001年に改組して設置された官庁。環境省の仕事は，①廃棄物・リサイクル対策のように一元的に担当する分野，②環境影響評価のように共同して担当する分野，③勧告などに基づいて関与する分野からなっている。環境省の主な機構（2017年度末現在）としては，(a)３Ｒや循環型社会の形成を推進する廃棄物リサイクル対策部，(b)経済のグリーン化や環境アセスメントを推進する総合政策環境局，(c)化学物質対策を担当する環境保健部，(d)地球温暖化対策を推進する地球環境局，(e)水，空気，土壌および海の汚染を防止する水・大気環境局，ならびに(f)生物多様性の保全など自然保護管理を推進する自然環境局がある。（☞国立環境研究所，環境再生保全機構）　〔TN〕

環境情報　⇒　環境コミュニケーション

環境新聞　公害問題，衛生問題および環境問題に関する専門紙。「環境新聞」は公害問題や衛生問題に対応すべく1965年11月に創刊された。その後の変化する環境問題に対応するため1971年11月に「環境公害新聞」の名称となり，さらに1993年10月に「環境新聞」に改められて現在は毎週水曜日に環境新聞社から発行されている。紙面は主に環境問題に関する取り組みや動向などの環境総合面のほか，循環資源・廃棄物面，水環境・下水道面，各種の環境問題をさまざまな切り口で掘り下げるニュースワイド面等で構成されている。（☞環境問題，環境学習）　〔ST〕

環境ストレス　⇒　水分ストレス

環境性　⇒　環境格付け

環境税　environmental tax　地球温暖化や大気汚染など環境に直接・間接に悪影響をおよぼす製品等の生産・消費や環境汚染物質の排出等の行為を削減・抑制することを目的とする多様な税または課徴金（環境問題を規制する経済的手法）の総称。狭義では温暖化対策などの環境保全に税収を使う目的税のみを環境税と呼ぶこともある。具体的には1990年代初頭からフィンランド，ノルウェー，デンマーク，スウェーデン，オランダなど北欧諸国を中心に導入され始めた「二酸化炭素（CO_2）税」は代表的な環境税。

また，従来の石油関連税とは別にガソリンや灯油，石炭など炭素を含む燃料について炭素の含有量に応じた納税額が定める「炭素税」なども環境税に含まれる。この他，ドイツやイギリスで鉱物性燃料の税率を引き上げる措置が実施されているが，いずれの国でも国際競争力への配慮が政策の中に明言されている。日本でも環境省が2005年度中に温暖化ガスの排出に課税する環境税を導入する方向で具体的に検討していたが，導入は見送られている。（☞経済的手法，炭素税，二酸化炭素）
〔MK〕

環境政策　⇒　環境基本計画，環境基本法

環境政党　⇒　緑の党

環境性能　環境に与える負荷を低減できる性質や能力を指す。自動車，発電装置，建築物などに対して幅広く使用されており，自動車の燃費向上や太陽光発電の二酸化炭素削減量，さらに建築物の省エネ性に対して用いられるようになった。とりわけ建築物に対しては環境性能の面から評価するシステムが導入されるようになり，例えば家庭部門における温暖化対策を推進するために，東京都では2005年から大規模な新築等のマンションの建築主には都に建築物環境計画書を提出し，環境配慮に取り組んでいることを示す「マンション環境性能表示」というラベル表示が義務づけられている。その狙いは，①マンションの購入者に環境に配慮したマンションを選択しやすい情報を提供する，②環境に配慮したマンションが市場で評価される仕組みをつくる，③マンションの建築主の自主的な環境配慮の取り組みを促進する，と記されている。（☞環境負荷，エコラベル，エコリフォーム，エコ住宅）
〔HT〕

環境制約　社会経済システムの持続可能性に対して障害となる環境上の制約を表す用語。この要因には経済成長や人口増加だけでなく，有限な鉱物資源やエネルギー資源の枯渇，さらには地球温暖化，水資源のひっ迫，食料生産にともなう環境負荷の増大などが指摘されている。このような環境制約を取り除くには早急に環境対策に取り組まなければならないが，現在の社会経済システムが直面する環境制約は予想以上に切迫している。

例えばWWF（世界自然保護基金）の試算によると，日本を含めた世界全体の社会経済活動はすでに1970年代に持続可能な地球の環境容量，すなわち地球の環境を保全するために許容できる人間活動や汚染物質の量を超えている。他方，OECD（経済協力開発機構）の将来予測でも，先進国の経済に環境制約が差し迫っている状況が示されている。（☞世界自然保護基金）〔HT〕

環境責任　environmental responsibility　環境保全に対する経済主体の責務を指す。環境責任は消費者，企業および行政等，すべての経済主体が担わなければならないが，循環型社会形成推進基本法第７条の循環資源の循環的利用および処分の基本原則により，循環型社会のための適正処理の優先順位が初めて法定化され，あわせて企業が生産した製品などについて使用され，廃棄物となった後まで一定の責任を負うという事業者の「拡大生産者責任」の一般原則が確立された。これによって企業の環境責任は一層明確で重要になり，環境責任と言えば「企業の環境責任」を指すことが多くなっている。

企業が環境責任を果たす具体策には，①商品開発面では環境技術開発・環境配慮型商品開発・３R（スリー・アール；Reduce ／ Reuse ／ Recycle）対策設計の実施，②廃棄物回収・再生面では廃棄物回収システムやリサイクルプラントの運営・静脈物流の管理，③工場の運営面では有害物質管理・省エネルギー対策・ゼロエミッションへの取り組み，④社会的課題では環境保全活動全体の情報開示・環境保全活動の企業間協調・環境技術の提供による国際協調のために，企業経営者は経営方針としてこれらの環境保全対策への取り組みを総合的に打ち出すよう求められている。（☞循環型社会，循環資源，環境経営，拡大生産者責任）〔ST〕

環境ソリューション　ソリューション（solution）とは「解決，解決法，解答」という意味になり，「環境ソリューション」という場合には環境問題を解決したり環境問題に対処するための技術・製品・サービスなどを総称する。「エコソリューション」と呼ぶこともある。近年における環境問題の深刻化を背景に，そのソリューションも多様化・高度化の傾向が見られるようになった。特に環境ソリューションをビジネスとして行う企業を指して「環境ソリューション企業」と呼ぶことがある。その分野は拡大してきており，例えば廃棄物処理・リサイクル対策，大気・地球温暖化対策，水質・土壌対策，環境修復・再生，環境関連ソフトウェア，環境負荷低減・環境共生などがある。（☞環境ビジネス） 〔HT〕

環境損失 ⇒ 環境コスト

環境 DNA 'DNA' は生物の細胞内で遺伝情報を記録したデオキシリボ核酸という物質の略称であるが，環境 DNA とは海や河川などの環境中に存在する生物の DNA を指す。この環境 DNA を手がかりに海や河川の少量の水を分析することによって，どんな生物がどれくらい生息しているかを調べる技術が開発されたため，生物の生態調査に活用することができるようになってきた。つまり，実際に水中の生物を網（あみ）で捕獲したり水に入って観察する必要がないことから，生態系や生物に負荷をかけずに調査する手法として注目されるようになった。すでにウナギや日本最大の淡水魚であるイトウだけでなく，陸上動物であるオランウータンなどの希少動物の生態調査でも使われている。こうして絶滅のおそれのある生物等を確認し保護するために環境 DNA の研究や応用が進められるようになった。（☞レッドデータブック） 〔HT〕

環境適合設計 design for environment 製品（プロダクト）ライフサイクルの各段階で，環境に与える環境負荷ができるだけ小さくなるように製品・サービスの開発設計をすること。「環境配慮設計」と呼ばれたり，DFE または DfE と略称されることもある。近年は環境対策の一環として，各企業が積極的な取り組みを実施している。こうしてでき上がった製品は「環境適合製品」や「環境配慮型商品」として市場に提供される。（☞環境配慮型商品，プロダクト・ライフサイクル） 〔TT〕

環境テロリズム environmental terrorism 環境破壊を一種の脅（おど）しや戦闘手段とした環境に対する暴力行為を指す。テロリズムは国家，結社およびグループがその政治目的遂行のため，当事者または当事者以外の人々に対してもその影響力をおよぼすべく，非戦闘員である市民や建造物等に対して組織的・集団的・計画的に行う不法な暴力行為を指す。最近のテロ活動は単に武器を手段として用いるのみならず，生物兵器や化学兵器を用いたテロ，核兵器テロ，情報ネットワークを攻撃する「サイバーテロ」などがある。例えば，1991年の湾岸戦争においてイラクは油田を炎上させたりペルシャ湾に原油を流出させたりした。また，2001年9月11日の米国における同時多発テロ事件の後，炭疽菌（たんそきん）の粉末が郵便で送られるという生物兵器テロが発生し，実際にも米国フロリダ州で死亡した被害者は肺炭疽症（はいたんそしょう）であった。（☞環境破壊，湾岸戦争）〔ST〕

環境投資 ⇒ **エコファンド，社会的責任投資，トータルコスト・アセスメント**

環境と開発に関する世界委員会（WCED） ⇒ **持続可能な開発**

環境と開発に関するリオ宣言 ⇒ **地球サミット**

環境難民 environmental refugee 海面上昇や砂漠化など環境や気候の著しい変化によって居住地から強制的に離れることを余儀なくされた人々を「難民」に例（たと）えて「環境難民」と呼ぶ。干ばつ，大気汚染，土壌汚染，土壌劣化，海面上昇などの環境悪化が原因。具体的には干ばつや砂漠化が進行しているアフリカ地域における周辺国への移動，さらに地球温暖化による海面上昇で影響を受けるオランダ，エジプト，バングラデシュの海岸低地，南太平洋のツバル，インド洋のモルディブ等では多くの人々の避難が発生することが懸念されている。一方，チェルノブイリ原発事故による周辺住民の退避等の例もある。（☞地球温暖化，チェルノブイリ原発事故，海面上昇，ツバル）〔ST〕

環境の世紀 『環境白書』では21世紀への変わり目を強く意識した1999年版から「環境の世紀」という表現を正式に用い，さらに2000年版では21世紀を「環境の世紀」と位置づけ「あらゆる活動主体において環境の持つ価値が重視され，環境保全が内在化された，新たな可能性を秘めた時代」と定義。そのうえで，人類の未来に対して明暗がはっきり分かれる次のような2つのビジョンを提示した。1つは「世界の不安定な状況は放置され，世界人口が120億人にせまり，なおも増加の一途をたどり，先進諸国では物質消費の拡大傾向が収束せず，環境汚染が続く」という暗いシナリオに基づくものであるが，これでは物質文明が行き詰まり人類は破滅する。他の１つは「世界の安定化のための国際協力が実り，現在60億人を突破した世界人口は80億人でピークを打って徐々に減少に転じる」という持続可能な未来を展望させる明るいシナリオに基づいており，地球環境の劣化に歯止めがかかるというものである。(☞物質文明，環境白書)　〔HT〕

環境の日　1972年６月にストックホルムで開催された国連人間環境会議の開催を記念し，日本では環境基本法（1993年）のなかで事業者や国民に幅広く環境保全についての関心と理解を深めるとともに，積極的に環境保全に関する活動を行う意欲を高める趣旨のもとに毎年６月５日を「世界環境デー」，すなわち「環境の日」と定めている。さらに環境庁（現在の環境省）は，この日を含む期間を環境週間および環境月間（６月の１カ月間）と定め，国や地方公共団体はクリーンアップ作戦などの行事を実施している。(☞環境基本法，国連人間環境会議，アースデイ)　〔JO〕

環境配慮型商品　設計・生産・使用・廃棄にいたる商品のライフサイクルの各段階，あるいはすべての段階において，環境に配慮している商品。環境に対する適切な情報開示も行われなければならない。物質やエネルギーの利用効率を上げて無駄を減らし，生産から消費を通じて商品が廃棄されるまでの期間を可能な限り長くすることなどが必要になる。例えば①設計の段階なら環境配慮設計として再使用の可能性を追求し，小型化・軽量化を目指す，②生産の段階なら環境に優しい原材料の使用，生産設備の環境配慮，生産時におけるエネルギー使用の最小化をはかる，③使用の段階なら省電力や長期にわたる使用に耐えるようにする，④廃棄の段階ならリサイクル，リユース，再資源化，廃棄の際の環境汚染を最小化する，などを指摘できるが，本質的にはリデュース（発生抑制），リユース（再使用），リサイクル（再生利用）をもとに推進することを目標とする。(☞３R，環境配慮契約)　〔TI〕

環境配慮契約　温室効果ガス等の排出の削減に配慮した契約を指し，グリーン契約とも呼ばれる。つまり，環境負荷をなるべく大きくしないように，国の各機関や独立行政法人，国立大学法人，地方公共団体等で製品・サービスや工事などの調達を行う際は，価格だけでなく環境負荷をも考慮して取引先を決定しなければならない。その基本方針は2007年に決定され，さらに2018年に変更が閣議決定された。具体的な契約類型は，電力購入，自動車の購入および賃貸借，船舶の調達，省エネルギー改修（ESCO）事業，建築設計である。各省庁等の長は，毎会計年度または毎事業年度終了後に環境大臣に契約実績を通知・公表し，その際はできるだけ分かりやすく公表のこと，と定められている。（☞ ESCO 事業，環境配慮型商品）　〔TI〕

環境配慮設計　⇒　環境配慮型商品

環境配慮促進法　2004年に成立し2005年４月に施行された法律で，正式名称は「環境情報の提供の促進等による特定事業者等の環境に配慮した事業活動の促進に関する法律」。環境報告書の普及促進と信頼性向上のための制度的枠組みの整備や一定の公的法人（特定事業者）に対する環境報告書の作成・公表の義務づけ等について規定している。つまり，事業者とさまざまな関係者との間の重要なコミュニケーション手段である環境報告書の普及促進，信頼性向上のための制度的枠組みを整備し，環境報告書を社会全体として積極的に活用していくことによって事業者の積極的な環境配慮の取り組みを促進する条件整備を行おうとするものである。この場合の環境報告書とは，事業者が自らの事業活動にともなう環境負荷の状況や環境配慮の取り組みなどの環境情報を総合的に取りまとめて公表する年次報告書のこと。環境面で企業を評価する動きが広がっていることを受け，大企業を中心に環境報告書を作成し公表する動きが活発化している。（☞環境報告書，環境コミュニケーション）　〔HT〕

環境破壊　自然環境を人為的に汚染し完全に壊してしまうこと。自然環境は本質的に壊れやすく，いったんバランスが崩れて損なわれると修復するのに膨大な時間と手間と費用がかかり，回復不可能な状態に陥ることすら多い点に注意を要する。実際，環境破壊に対する一般大衆の感受性が高まるにつれ，企業活動にともなう環境汚染への批判は近年手厳しくなってきており，環境保護団体の数も増えて企業活動に対する圧力を強めている。(☞自然環境，環境保護団体)〔HT〕

環境白書　環境基本法に基づいて毎年発行される白書（環境省編集）で，環境基本法第12条に基づいて政府が国会に①環境の状況，②政府が環境の保全に関して講じた施策，③環境の状況を考慮して講じようとする施策などについて報告することになっている。かつての『公害白書』(1969〜71年）が環境庁（2001年から環境省）の設置にともない1972年から『環境白書』に名称変更された。また，小学生や中学生向けに編集された『こども環境白書』なども毎年発行されている。さらに，条例に基づいて独自の環境白書を作成する地方自治体も多くなってきている。これらに加え，循環型社会形成推進基本法に基づいて2001年からは，リサイクルなどを推進し循環型社会を形成する諸施策の基本的方向を示した『循環型社会白書』(環境省編集）が毎年発行されるようになった。

なお，2007年度と2008年度に関しては，環境問題や循環型社会形成の取り組みの全体像が一体的に見渡せるよう，環境白書および循環型社会白書という2つの白書が1冊にまとめた形で発行された。さらに2009年度（平成21年度）からは08年に制定された生物多様性基本法に基づく『生物多様性白書』が合冊され，『環境白書・循環型社会白書・生物多様性白書』(環境省編）または『環境・循環型社会・生物多様性白書』として発行されるようになった。(☞環境基本法，循環型社会形成推進基本法)〔HT〕

環境パフォーマンス　environmental performance　企業が発生させる環境負荷に対して自ら行った環境対策の成果を指す。環境マネジメントを実施する際は，対象とする範囲を確定して環境パフォーマンスを測定する指標を導入しなければならない。ISO14031の環境パフォーマンス評価では，①環境現状指標（ECI），②マネジメント・パフォーマンス指標（MPI），および③オペレーショナル・パフォーマンス指標（OPI）に区分されている。さらに環境省からは『事業者の環境パフォーマンス指標ガイドライン』が公表され，指標の要件および枠組みを具体的に示している。これまで企業のパフォーマンスといえば売上高や利益などの財務パフォーマンスを意味し，それらを対象に企業の格付けが行われていた。ところが最近では環境パフォーマンスに対する関心の高まりによって環境格付けが注目されている。(☞環境格付け) 〔TN〕

環境犯罪　environmental crime　環境を破壊する悪質な犯罪行為を指す。国際的に問題となっているものには有害廃棄物の越境移動，野生動植物の国際的な不法取引，オゾン層破壊物質の国際的な不法取引がある。戦後の日本で起きた最大・最悪の環境犯罪は水俣病事件といわれるが，近年これらの公害事犯が減少する一方，廃棄物の広域にわたる陸上・海上での不法投棄事件の占める割合が多くなっている。法律面からみると，廃棄物の処理および清掃に関する法律違反，水質汚濁防止法違反，および絶滅のおそれのある野生動植物の種の保存に関する法律違反等の事件となる。(☞水俣病，廃棄物処理法，不法投棄，フェロシルト，豊島(てしま)事件) 〔ST〕

環境ビジネス　環境重視，環境保護，環境改善のニーズに関連して派生した事業を指す。エコビジネスともいう。環境保護や改善に関する企業活動としては，製品や素材のリサイクル，大気汚染や水質汚濁あるいは騒音などの公害防止，廃棄物処理などがある。これらの技術・製品・サービスにかかわるビジネスでは新技術の開発や新産業の創出が期待される。他方，廃棄物を再利用することは資源化につながり，資源大国になる可能性を秘めている。(☞環境産業，環境資源)

〔YK〕

環境品質　⇒　環境品質原価計算

環境品質原価計算　quality costing for environmental expenditures

製品の品質には機能や価格に加えて環境配慮も含まれるという考え方に基づいて実施する品質原価計算。品質コストは，①品質管理活動に要する予防および評価コストと，②これらが不十分な場合に生じる不良品の発生などの内部および外部失敗コストに分類される。両コストはトレードオフ（交換）の関係にあり，総コストの合計が最少となる水準を解明することが課題になる。

環境品質についても環境保全コスト（予防および評価コスト）と環境負荷発生（内部および外部失敗コスト）とのトレードオフを考慮することが必要。しかし失敗コストは環境保全活動が不十分なことが原因で生じるために，コストというよりむしろ損失と考えられている。(☞環境管理会計)　〔TN〕

環境ファンド　⇒　エコファンド

環境負荷　environmental burden　個人や組織の活動が環境に与える悪影響を指し，可能な限り集計し低減することが求められている。環境負荷は組織の活動を対象に定期的に集計することもあれば，組織がつくり出す製品やサービスのライフサイクルにわたって集計することもある。また，企業を対象とした場合には経済活動の成果である売上高や利益と対比した数値を示すことも試みられている。なお，環境基本法では「環境への負荷」として「人の活動により環境に加えられる影響であって，環境の保全上の支障の原因となるおそれのあるもの」と定義されている。(☞ライフサイクル・アセスメント)　〔TN〕

環境付加価値計算書　企業が一定期間に新たにつくり出し，関係者への分配原資となる「付加価値」の計算において，環境の側面を考慮した計算書。環境に与えた影響を一定の仮定に基づいて金額換算し，環境対策に要したコストを控除すれば，環境に与えた正味の影響額が算定される。さらに付加価値から正味の影響額を控除すれば「環境を考慮した付加価値」が計算され，経済活動の成果と環境に与えた影響を同時に評価できる。　〔TN〕

環境負債　environmental liability　過去または現在の企業活動を原因とした環境汚染を修復するために将来負担が予想される見積額。アメリカではスーパーファンド法による土壌汚染の浄化コスト負担をめぐって企業の情報開示に関心が高まっているが，汚染の発見から法的な義務を課されるまでのいずれの時点に公表すべきか，また，金額をどのように算定すべきかについては意見が分かれており，日本でも企業会計上の課題になっている。(☞スーパーファンド法)　〔TN〕

環境ベネフィット　environmental benefit　環境コストを支出した結果として期待される環境保全上の成果をいう。このような成果は環境負荷削減量として数値化されるが，コストと対比するために何らかの仮定に基づいて金額に換算することが試みられている。また，環境対策にともなう企業イメージの向上によって売上が増加し，リサイクルや省資源によってコストが削減されれば，環境保全上の成果とともに経済上の成果が得られる。（☞環境コスト）〔TN〕

環境ベンチャー　環境問題を解決するために環境関連技術などの技術革新（innovation）に取り組むベンチャー企業を指して使われる用語。ベンチャー企業は，その発祥地と言われる米国では「ビジネス・ベンチャー（business venture）」とか「スタートアップ（start-up）」とも呼ばれ，いわゆる起業家（entrepreneur）によって創業された創造性の高い中小企業を意味するのが一般的。このベンチャー企業による技術革新が新産業の創出には不可欠で，環境産業の繁栄にも二酸化炭素の排出削減や廃棄物のリサイクルなどに必要な環境技術開発に従事する環境ベンチャーの存在が重要になる。実際，IT（情報技術）を中核とするハイテク型ベンチャー企業の集積地として世界的に有名な米国西海岸にあるシリコンバレー（Silicon Valley）では，21世紀になってから電気自動車用の蓄電池や再生可能エネルギーなどの開発に取り組む環境ベンチャーまたはエネルギー・ベンチャーが増加傾向にある。（☞環境技術，環境産業）〔HT〕

環境法　環境に関連する法制度を総称する概念で，「環境法」という固有の法律があるわけではない点に注意。つまり，一般に「環境法」と呼ぶ場合には，生活上の身近な環境問題，地域的な公害問題，さらに世界レベルで発生する地球環境問題にいたるまで，あらゆる種類の環境問題を対象とする法律や条例等をすべて含んでいる。ちなみに現在のところ，日本で環境法の頂点に立つのは1993年に制定された「環境基本法」である。（☞環境基本法）〔HT〕

環境報告書　environmental report　企業等が環境対策の内容や成果を定期的に開示するために作成し発行する報告書。発行当初は冊子形式をとっていたが，最近ではホームページ上の開示が定着している。

報告書には，環境方針，環境マネジメントの現状，環境パフォーマンスおよび環境会計などが記載される。環境配慮促進法（2005年）では独立行政法人などに環境報告書の開示を義務付け，大手企業には努力義務を課している。しかし，大手企業では環境省の環境報告書ガイドライン（2001年）の公表を契機に，同ガイドラインに準拠した報告を自主的に開示することが既（すで）に定着している。

その後，CSR への関心の高まりにより，CSR 報告書や社会・環境報告書の一部としての環境報告が行われている。環境報告は環境に関心を持つステークホルダーにとって重要な情報源であるため，報告内容の信頼性を高めるために第三者意見の掲載が定着している。さらに企業の財務報告と環境報告を含む非財務報告は別個に行われてきたが，これらを有機的に関連づけた統合報告も実施され，環境報告は統合報告の一部となっている。（☞環境配慮促進法，環境報告書ガイドライン，ステークホルダー，第三者意見，説明責任，統合報告書）〔TN〕

環境報告書ガイドライン　国際的な環境報告書ガイドラインが公表されるなかで，環境省が日本の現状を考慮し，主に上場企業や大企業を対象に2001年から公表したもの。環境報告書を通じて環境コミュニケーションの重要性を指摘し，主たるステークホルダーの関心や社会的な説明責任などに言及している。報告書に掲載すべき内容については，①基本的項目，②環境保全に関する方針，目標，実績等の総括，③環境マネジメントに関する状況，④環境負荷低減に向けた取り組みの状況に区分して解説が行われている。なお，環境報告書にかえてCSR 報告書などにおける環境報告を公表する企業が増加したため，2007年の改定版では「環境報告ガイドライン」と改称され，「社会的取組の状況を表す情報・指標」について詳しい解説を行っている。さらに2012年と2018年には国際動向を踏まえた改定が行われている。（☞ GRI ガイドライン，環境コミュニケーション，ステークホルダー）〔TN〕

環境保護　environmental protection　環境破壊が進まないように細心の注意を払って環境を守ること。一方，「環境保全」は環境破壊が進んでいる場合には破壊が進まないように努めるだけでなく，復元にも努めて最良の状態を維持することを意味する。つまり，一般的には環境保全（environmental preservation）のほうが環境保護よりも広い概念になるわけである。（☞環境破壊） 〔TT〕

環境保護団体 organization for environmental protection 環境保護運動の主体となる団体を指す。この環境保護団体には①環境を守るための環境政策支援を目的とする独立行政法人の環境再生保全機構，②日本環境協会や地球環境センター等の公益財団法人，および③民間環境保護団体（環境NPOや環境NGO）がある。なかでも民間環境保護団体は地域に根ざしたきめ細かな環境保護活動を行う点で注目される。国際レベルでは1997年の地球温暖化防止京都会議において環境NGOの連合体であるCAN（気候変動ネットワーク）は，国家間の交渉過程で重要な役割を果たした。また，グリーンピース（Greenpeace）はアメリカの核実験への抗議，酸性雨や有害物質，海洋汚染やオゾン層破壊等の地球規模の環境問題に抗議し，今日では世界の代表的な環境保護団体となっている。（☞環境再生保全機構，日本環境協会，環境NGO，グリーンピース） 〔ST〕

環境保護庁（EPA） Environmental Protection Agency アメリカ合衆国の環境保護庁のこと。人々の健康を守り，生命が依存している自然環境である大気や水や土壌などを保護するため1970年7月に設立された。連邦政府の独立機関で，環境保護基準の設定と施行，環境調査，環境汚染の防止，大統領への助言と環境保全審議会への支援を行い，大気汚染，水質汚濁，固形廃棄物，殺虫剤，騒音，放射能などによる環境汚染の削減を目指す。

日本の環境省と異なり司法捜査権を持った捜査官がいるほか，水や土，大気，生物，衛生，法律などの専門官を多数抱（かか）えている。1970年代後半に起こったラブ・キャナル事件を契機として，過去に投棄された廃棄物による汚染の根本的解決のため，1980年に「包括的環境対処補償責任法」（いわゆるスーパーファンド法）を成立させ，土質汚染や地下水汚染に対して強力な行政権を保有するようになったからである。なお，このEPAはワシントンD.C.の本庁のほか，米国全土に10の地域支局を有する。（☞環境省，ラブ・キャナル事件，スーパーファンド法） 〔ST〕

環境保全　⇒　環境保護

環境保全活動・環境教育推進法　正式名称は「環境の保全のための意欲の増進及び環境教育の推進に関する法律」で，2003年に制定された。持続可能な社会の構築を目指すために，環境保全の意欲の推進および環境教育の推進に必要な事項を定めている。ここでいう「環境保全の意欲」とは，環境保全に関する情報提供ならびに環境保全に関する体験機会の提供およびその便宜の提供の供与を意味しており，個人や家庭，民間団体，事業者，行政等が自発的に環境保全に取り組み，その輪が広がるような環境づくりを目指す。一方，「環境教育」は，単に知識や理解にとどまらず，自ら行動できる人の育成を目指している。こうして，両者の取り組みを通じて持続可能な社会が構築されることが期待されている。なお，①環境保全活動や行政・企業・民間団体等の協働がますます重要になっている動向や，②自然との共生の哲学を活かし人間性豊かな人づくりにつながる環境教育を一層充実させる必要がある点を踏まえ，環境保全活動・環境教育推進法は環境教育促進法，すなわち「環境教育等による環境保全の取組の促進に関する法律」へ改正され2012年に施行されている。（☞環境基本計画，持続可能な発展，環境教育，環境保護，共生）〔TT〕

環境ボランティア　conservation volunteers　自然保護団体や環境NPO，NGO 等の環境保全団体の活動に自主的に参加する者を指す。環境保護・保全活動にはビーチ・クリーン活動，植林活動など直接的な環境修復活動以外にも，アドボガシー活動という環境政策立案活動や広報活動としての環境教育活動がある。広くは環境教育の側面も考慮し，農業ボランティアを入れることもある。これらの活動には海外での環境保全活動のボランティアも含まれ，日本からは中国やモンゴルでの砂漠化防止のための植林活動が有名である。また，日本政府は国際開発事業団による海外への環境技術協力としてボランティアの派遣も制度的に行っている。制度化されていない個人的なボランティア活動の多くは無償の活動で，現地への交通費や宿泊費，食費を自己負担するケースが多い。最近では１～２週間のボランティア休暇制度を取り入れる企業が増加し，環境ボランティア活動は活発化してきている。（☞環境 NGO）〔NK〕

環境ホルモン　environmental hormone　体内に取り込まれると正常なホルモン作用を乱して生殖機能などを阻害する「内分泌かく乱化学物質」の俗称。ごみ焼却によって発生するダイオキシン，絶縁材に使われたPCB（ポリ塩化ビフェニル），殺虫剤のDDTなどが代表的。1996年に米国で出版された『奪われし未来（Our Stolen Future)』によって，環境ホルモンには生命の根源を脅かすほどの危険性があると指摘されてから，深刻な環境問題として取り上げられるようになった。（☞奪われし未来，PCB，DDT）〔HT〕

環境マーケティング　環境マーケティングは，環境，人間生活，企業のマーケティング活動という3者の重要性・関連性・協調性を追求し，方向性としては2つある。①マーケティング活動を行うなかで資源を無駄にせず有効活用する。そのために例えばISOの取得にともなう経営活動を推進し社員の環境意識を高める。②環境に配慮した商品戦略（再生紙を使用した商品，無添加の加工食品など）を行う。

成長が続いている時代には企業は利益追求を常に目標と定め，消費者も次々と新商品を発売するような企業行動の恩恵にあずかってきた。その後，成長が鈍化し地球環境の悪化が問題になると，企業は社会や環境に積極的に対応する意識が必要になった。しかし，ただ単に利便性を捨て環境負荷の少なさのみを追い求めるのではなく，環境対応と経済性の両立を目指すマーケティングが不可欠であり，環境と生活を考える倫理観が企業経営にとってさらに重要になった。そのような指針がないと環境汚染問題を引き起こし，結局は企業の負担増，ひいては地球や人類の未来をゆがめることにつながるからである。（☞グリーン・マーケティング，環境意識）〔TI〕

環境マネジメントシステム（EMS）　Environmental Management System　環境マネジメントシステム（または環境管理システム）とは，環境問題に組織として積極的に取り組む先進的企業が環境対策のために構築するシステムのこと。標準的なモデルとしては，環境公約の宣言，環境担当役員の任命，推進体制の確立から始まり，環境政策の策定，行動計画の作成，環境監査の実施などが最も重要な要素になると説明されている。また，このシステムを導入する企業側のメリットには，①グリーンな製品に対する関心の高まりによる売上高の増加や市場占有率の上昇，②省エネや省資源によるコスト削減効果の改善，③人材確保の能力アップ，④企業に対するイメージや評価の向上，などが掲げられている。

最近では環境マネジメントシステムのなかでも「環境監査」が注目されており，この種の監査を行うことによって次のような恩恵がもたらされると考えられている。それは①事実に基づく環境データの提供，②環境問題に対する従業員の意識高揚（こうよう），③正確なコスト削減効果の提示，④外部に対する企業の信頼性向上，⑤発生しそうな災難に対する早期の警告発信，などである。（☞環境監査，環境公約，ISO14000シリーズ）
〔HT〕

環境問題　environmental problem　環境を汚染，悪化，または破壊することから生じるあらゆる問題を総称して使われる。このような環境問題への関心を高める契機（けいき）となるのは，有害な化学物質によって引き起こされる環境汚染事故とは限らない。例えば1979年には米ペンシルバニア州にあるスリーマイル島の原子力発電所で事故が発生し周辺の住民が被曝したが，これも放射能による環境汚染であり，地域住民に多大な健康被害と恐怖をもたらした。

しかし，環境問題への関心が世界中で高まる大きな転機は1986年であり，この年を境に世界各国で環境問題が真剣に議論されるようになったという見解がある。1986年といえばチェルノブイリの原発事故とライン川の汚染事故が発生した年であるが，前者は情報が開示されていない社会主義国（旧ソ連邦）で発生し，後者は汚染源が環境保護に熱心な国と評されるスイスであったという点で世界中に大きな衝撃を与えたわけである。（☞スリーマイル島の原発事故，チェルノブイリ原発事故，ライン川汚染事故）
〔HT〕

環境容量　⇒　**環境制約，エコロジカル・フットプリント**

環境ラベル　⇒　**エコラベル**

環境利益　⇒　**環境会計**

環境リスク　environmental risk　動植物に対する危険な結果が予

測されたり，どうしても避けたい環境影響の起こる危険性を指す。具体的には，まず最初に有害化学物質，放射線，紫外線等を浴びた量によって生物の特定の器官や機能におよぼす健康被害への危険性が考えられる。次に，企業の事業活動において将来予見しうる環境問題から生ずるであろう経済的リスクが考えられる。環境問題が企業の収益性や信用力に与える影響の指標として金融市場で利用可能な「環境リスク格付け」も開発されたが，これは格付けされる企業が環境に配慮して経営することをねらっている。(☞健康被害，環境経営)〔ST〕

環境立国宣言　持続可能な社会を目指して産業構造審議会環境部会・産業と環境小委員会が2003年に「環境立国宣言：環境と両立した企業経営と環境ビジネスのあり方」を中間報告としてまとめたもの。その両立に向けた論点としては，①企業の環境対策を市場がどのように評価するかを中心とした市場と環境を巡（めぐ）る問題，②国内外の市場における環境規制・基準の整合性の確保，③政府による環境法制や経済的手段のあり方，および④環境技術体系のあり方の4項目を提示した。さらに環境立国として展開していくために必要な提言として①企業経営のグリーン化，②市場のグリーン化，③地域政策のグリーン化，および④国家政策のグリーン化を示している。これを受け，環境保全に向けた市民，企業，行政による共同の取り組みが推進されることが期待されている。(☞市場のグリーン化，21世紀環境立国戦略)〔TN〕

環境リテラシー　environmental literacy　「リテラシー（literacy）」とは「読み書き能力」や「教養があること」を意味し，「環境リテラシー」という場合には環境コミュニケーション能力があり，しかも環境問題に関する基礎的な知識を身に付けている状態を指す。つまり，情報化時代に「情報リテラシー」がコンピュータを使いこなして情報を取り扱うことができる能力を指すのと同じように，環境問題への関心が非常に高まった今日，「環境リテラシー」は環境情報を収集し，その内容を理解する基礎的な能力や教養を表す。例えば環境報告書によって環境情報を入手しても，その内容を理解できなければ情報開示の目的が達成されたことにならない。こうして環境リテラシーは21世紀という「環境の世紀」に必須な現代人の能力または教養と言えるであろう。(☞環境の世紀，環境報告書，環境コミュニケーショ

ン）〔HT〕

環境理念　企業などの組織が対外的または対内的に策定する環境に対する考え方，方針，哲学などを指す用語。「環境方針」「環境原則」「環境憲章」などと呼ばれることもある。1980年代の後半あたりから企業に対し国内外において環境理念の確立を推進する試みが，産業界だけでなく政府機関からも活発に行われるようになり，21世紀の今日では環境理念の構築は企業にとって常識になったといっても過言ではないだろう。

実際，1994年に環境庁（現在の環境省）から発表された「環境にやさしい企業行動調査」には，すでに次のような記述が見られる。すなわち「昨今の地球環境問題をはじめとする環境問題への対応においては，緊急の健康被害に的（まと）を絞って加害的行為を抑制する，いわゆる公害対応型を越えた包括的な環境問題への取り組みが求められており，これに伴い，環境に対する企業理念の再構築が社会潮流となっている」と。（☞環境公約，環境問題，地球環境憲章）〔HT〕

環境倫理　environmental ethics　当事者が自らの行動で環境を壊（こわ）さないよう配慮し，持続可能な開発を実現するための道義（どうぎ）（人の行うべき正しい道）を指す。環境問題全般に対する倫理は，人間以外の生物種や生態系の生存権を尊重するとともに，現代世代が後続世代に責任を負う「世代間倫理」を含んでいる。1989年に日本政府と国連環境計画が開いた「地球環境保全に関する東京会議」において環境倫理の大切さが訴えられ，先進国の生活様式（ライフスタイル）と関連づけて，開発途上国の人々の基礎的なニーズを充足するため，先進国による大量消費を戒（いまし）めている。（☞持続可能な開発，環境格付け）〔ST〕

環境ロジスティクス　environmentally responsible logistics　物流は生産と消費をつなぐ物的流通の短縮語。ロジスティクスはこの物流における輸送，保管，包装，荷役（にやく），流通加工，情報という各機能の「部分的最適化」から調達・生産・販売・回収システムの「全体最適化」を意図する。ロジスティクス活動は先端的企業において毎年「環境報告書」を公開するまでになり，今や環境にやさしい物流システムの構築にまで進化してきた。環境ロジスティクスが今日「循環型ロジスティクス」とも称される理由である。
　一方，静脈物流における「還流ロジスティクス」は環境に配慮した汚染物質の減量（Reduce），公害発生の少ない手段への代替（Substitute），再利用（Reuse），リサイクル（Recycle）の4つの働きを指す。環境ロジスティクスはゼロ・エミッションを求めて還流ロジスティクスに加え，現場における物質循環諸活動の各工程の各所で発生する汚染物質を極力減少せしめるよう計画・立案，実施・統制する過程を指す。(☞環境報告書，静脈物流，3R，循環型社会，ゼロ・エミッション)　〔ST〕

観光公害　観光にともなって発生する公害のこと。その発生経緯は次の2つが考えられる。①観光が重要な産業となっている地域においては観光客の誘導のために無秩序に自然環境を破壊し，道路をはじめ大規模な観光施設，宿泊施設，マンションなどの建設が行われる。そのために森林荒廃，土壌汚染，生態系の破壊といった公害が発生する。②観光客が押し寄せることによって交通渋滞や排気ガス，大量のごみ（ごみ処理を含む），騒音，プライバシーの侵害などの公害が発生する。世界遺産の観光地でも，この問題が取り上げられている地域がある。
　ちなみに観光客は世界中で増えてきているが，とくに日本ではインバウンド（inbound）と呼ばれる訪日外国人観光客の急増にともない交通渋滞や交通機関の混雑だけでなくマナー面の摩擦など地域の生活環境への侵害が問題となり，この現象にも観光公害という言葉が使われ始めるようになってきた。(☞世界遺産)　〔TI〕

乾電池　⇒　リチウムイオン電池

管理型処分場　⇒　最終処分場

環流ロジスティクス　⇒　環境ロジスティクス

〔き〕

危機遺産　world heritage in danger　世界遺産に登録されている物件のなかで重大な危機に直面している遺産のこと。ユネスコの世界遺産委員会は重大な危機がおよんでいるものを世界遺産条約の第11条に基づき「危機にさらされている世界遺産リスト」に登録する。2018年6月現在で54件ある。危機が現在確認されている「確認された危機」と，潜在化している「潜在的な危機」という2つの基準で判断・登録される。武力紛争，大規模自然災害，開発事業，都市計画，自然環境悪化などが原因となる。

危機遺産に登録されると保護がなされ，保全状況の報告が義務づけられる。世界遺産基金からの支援を受けることも可能で，場合によっては国際的な協力も得ながら保護計画・活動がなされる。一度危機遺産に登録されても，改善措置がとられ危機が救われたと判断された場合，危機遺産登録は取り消される。しかし，改善の見込みがない場合には世界遺産の登録からはずされる。(☞世界遺産，世界遺産条約)

〔TI〕

企業経営の社会性　Social Context of Corporate Management
「企業経営の社会性」という概念は，地球環境や高齢化のような新しい社会現象に対する企業経営体としての戦略的な取り組みを指し，今日では企業理念のなかに明示されるようになってきた。ただし，企業経営における「社会性」の概念は「営利性」や「収益性」などと異なり数値的に表しにくく多義的に使われる傾向が強い。こうした企業経営の社会性は「企業の社会的責任（CSR)」のように，企業が自由な経済活動を保障される見返りに社会（主に地域社会を指す）に対して法的な責任を負う（すなわち法律を遵守する）だけでなく，本質的に企業経営において社会貢献（フィランソロピー）が導入されなければならないことを意味する。

すでに「企業の社会的責任」は定着した概念となっているが，法律的には「企業の社会的責任」が「責任」である以上，法人格を有し権利義務の主体となるべき企業組織は法的な義務として社会的責任を遂行しなければならず，そこには戦略的な観点が入り込む余地は小さい。

これに対し「企業経営の社会性」は社会的存在としての責任だけでなく社会に貢献しようとする企業経営体の取り組みも表しているため，戦略的な観点の取り入れられる余地が大きく，この点で21世紀の企業経営において重要な概念になると考えられる。

その根拠として，現代の産業社会では企業活動の社会的影響力がますます強くなり，多様な側面を持つようになったという実態が指摘されている。例えばさまざまなステークホルダー（企業を取り巻く利害関係者）を抱えるようになった企業はもはや単なる財やサービスの提供者にとどまらず，今日では雇用主であるとともに消費者やユーザー，あるいは機関投資家，専門的な知識や技術の保有者，土地や施設等の所有者，さらにはオピニオン・リーダーとして重要な社会的役割を担うようになってきた。その結果，地球環境問題などの解決に向け，企業経営に対する社会の要請や期待が非常に大きくなってきたわけである。（☞社会貢献，社会的責任，ステークホルダー，ソーシャル・マーケティング，ISO26000）〔HT〕

企業の社会的責任　⇒　社会的責任

気候変動　climate change　降水量や気温などの気候要素が長期間で観察した場合に変化すること。最長で数万年から数十万年スケールの変動，最短で10年のものにも用いられる。定義の上で30年間の平均値を尺度とする「異常気象」より幅の広い気象変化である。太陽活動や火山活動などの自然要因だけでなく，近年は森林破壊や砂漠化などの環境問題にも原因があると考えられている。ただし，一般的に気候変動は地球温暖化を指すことが多くなっている。

要するに気候変動の要因には自然説と人為（じんい）説の２つがあり，前者の自然説は太陽活動，大気成分，海の状況などの自然環境の変化が要因となる反面，後者の人為説では石炭や石油などの化石燃料をエネルギー源として大量消費する20世紀以降の人間活動にともなう二酸化炭素排出量の増加に起因しているわけである。（☞異常気象，地球温暖化）〔TT〕

気候変動に関する政府間パネル（IPCC）　Intergovernmental Panel on Climate Change　世界気象機関（WMO）と国連環境計画

（UNEP）が共同して1988年11月に，地球温暖化問題に関する初めての政府レベルで検討する場として設立した国連組織の１つ。地球温暖化に関する最新の自然科学的および社会科学的知見をとりまとめ，地球温暖化を防止する政策に科学的な基礎を与えることを目的とする。作業部会は①気候システムおよび気候変動に関する科学的知見の評価，②気候変動に対する社会経済システムや生態系の脆弱（ぜいじゃく）性と気候変動の影響および適応策評価，③温室効果ガスの排出抑制および気候変動の緩和策評価の３部会がある。

1990年の第１次報告書では「何かの対策をとらないと地球は破滅する」と警告し，1995年の第２次報告書では「温室効果ガスの排出を1990年代の水準にまでもどすべきだ」と提言した。さらに2001年の第３次報告書では「現在のまま温室効果ガスの排出が継続すれば21世紀末には３度の気温上昇，約65センチメートルの海面水位の上昇がありうる」と警告した。

なお，2007年になると気候変動に関する政府間パネルは，第４次報告書において地球の温暖化によって21世紀末までに20世紀末と比較して平均気温が1.1～6.4度高くなると予測するとともに，地球温暖化の進行で平均気温の上昇幅が２～３度を超えれば数十億人が水不足に直面し洪水と暴風雨による被害が拡大するなど世界各地で大きな損失が出るとの予測を出した。加えて風力や太陽光といった再生可能エネルギーの拡充や二酸化炭素（CO_2）の回収など，適切な政策と資金投入により，2050年には二酸化炭素排出量を現状より半減させ，産業革命以後の気温上昇を２度前半に抑えることが可能であると提言している。

第５次報告書は2013年～2014年にかけて公表され，観測された変化と原因，将来の気候変動・リスクおよび影響，適応・緩和および持続可能な開発に向けた将来経路，適応策および緩和策まで言及している。つまり，平均気温の上昇が二酸化炭素の累積排出量とほぼ比例していることなどを根拠に，20世紀半（なか）ば以降の気温上昇は人間による影響の可能性が95％以上の確信度で極めて高く，温暖化は疑う余地がないと結論づけているわけである。参考までにIPCCは2007年12月にノーベル平和賞を受賞している。（☞世界気象機関，国連環境計画，京都議定書，産業革命）

〔ST〕

気候変動枠（わく）組（ぐ）み条約　United Nations Framework Convention on

Climate Change　地球温暖化防止条約とも呼ばれ，正式名称は「気候変動に関する国際連合枠組み条約」。1992年の地球サミットで採択され1994年に発効した。気候変動による地球温暖化を防止するために二酸化炭素などの温室効果ガス濃度を安定化させることを目的としている。加盟国は「共通だが差異ある責任」を認識し温暖化対策を実施することが求められている。とくに先進国では1990年代末までに１人当たりの二酸化炭素排出量を1990年の水準へ引き下げることが目標とされた。また，2000年以降については毎年開催される締約国会議において具体的な削減目標が示されることになった。（☞共通だが差異ある責任，京都議定書，ポスト京都議定書，地球温暖化，パリ協定）

〔TN〕

揮発性有機化合物（きはつせい）　volatile organic compounds（VOC）　大気中に蒸発する性質を持つ有機化合物（石油化合物質）を指す。アルコール類，エーテル類，ケトン類，芳香族炭化水素，塩化炭化水素など数多く生産されている。産業界では利用範囲が広く種類も多い。とくに有機溶剤は常温で揮発しやすく，脂肪溶性であるために人体に吸入あるいは皮膚に付着してその部分の脂肪を溶（と）かし臓器の機能障害を発生させる。このため使用や保管に関しては法律によって物質ごとに取り扱い方法が定められている。（☞残留性有機汚染物質）　〔YK〕

逆工場　1980年代後半に生まれた「循環生産」をもとにした新しい概念。近年では使用済み製品を回収し，製品，部品，素材の形で効果的に再利用する製造技術である「インバース・マニュファクチャリング（inverse manufacturing）」へと発展し，1996年には「インバース・マニュファクチャリング・フォーラム」が組織された。このフォーラムには大学関係者，国立研究所，地方自治体や製造業を中心とする企業が参加している。

近年話題となっている「循環型社会」がリサイクルを中心に考えているのに対し，これはリユース（再使用）を前提にしている点で根本的に異なる。つまり，インバース・マニュファクチャリングでは同じ種類の製品を回収・再生し，さらに製品化するという形で循環させる。可能な限り循環させた後，使えなくなったものやリサイクルしたほうが良いものは別のライフサイクルに回し，最終的には燃やしてエネル

ギーへ変換するか廃棄するわけである。(☞循環型社会，リサイクル，リユース) 〔TT〕

キャップ・アンド・トレード　Cap and Trade　国ごとの温室効果ガス削減目標達成に向けて，各事業主体が行う排出権取引の手法の一つ。京都議定書では温室効果ガスの排出権取引が認められており，具体的な方式としてキャップ・アンド・トレードとベースライン・アンド・クレジット（Baseline and Credit）の2つがある。そのうちキャップ・アンド・トレードとは，政府が国内の温室効果ガスの総排出量を決定し，それを個々の事業主体に排出する権利として配分する制度で，各事業主体は割り当てられた排出枠の一部を他の事業主体に委譲することができる。日本の環境省が2005年度に開始した「自主参加型国内排出量取引制度」もキャップ・アンド・トレードに当たる。他方，ベースライン・アンド・クレジットは，個々の事業主体に対して排出枠というものを設定せず，各企業が温室効果ガス削減への取り組みで生じた排出削減量をクレジットとして認定し取引させる方式をいう。(☞排出権取引，京都議定書) 〔MK〕

共生　symbiosis　異なった種類の生物が密接に結びついて一緒に生活（共同生活）している関係を指す。共生は，相利共生，片利共生，寄生（parasitism）というように相互関係の利益や不利益の度合いによって3つに区分される。環境基本計画では循環，参加，国際的取り組みとともに4つの長期的な目標の1つとして「共生」を掲げており，人間が自然界の生物と良好な関係を保ちながら共存する状態を表している。(☞環境基本計画) 〔JO〕

共通だが差異ある責任　common but differentiated responsibility
地球サミット（1992年）に続いて環境・開発サミット（2002年）の行動計画に明記された理念。開発途上国における貧困を撲滅(ぼくめつ)するために，環境・開発サミットで最初に問題になったのが政府開発援助（ODA）である。1992年の地球サミットで先進国は開発途上国向けの政府開発援助を国民総生産（GNP）の0.7%に増額すると表明したにもかかわらず，2000年時点の先進国平均は0.22%にすぎなかったからである。このことは「共通だが差異ある責任」を実行することが，いかに難しいかを裏付けている。

つまり，地球環境問題に対し世界のすべての国や地域が共通して責任を負い，しかも先進国が開発途上国より多くの責任を負うのは当然のこととしても，「差異ある責任」に関しては各国や各地域の社会経済面だけでなく自然条件の面でも事情がかなり異なる。そのため，責任や負担の数値目標を画一的に設定し合意を得ることが，実際には非常に困難である。(☞地球サミット，環境・開発サミット)〔HT〕

共同実施（JI） Joint Implementation 地球温暖化対策では各国が独自に取り組むよりも共同して実施した方が効率的に実施できる場合があるため，先進国間において推進されている温室効果ガスの削減方法。京都議定書の第6条において先進国が数値目標を達成するための柔軟性措置として認められている。排出削減または吸収を目的とした共同プロジェクトの参加国は，その成果である排出削減ユニットを分配し自国の目標として活用できるが，参加国間の総排出量枠（わく）は変わらない。(☞京都議定書，クリーン開発メカニズム，温室効果ガス)〔TN〕

き

共同物流 joint logistics 共同物流とは物流共同化とも呼ばれ，日本工業規格（JIS）では物流用語として，複数の企業が①物流業務の効率化，②顧客サービスの向上，③交通渋滞の緩和，④環境負荷の軽減のために，物流機能を共同化することと定義されている。したがって共同物流はモーダルシフトとともに輸配送における二酸化炭素排出削減によって環境負荷を軽減し地球環境保護に貢献することになる。このため21世紀になってから物流分野において関心が高まり，トラックドライバー不足の深刻化も加わって，荷主間，物流事業者間，荷主と物流事業者間の連携により推進される事例が増えている。そのなかには輸出入の際に発生する空（から）コンテナの輸送を減らすコンテナの共同使用なども含まれる。(☞モーダルシフト，グリーン物流パートナーシップ会議)〔HT〕

京都議定書 Kyoto Protocol 地球の温暖化を防止するために二酸化炭素（CO_2）などの温室効果ガス（温暖化ガス）排出量の削減計画を定めた国際的な合意文書。1997年12月に京都で開催された第3回気候変動枠組み条約締約国会議（COP３，または地球温暖化防止京都会議）で採択された。これによって先進国全体で2008～12年の５年間（第１約束期間）における排出量平均を1990年の水準から5.2％（少なくとも５％）削減するという具体的な目標値が示され，さらに法的拘束力のある国別の排出削減目標が欧州連合（EU）８％，米国７％，日本６％と割り当てられた。また，こうした数値目標の達成を国際協調によって推進する「京都メカニズム」の仕組みには，①排出権取引（または排出量取引），②共同実施，③クリーン開発メカニズムの制度が決められた。

ところが，2001年３月になると最大の二酸化炭素排出国である米国（ブッシュ政権）が，①米国経済に多大な悪影響をおよぼす，②これから大量に温暖化ガスを排出する中国やインドといった国に何の義務も課さないのは不公平である，などを理由に京都議定書からの離脱（すなわち不支持）を表明した。なお，日本は2002年６月に京都議定書を批准(ひじゅん)している。

最終的に京都議定書は2005年２月16日に発効した。ただし，日本の温室効果ガス総排出量は京都議定書の規定による基準年（1990年）より減るどころか増加しているのが実態である。（☞地球温暖化，排出権取引，温室効果ガス，共同実施，クリーン開発メカニズム，ポスト京都議定書，パリ協定）〔HT〕

京都メカニズム　⇒　京都議定書

漁業資源　⇒　最大持続可能生産量

〔く〕

クールチョイス（COOL CHOICE）　地球温暖化対策に資するあらゆる「賢い選択」を促すために日本政府から提唱され，2015年7月から開始された国民運動の名称。2030年度の温室効果ガスの排出量を13年度比で26%削減するという目標を掲げ，その達成には政府だけでなく事業者や国民が一致団結し「クールチョイス（COOL CHOICE）」を旗印に新しい国民運動を展開する必要があると説明されている。つまり，クールチョイスは国民の一人ひとりが，日本が世界に誇る省エネ，低炭素型の製品やサービス，行動などを積極的に選択することを目指しているわけである。そのための具体例として①エコカーを買う，エコ住宅を建てる，エコ家電にするという選択，②高効率な照明に替える，公共交通機関を利用するという選択，③クールビスをはじめ低炭素なアクションを実践するというライフスタイルの選択が掲げられている。このなかには例えば宅配便の再配達防止への取り組みなども含まれるであろう。（☞温室効果ガス，クールビズ，ライフスタイル，Fun to Share）　〔HT〕

クールビズ　Cool Biz　環境省が提唱するビジネス用の軽装を指す。2005年2月に京都議定書が発効したのを受け，省資源化の観点から愛称を公募し命名された。夏場のクールビズは冷房温度を28度程度に設定し，そのなかで快適に働くことができる服装を企図（きと）している。例えばネクタイをしないなど，従来の社会的・儀礼的な側面を有するビジネスパーソンの服装を簡素化し機能面を追求した。先行して提唱されたクールビズの浸透を受け，冬場のウォームビズ（Warm Biz）もビジネス社会に受け入れられつつある。

なお，2011年3月に勃発した東日本大震災の影響によって未曽有の電力事情悪化が予想されるなか，環境省は同年6月から従来の「クールビズ」をさらに進化させた「スーパークールビズ」の推進を決定。これには従来の「28℃の室温設定」「ノー上着の奨励」「断熱材の利用」といった内容に加え，「更なる軽装の奨励」「勤務時間の朝型シフト」など，より一歩踏み込んだ取り組みが求められている。（☞京都議定書，節電ビズ）　〔MK〕

釧路湿原(くしろしつげん)　Kushiro Marsh Land　北海道の東方部に位置する28番目に登録された一番新しい国立公園。約2万1,000ヘクタールある日本最大の湿原で，日本の湿原面積の約6割を占めており，ラムサール条約登録湿地の1つ。釧路湿原で目につくのは一面のヨシで，そのなかに蛇行(だこう)する川に沿ってハンノキの林が風景に変化を与えている。釧路地方の降雪は少なく，梅雨や台風の影響を受けることもまれであるために年間降水量自体は1,100ミリメートル程度と少ない。それでも雪解け時期や豪雨時には洪水が起こり釧路湿原を沼地に変貌(へんぼう)させる。釧路湿原を代表する野生生物はタンチョウである。ほかにも氷河時代の遺存種と呼ばれるキタサンショウウオや釧路の名がついたクシロハナシノブなど多様な動植物が生息または生育している。昆虫をはじめ今後新たな種が発見される可能性を秘めた野生生物の宝庫といえよう。（☞ラムサール条約，国立公園）〔TT〕

🍃 **熊本地震**　2016年4月14日に熊本県から大分県にかけて発生した一連の横ずれ断層型の地震を指す。その後も震度1以上を観測する地震が1,000回以上発生し，震度6以上を観測する地震も7回を数え，そのうちの2回は震度7を記録。これにより熊本県を中心に多数の家屋倒壊や土砂災害等により死者60名以上で重軽傷者が200名近くに達する甚大(じんだい)な人的被害が発生。さらに電気・ガス・水道等のライフラインや空港・道路・鉄道等の交通インフラとともに住民生活や企業の経済活動にも大きな支障をきたす物的被害が発生した。これに対し政府は被災した自治体からの具体的な要請を待たずに必要不可欠と見込まれる食料などの物資を調達し被災地に緊急輸送するプッシュ型支援を行った。しかし，これでは支援物資が被災者の要望と合致しないミスマッチが発生するため，今後は被災した自治体からのニーズに基づいて要請された物資を届けるプル型支援の重要性が指摘されている。（☞地震，東日本大震災，阪神・淡路大震災，ライフライン）〔HT〕

熊本水俣病　⇒　水俣病

🍃🍃 **クリーン**　clean　もともとは汚れたところがないきれいな状態を指す用語。したがって，環境問題で使用される場合には，例えば「クリーン・エネルギー（clean energy）」なら環境汚染につながるような有毒物質を一切出さない無公害燃料を意味する。また，イメージ的には「クリーン」と混同しやすい「グリーン（green）」が「積極的な環境志向」を示すのに対し，「クリーン（clean）」は「環境を汚さないこと」を示す。（☞グリーン）〔HT〕

グリーン　green　積極的な環境志向を指して象徴的に使われるようになった用語。例えば「グリーン商品」なら環境への負荷（ふか）が小さい商品を指し，このような商品の購入を「グリーン購入」と呼ぶ。また，環境保護や公害防止に配慮して商品開発などを行う企業を「グリーン・カンパニー（green company）」と呼ぶように，日常的にもよく使われるようになってきた。実際，英語の ‘environment’ に相当する「環境」という用語は，自然環境だけでなく人や企業に影響をおよぼす政治・経済・文化などにかかわる社会環境も含めて広範に使われるのに対し，「グリーン」という用語は社会環境よりも自然環境のほうに焦点を当てて用いられるのが通例。（☞グリーン購入，グリーン・カンパニー，クリーン）〔HT〕

グリーン・イノベーション　⇒　エコ・イノベーション

グリーン・エコノミー　⇒　環境経済学

クリーン・エネルギー　⇒　クリーン

グリーンカーボン　⇒　ブルーカーボン

クリーン開発メカニズム（CDM）　Clean Development Mechanism

先進国が途上国において資金・技術援助を行い実施する地球温暖化対策。京都議定書第12条では，対策が実施されない場合と比較して途上国における排出量削減が行われれば，先進国はその成果を「認証された削減量」として自国の削減分とすることが認められている。また，先進国の環境対策技術や省エネルギー技術が途上国に移転することにより，途上国における温暖化対策が推進される。（☞京都議定書，共同実施）〔TN〕

グリーン化税制　green tax　2001年より実施されている自動車に対する税制面の優遇措置。燃費や排ガス性能に応じて自動車にかかる税を軽減したり，環境負荷の大きい自動車には税を重くするなど，税額に差をつける制度。税額を軽減することによって低燃費車の購入を促進し，二酸化炭素の排出量を減らすことが目的。

電気自動車，天然ガス自動車，ハイブリッド自動車，天然ガス自動車（2009年排ガス規制 NOx10％以上低減または2018年排ガス規制適合），プラグイン・ハイブリッド自動車，クリーンディーゼル乗用車（2009年排ガス規制適合または2018年排ガス規制適合）などの対象車は，自動車税，自動車取得税および自動車重量税が減免となる。他方，登録後13年を経過したガソリン車や，登録後11年を経過したディーゼル車は自動車税が10％増税となる。なお，自動車の購入時に支払う自動車取得税は2019年10月の消費税増税の際に廃止され，それに代わって購入段階における燃費性能に応じて支払う燃費課税が導入されることになる。（☞エコカー減税，経済的手法，自動車税制のグリーン化，排ガス規制，ハイブリッド車，プラグイン）〔MK〕

グリーン家電普及促進事業　⇒　家電・住宅エコポイント

グリーン・カンパニー　green company　地球環境保全に積極的に取り組んでいる会社，または自らの活動から発生する環境負荷を継続的に低減することを目指す企業体を言う。地球温暖化，ダイオキシン問題をはじめとするさまざまな環境問題は社会・経済的活動に起因しており，企業などの事業活動によって引き起こされることが多い。こうした背景を踏まえ，自らエコビジネスを展開するなど環境に配慮した事業展開を行う企業を指す。（☞エコファンド，環境ビジネス，環境産業，グリーン）〔MK〕

グリーン経営　環境負荷の少ない事業運営を指す用語で，地球温暖化問題が深刻化している今日，企業の社会的責任（CSR）としてグリーン経営が求められている。例えば2002年３月に政府が定めた地球温暖化対策推進大綱では，各業界における積極的な環境保全活動が強く求められ，とくに運送事業者のグリーン経営の推進が運輸部門における重要な対策の１つに位置づけられた。さらに2003年５月に国土交通省は運輸事業者のグリーン経営を推進するためにグリーン経営推進要綱を定めた。

このような動向を背景に交通エコロジー・モビリティ財団は2003年10月からトラック事業，2004年４月からはバスとタクシー事業，そして2005年７月からは旅客船，内航海運，港湾運送，倉庫業に対して審査のうえグリーン経営認証・登録を始めた。その際のグリーン経営の効果には，費用削減，事故削減，職場の活性化，従業員の士気向上などが掲げられている。（☞環境経営，地球温暖化，地球温暖化対策推進大綱）〔HT〕

グリーン経営認証　⇒　グリーン経営

グリーン契約　⇒　環境配慮契約

グリーン・ケミストリー　green chemistry　「環境にやさしい化学合成」や「汚染防止につながる新しい合成法」を表す用語。具体的には環境を汚染する有害な化合物を使ったり出したりせずに有用な化学製品をつくることを指す。要するに，廃棄物を無害化して自然を汚染しないようにするのではなく，根本的に汚染物質そのものをつくらないようにするわけである。そのための条件には，①廃棄物自体を出さない，②原料を無駄にしない合成をする，③機能が同じなら毒性の小さい物質をつくる，④原料は枯渇（こかつ）性の資源からではなく再生可能な資源から得る，⑤使用後に自然界で分解されるような製品を目指す，⑥化学事故を起こしにくい物質を使用する，などが掲げられている。

参考までに，歴史的に化学（ケミストリー）にかかわる環境汚染事故や事件としては，セベソの爆発事故，ラブ・キャナル事件，ボパール事件などが有名。したがって，化学者が合成法の研究開発に取り組む際には，人間と環境にどのような影響がおよぶのかを常に考えなければならない。（☞セベソの爆発事故，ラブ・キャナル事件，ボパール事件，合成化学物質）〔HT〕

グリーン広告　⇒　環境広告

グリーン購入　green purchasing　環境への負荷を軽減した製品を

優先的に購入することを指す。再利用した材料を優先的に用いて生産する製品に再利用率を目標設定したり，あるいは使用済み製品を回収し資源として再利用をはかったりすることで循環型社会をささえようとする個人または組織の活動を意味する。企業や団体においては名刺やコピー用紙に再生紙の利用を奨励し，OA 機器や家電製品には部品の再利用目標を設定する。さらに自動車の修理には部品の再利用を行うなどの目的に応じて調達する。ISO14001認証取得によってグリーン購入の指針が示され，再利用の目標値を定めて普及をはかるなど，環境に配慮した購入行動が行われる。(☞再生資源利用促進法，再生紙，再生利用，循環型社会，市場のグリーン化)〔YK〕

グリーン購入ネットワーク　Green Purchasing Network　グリーン購入を促進し普及するために設立された消費者・企業・行政の全国的なネットワークを指す。消費者行動が環境保全に注目し，環境に負荷の少ない原材料，製品，サービスを提供する販売店やメーカーを優先的に選び，これらのうちから購入する仕組みのこと。これによってグリーン・コンシューマーが形成され，消費者行動が生産者への圧力となって環境保全の普及が推進される。(☞グリーン購入，再生資源利用促進法，グリーン・コンシューマー)〔YK〕

グリーン購入法　「国等による環境物品等の調達の推進等に関する法律」(通称：グリーン購入法）を指し，2001年４月に施行された。環境に配慮した物品等の購入を推進することを需要面から取り組むことによって循環型社会の形成を目指す。国等が物品の購入をする時には環境に配慮をした製品，部品，サービスを優先的に購入することを義務づけた「特定調達品目」のリストが作成されている。物品等の購入に当たり各機関は毎年度，環境配慮型製品の調達計画を作成し公表することで普及を促進している。(☞グリーン購入，グリーン購入ネットワーク，グリーン・コンシューマー，循環型社会，環境配慮型商品)〔YK〕

グリーン・コンシューマー　green consumer　環境志向の強い消費者を指す用語。1980年代の後半になってグリーン・コンシューマー運動が活発化したが，これは消費者の意識改革を通して，より環境負荷の小さい製品を購入しようという運動。この根底には，環境に対して負荷の大きい製品が供給され続けているのは「需要（demand）のないところに供給（supply）はありえない」という市場経済（market economy）の観点から見れば消費者の責任である，という認識がある。現に最近では環境意識の高くなったグリーン・コンシューマーの関心は，単に環境負荷の小さい製品を購入するだけにとどまらず，生産過程における環境汚染度とか企業の環境対策への積極性の度合いをはじめ，あらゆる企業行動に向けられるようになったと指摘されている。(☞エシカル消費，環境意識，環境負荷)　〔HT〕

グリーン・サプライチェーン　green supply chain　個別企業が環境対策をそれぞれに実施してもコストを要するうえに効果に限界があるため，企業間の連携によってサプライチェーン上の環境対策を進めるという考え方。不要な活動を見直すことにより，環境対策とコスト削減の両立可能性も追求する。取り組み方法としては製品の開発・設計段階において使用部品や製法の改善を行い，製造，使用，回収および処分時の環境負荷削減が試みられる。また，物流段階においても輸送方法の見直しや包装材の廃棄物削減が強化されている。経済産業省ではサプライチェーン省資源化連携促進事業の一環として，優れた取り組みについて表彰を行っている。なお，サプライチェーンのグローバル化により環境保全に加えて，児童労働の禁止など社会的な取り組みも必要となり，企業はCSR調達ガイドラインを公表して国内外の取引先に準拠を求めている。さらに2017年にはガイダンス規格としてのISO20400持続可能な調達も公表されている。(☞静脈物流，サプライチェーン排出量)　〔TN〕

グリーンGNP　green GNP　環境破壊や資源の消耗，自然保護の状況が客観的にわかるように計算されたGNP（国民総生産）。一般的に使われているGNPは市場価格の存在する生産財の価値やその増減を表すが，環境汚染対策などにかかわる費用や環境資源（自然環境が人間にもたらす森林やきれいな水・大気等の資源）など市場価格のないものの価値は反映されていない。そこでグリーンGNPは環境を破壊することによる生活の質の低下や天然資源（または自然資源）を消耗することで起こる経済的損失，破壊された自然を元に戻すために必要とされる経費などを明らかにすべくグリーンGNPが考案された。環境と経済との関わりを総合的に評価するための経済指標である。算出方法や基礎となるデータの蓄積など多くの課題もあり，いくつかの算出方法が提案されている。(☞環境コスト，環境資源，環境破壊，公共財，天然資源)
〔MK〕

グリーン・シール　Green Seal　米国におけるエコラベル（環境ラベル）の一種で，グリーン・シール協会が認定している。エコラベルとは製品の環境負荷が比較的少ないことを消費者に知らせるラベルのこと。企業は製品にラベルを付けることによって自社の環境への取り組みをアピールすることができる一方，消費者にとっては商品選択の際にその商品の環境負荷がわかる。日本のエコラベルはエコマーク，グリーンマーク，再生紙使用マークなどがあり，ドイツではブルーエンジェルなどがある。(☞エコマーク，エコラベル)
〔TI〕

グリーン商品　⇒　環境配慮型商品

グリーン調達　green procurement　企業や官公庁が調達先から製品，部品，原材料，サービス等を調達する時，環境への負荷が少ないものを優先して購入することを指す。あるいは環境管理の基準であるISO14001の認証を取得した企業から調達することを指す場合もある。(☞グリーン購入，グリーン・コンシューマー，再生資源利用促進法)
〔YK〕

グリーン電力　green power　自然エネルギーまたは再生可能エネルギーによって発電した電力を指す。地球環境への負荷軽減に配慮されたエネルギー源から発電されるものには，太陽光発電，風力発電，バイオマス発電，地熱発電などがある。実際，日本では太陽光発電の普及に比べて風力発電は開発途上にある。その理由は，風力が地理的条件や地上の高度で左右されやすいことや季節による差異が見られるためである。風車を用いた場合には回転の制御に技術的な工夫が求められる。風力発電によって理論的に取り出せるエネルギーは60%以下といわれている。なお，資源エネルギー庁はRPS（Renewable Portfolio Standard）制度により電気事業者に対して利用を促進する措置を講じ，環境の保全と国民経済の健全な発展を進めようとしている。(☞再生可能エネルギー，新エネルギー，太陽光発電，風力発電，固定価格買取制度)　〔YK〕

グリーン・ニューディール　Green New Deal　自然エネルギーや環境技術に対する大型投資を実施することにより景気を刺激して景気の浮揚を狙う一連の環境エネルギー政策を指し，明確な定義はないものの，2009年1月に誕生した米オバマ政権の方針となってから頻繁に使われるようになった。例えば米国のオバマ前大統領は就任後に経済政策の第1弾として，省エネ対策による250万人のグリーン雇用創出構想を打ち出し脚光を浴びた。なお，この場合の「グリーン」は環境志向を意味しているが，「ニューディール」は1933年に米大統領となったルーズベルトが当時の世界大恐慌（Great Depression）を克服するために行った公共投資などの積極的な景気回復策を示すニューディール政策にちなんでいる。(☞グリーン，再生可能エネルギー)　〔HT〕

グリーン配送　物品の配送の際に，環境への負荷の少ない低公害な自動車を用いること。実際，大阪府や名古屋市などで推進されている。例えば名古屋市では2007年4月から，事務用品や印刷物などを納入する企業に環境負荷の少ない車両を使って配送することを求め，2010年までにグリーン配送に切り替えるよう働きかける。そのために電気自動車や天然ガス自動車，ハイブリッド車などをグリーン配送適合車両に指定し，適合車両を使って物品を納入するよう求めるわけである。しかし経過措置として，当分の間は特例としてLPガス貨物自動車や超低PM排出ディーゼル車なども適合車両とみなすという。このようなグリーン配送は他の自治体にも広がっている。(☞低公害車，電気自動車，ハイブリッド車)　〔HT〕

グリーンピース　Greenpeace　1970年にカナダのバンクーバーで発足し，本部をオランダのアムステルダムに置き143カ国のサポーター約300万人にささえられた代表的な国際環境保護団体（NGO）。グリーンピースは核兵器実験，原子力発電実験，有害廃棄物の越境移動，地球温暖化問題，海洋汚染等の環境破壊の現場で直接環境破壊行為に抗議する方法をとるため，一見して過激すぎると評されることがある。しかしながら「非暴力直接行動」を基本としており，多くの国際会議にもオブザーバーとして参加し地球環境問題の解決に努めている。（☞環境保護団体，環境 NGO，環境破壊）〔ST〕

グリーン物流　⇒　グリーン物流パートナーシップ会議，総合物流施策大綱，グリーン・ロジスティクスガイド

グリーン物流パートナーシップ会議　地球温暖化対策推進大綱（2002年）の一環として荷主企業と物流事業者の提携・協働により，物流分野における CO_2 排出量削減の取り組みを促進するため2004年に設立された会議。物流では自家物流から委託物流への移行が一般的傾向として見られるが，環境保全については物流事業者のみが実施しても限界があり，荷主との提携が不可欠である。基本的な事項を決定する運営会議は，日本ロジスティクスシステム協会（JILS），日本物流団体連合会，経済産業省，国土交通省および日本経済団体連合会（オブザーバー）より構成される。個別の問題については，事業調整・評価，CO_2 排出量算定および企画評価の各ワーキンググループが担当し，会員企業による推進事業提案に対しては補助金も交付される。（☞地球温暖化対策推進大綱，ロジスティクス分野における CO_2 排出量算定共同ガイドライン，環境ロジスティクス，総合物流施策大綱）〔TN〕

グリーンボンド　⇒　環境債

グリーン・マーケティング　green marketing　グリーン・マーケティングとは企業における環境志向のマーケティングを指しており，1992年にイギリスで出版された『グリーン・マーケティング』（ケン・ピーティー著）のなかでは，「顧客や社会の要求を，利益を得ると同時に持続可能な方法で確認し，予測し，満足させることに責任を持つマネジメントのプロセス」と定義されている。それは次の４つの点で通常の社会志向マーケティングと区別されるべきであると指摘されている。すなわち，①長期的というよりは，むしろ将来無限に続く，②自然環境により強く焦点を当てる，③環境を社会にとって有用なものという程度をはるかに越えた高いレベルでの本質的な価値として取り扱う，④特定の社会というより地球的な問題として焦点を当てる，という点である。(☞グリーン，環境マーケティング)〔HT〕

グリーン・ロジスティクスガイド　日本ロジスティクスシステム協会（JILS）が2008年にロジスティクス分野において企業が取り組むべき環境対応策についてまとめた手引書。モーダルシフトやエコドライブなどの取り組み内容を例示することに加え，環境対策のために必要な取引条件の見直しについても言及している点が特徴。2005年の省エネ法改正により委託物流が規制対象とされたため，ロジスティクス分野の取り組みを強化する荷主企業が増加している。ロジスティクス分野の取り組みは実務主導で発展しているので，手引書では先進企業の環境報告などから明らかにされた取り組み内容も参考にしている。(☞エコドライブ，モーダルシフト)〔TN〕

クローズド・システム　closed system　工場や事業所だけでなく人間が排出するすべての廃棄物（ごみ）を管理し，再利用や循環利用するシステム。つまり，管理された閉鎖的な空間のなかで受け入れた廃棄物が周辺環境へ与える負荷を最小に抑えることができるように自然界の物質循環プロセスのなかで廃棄物を処理し，資源として再利用する方式を指す。環境先進企業では排水を工場内で処理し，工業用水やトイレなどの生活用水に再利用している。(☞物質循環)〔TT〕

グローバル・グリーンズ　⇒　緑の党

グローバル・コモンズ　global commons　グローバル・コモンズとは，地球的・人類的な観点から保護や管理が求められる資源や環境を指す。その問題が存在する国家の主権を尊重しつつ，情報交換，技術支援，環境保全の資金援助など，ミクロ的な取り組みを同時並行して進め，地球の共同遺産として保護し管理を行うことが必要。地球には地上と地中と海，さらに大気と太陽，そして生態系が存在する。地球上の資源の乱獲や浪費による地下水汚染，大気汚染や河川の水質汚濁など，生態系に悪影響を与える問題を解決し保全するために，自発的な原因除去と法規制による抑止力で管理と保全が進められる。ここに人類全体の利益（人類益）のために地球全体の環境に配慮して保全するという観点から，環境や資源を保護し管理する発想—公共財としての地球環境を保全して持続可能な利用を進めようとする考え方—が生まれてくる。(☞環境基本法，京都議定書，エコシステム，公共財)
〔YK〕

グローブ計画 (GLOBE)　Global Learning and Observations to Benefit the Environment　1994年のアースデイにアメリカで提唱された地球学習観測プログラム。世界各地の子供たちが気象観測などを行い，その結果をアメリカにある処理センターへインターネットによって送信すると画像処理された地球環境のイメージが提供される。情報技術（IT）を利用して環境に対する意識を啓発し，科学的な理解を深めることを目的としている。日本では1995年から当時の文部省と環境庁が参加し教育機関を対象に普及活動を行っている。(☞アースデイ)
〔TN〕

クロロフルオロカーボン　chlorofluorocarbon　塩素化合物で，塩素，フッ素，炭素から構成された分子。いわゆる「フロン」の一種で，一般的にはフロンと呼ばれることもある。用途としては冷媒（れいばい），スプレー缶の噴射剤，半導体製造，カーエアコンやビルの空調などに用いられた。大気中に放出されるとオゾン層まで達し，紫外線を吸収しているオゾン層を破壊する。このため日本では1995年に製造が全廃された。(☞フロン，特定フロン，オゾン層)
〔YK〕

〔け〕

景観財(けいかん) 雄大な自然が持つ素晴らしい風景美や都市郊外に広がる里山(さとやま)だけでなく，道路わきなどの身近な花や緑，歴史的文化遺産などの景観を１つの財産としてとらえる用語。これまでの経済成長を中心に行ってきた開発では，こうした景観財の価値が過小に評価されていた。しかし，近年急速に進む環境破壊への反省から身近な自然や歴史的・文化的な遺産の価値を見直し保全しようとする動きが広がり始めている。(☞景観保全，景観材料，里山，環境破壊) 〔TT〕

景観材料 建造物およびそれを取り巻く道路や公園などのさまざまな施設によって構成される市街(しがい)地を建設する際に使われる土木建築材料のなかで，良好な外観や景観および環境を保全するという視点から開発された材料。景観材と呼ばれることもある。美しい川の流れや緑豊かな風景といった自然環境は人間にとって非常に重要である。同時に豊かで快適な生活には歴史的文化遺産など，人工的な歴史的環境も欠かすことができない。建築物の美しさを確保するとともに，建築物が歴史的な街並(まちな)みや居住環境などと調和した街(まち)づくりのために景観材料の研究・開発が求められている。(☞景観財，景観保全) 〔TT〕

景観法 2004年６月に公布，１年後の2005年６月より全面施行された法律。国土交通省の「美しい国づくり政策大綱」(2003年に発表)に基づいて制定された。都市部をはじめ国土全般にわたって良好な景観の形成を目指し，国民経済および地域社会の健全な発展に寄与することを目的とする。直接的に景観を規制するものではないが，この景観法によって景観行政を実施する地方自治体（景観行政団体と呼ばれる）の定める景観条例が実効性を担保されることとなった。なお，①基本法となる景観法，②景観法の施行に伴う関係法律の整備等に関する法律，③都市緑地保全法等の一部を改正する法律「都市緑地法」「屋外広告物法」は「景観緑三法」と称される。 〔MK〕

🍃 **景観保全** これまでの経済成長中心の開発は公害や大規模な環境問題を引き起こした。こうした反省から日本では干拓(かんたく)などの公共事業を中止させて自然の復元を求めたり，歴史的・文化的な街(まち)の再生を求める景観保全（または景観保護）の運動が活発化している。また，欧米でも自然や街並みの復元と地域の文化を主体にした地域再生型の公共事業が展開されている。なお，全国の地方自治体では景観保護を目的に，建築物の高さやデザイン，外壁の色，広告物の設置などを規制する動きが広がっている。（☞景観財，景観材料，景観法）〔TT〕

景観緑三法 ⇒ **景観法**

経済的手法 economic instruments 環境政策は政府によって直接的に規制する「直接的規制（command and control）」と経済的インセンティブ（incentive）に基づいて規制しようとする「経済的手法」に大別される。経済的手法は経済的手段とも呼ばれ，経済面から環境問題をサポートする方法を指す。具体的には，税・課徴金，排出権取引，デポジット制度（預託金払戻制度），補助金，政策融資等がある。税・課徴金は環境汚染などに対して課税する制度であり，補助金，政策融資は環境汚染防止のために補助金を援助するなど，経済的なインセンティブによって環境汚染を防止する手段となる。経済的手法のなかで税・課徴金制度は汚染物質の排出等に税・課徴金を課すもので，最も少ないコストで有効な結果が期待できる。（☞環境税，デポジット制度，排出権取引）〔MK〕

継続的改善 continual improvement ISO14001規格が想定する環境マネジメントシステムにおける「継続的改善」とは，組織の環境方針（environmental policy）に合わせて環境パフォーマンス全体の改善を達成するために環境マネジメントシステムを向上させるプロセスである，と定義されている。つまり，企業等の組織体が自主的に環境方針を明確にし，その活動，製品またはサービスの何が環境に影響を与えているかについて自ら評価を下し，環境パフォーマンスが目標に達しない場合にはシステム的に改善策が機能するプログラムの作成が推進されているわけである。

そのモデルは，①環境方針の作成，②計画立案，③実施と運用，④点検と是正(ぜせい)処置，⑤経営層による見直し，という継続的改善によって組織の環境活動を効果的な方向へ導くよう継続的に監視され定期的に見直されなければならない，と説明されている。他方，TQM（総合的品質管理）の観点からは，環境汚染を防止するために，①計画（plan），②実施（do），③点検（check），④行動（act）による継続的改善サイクルが提示されている。（☞ISO14000シリーズ，環境マネジメントシステム，環境パフォーマンス）〔HT〕

啓発された自己利益　enlightened self-interest　ボランティアや寄付に代表される企業の社会貢献活動（フィランソロピー活動）は企業自身の利益に直接つながらないかもしれないが，長期的かつ間接的には企業にとって有益なことである，という理念を表す概念。この基礎になっているのは，企業の社会貢献を長期的な投資（investment）として戦略的にとらえようとする考え方であり，社会貢献を常識的なこととして活発に行っている米国企業のあいだで提唱されるようになった。その背景にあるのが，地域社会（コミュニティ）とのかかわり合いは企業にとって経済活動の延長であり，健全な地域社会の存在は企業活動を効率的に行うための必要条件である，と見なす強い信念（belief）である。このような社会貢献活動の根拠として使われるようになった「啓発された自己利益」という注目すべき概念は，企業の環境対策として導入される環境マネジメントシステムにもそのまま適用できると考えられる。（☞環境マネジメントシステム，社会貢献）

〔HT〕

下水処理　下水道には①合流式と②分流式という2つの処理法がある。①の合流式は汚水と雨水を同じ下水管で流し，下水処理場できれいにする方式。②の分流式は汚水と雨水を別々の下水管で流し，汚水は下水処理場できれいにし，雨水は直接川や海へ流す方式である。合流式では大雨の時に処理が間に合わず，下水未処理のものを一部河川に放流することもあるため排水汚染が心配される。水質保全のためには分流式が望ましくその割合も増加しているが，敷設（ふせつ）には費用がより多くかかる。①②とも下水処理の際の汚泥（おでい）は下水道の普及にともなって年々増加する傾向にあるが，脱水や焼却等の中間処理による減量化などが行われるようになった。さらに下水処理場で発生する熱を地域冷暖房等に活用する下水道事業も近年行われるようになった。（☞汚泥）〔TI〕

ケナフ　kenaf　ケナフとはペルシャ語で麻（あさ）という意味。インド原産のアオイ科ハイビスカス属の一年草。別名をホワイトハイビスカスといい6カ月で高さ2～4メートルに成長する。葉はカエデやモミジのような形をしており，花は黄色，芯（しん）は暗紅色，実（み）はアサガオのように熟すと弾（はじ）けて種子を散布する。木材に匹敵（ひってき）する品質の紙をつくることが可能で，単位面積当たりの収穫量が木材よりも多いため木材の代替物として近年注目を集めている。

紙の原料になる植物はケナフ以外にも多くあるが，アメリカの農務省が行った研究の結果では，ほかの植物に比べると病気や害虫に強く栽培も容易であるため育てやすく，紙質も良いことが明らかになった。また，紙の原材料としてだけでなく，壁紙（かべがみ）や建材，家畜の飼料などさまざまな利用法があるほか，二酸化炭素の吸収量が多いために地球温暖化の防止に役立つと期待されている。しかし，ヒメムカシヨモギやシロツメクサなどのように原産地を離れて外国に帰化（きか）した植物，すなわち帰化植物になる可能性があり，在来種（固有種）の生存問題に関する影響も指摘されている。（☞固有種，地球温暖化）　〔TT〕

ケミカル・リサイクル　⇒　再生利用，マテリアル・リサイクル

ゲリラ豪雨　突発的に発生し，局地的に限られた地域（10キロ四方程度の狭い範囲）に1時間に100ミリを超すほどの猛烈な降雨を指す。上空に入った冷たい空気と上昇した地表付近の湿った暖かい空気が混ざることで積乱雲が発達し，大気の状態が不安定になり局地的な大雨をもたらす。正式な気象用語ではないが，2006年頃からマスコミや民間気象予報事業者などで広く使われるようになった。ゲリラ豪雨には次のような特徴があるといわれている。①局地的であるためレーダーによる発生の把握や予測が難しい，②中小河川や側溝（そっこう），マンホール，用水路など身近なところで被害が発生する，③数十分程度の短時間で危険な状態に達するので，避難する時間的な余裕がほとんどない。

ゲリラ豪雨では死亡事故も起きている。例えば2008年には7月28日に兵庫県神戸市の都賀川の急速な増水で5人が死亡。続いて8月5日には東京都豊島区で下水道工事中の作業員がマンホール内で流され5人が死亡。さらに8月26～31日の東海・関東・中国および東北地方を中心とした大雨では愛知県で2人が死亡し，東京都八王子市で脱線事故が起きたほか，1万棟を超す浸水被害を出した。なお，気象庁は8月26～31日の記録的な大雨を「平成20年8月末豪雨」と命名した。2018年には西日本豪雨が発生した。(☞自然災害，西日本豪雨，異常気象)
〔TT〕

健康経営　2000年代初頭に環境への配慮を重視する環境経営に注目が集まったが，最近では働き方改革の推進を背景に従業員の健康管理を重視する健康経営が注目されるようになってきた。実際，2016年には経済産業省により従業員の健康管理を経営的な視点で捉えて戦略的に取り組む法人を「見える化」し，健康経営優良法人として認定し公表する顕彰制度が創設され翌2017年から認定が始まった。この健康経営優良法人認定制度は大規模法人部門と中小規模法人部門の2部門に分かれ，前者の大規模法人部門で認定された法人には「ホワイト500」という愛称が与えられる。そのメリットには①健康経営に熱心な企業として対外的な企業イメージや社会的評価が向上する，②従業員の健康に配慮する環境を整えるプロセス自体が従業員の健康意識や働くモチベーションを高めロイヤルティ（忠誠心）の向上につながる，などが指摘されている。

なお，環境経営も健康経営も「企業経営の社会性」という観点からは関連性が強く，最終的に経営者の姿勢や考え方に集約されていく。つまり，環境経営に熱心な企業は同時に健康経営にも熱心であると合理的に推測されるわけである。ちなみに最近では企業経営者のあいだに，従業員の健康増進はもはやコストではなく業績向上に欠かせない戦略的な投資であるという認識が高まってきている動向は，環境経営が現在では当たり前になってきた動向と類似していると考えられる。(☞見える化，環境経営，ワーク・ライフ・バランス，企業経営の社会性)
〔HT〕

健康経営優良法人　⇒　健康経営

健康被害　環境汚染因子や公衆衛生上の行為などによって健康を害することを指す。健康被害には大気汚染・水質汚濁などの公害の影響によるもの，種痘（しゅとう）・ポリオ・麻疹（はしか）・インフルエンザ・日本脳炎・BCG等の予防接種によるもの，電磁波によるものなど多様である。

「公害健康被害の補償に関する法律」では現在，水俣病，イタイイタイ病および慢性ヒ素中毒症を同法で定める指定疾病としている。また，同法で定める「公害健康被害補償予防協会」は，工場・事業場等の汚染原因者から健康被害を受けた人々の医療費や補償費に充てるための費用を徴収し，関係地方自治体を通じて被害者に給付するとともに大気汚染の影響による健康被害を予防するための事業を行っている。(☞公害，環境リスク)　〔ST〕

減災　⇒　防災用品

原子力基本法　1955年に制定された日本の原子力に関する基本方針を示す法律。原子力の研究，開発および利用を推進することによって将来のエネルギー資源を確保し，学術の進歩と産業の振興をはかり，人類社会の福祉と国民生活の向上に寄与することを目的としている。原子力の利用は平和目的に限定し，民主的な運営のもとに自主的に行い，その結果を公開することを原則とする。なお，日本の環境基本法では放射性物質の汚染防止措置について規定しておらず，原子力基本法などに委ねている。他方，東日本大震災における対応を踏まえて，2012年の改正では独立性が高い原子力規制委員会が設立された。(☞環境基本法)　〔TN〕

原子力発電　nuclear electric power generation　原子力燃料を用いて発電を行うことを指す。原子炉内で発生する熱エネルギーを電気エネルギーに変換して利用する。原子力発電では発電源に水力や火力を用いないため，水力発電ダムにおける堆積土や火力発電の排煙による環境破壊がない。日本の一般電気事業における発電電力量は，石油，LNG（液化天然ガス），石炭，水力，原子力，その他（風力，地熱等）で供給されている。現在はエネルギー資源の約8割を輸入に依存している。このためエネルギー資源の節減と有効活用，エネルギー需要に対するエネルギー供給環境の改善と維持のために新しいエネルギー源が確立するまで次善の策として原子力発電が中核的な役割を果たさざるをえない傾向にある。しかし，地震・津波等で引き起こされるおそれのある施設破損による近隣住民の生活安全の問題，使用済み核燃料や廃炉処理問題を含め，解決しなければならない課題が残っている。

また，立地を推進するために「原子力発電施設等立地地域の振興に関する特別措置法」（通称，原発立地特措法）が2000年12月に成立した。ところが2007年に日本では原子力発電所において制御棒トラブル（臨界事故）隠しや各種計測データの改ざんが相次いで発覚し，大きな社会的問題になった。ところが，2011年3月に勃発した東日本大震災による福島第一原発（福島県にある東京電力の福島第一原子力発電所）の事故の深刻化，同年5月の浜岡原発（静岡県にある中部電力の浜岡原子力発電所）における全基の運転停止，さらに同年6月にはドイツにおいて2022年までに国内原発の全面停止が閣議決定されるなど，日本だけでなく世界中で原子力発電のあり方が根本的に問われるようになってきている。（☞核燃料リサイクル，核燃料廃棄物，クリーン・エネルギー，東日本大震災）〔YK〕

原子力発電環境整備機構（NUMO）　Nuclear Waste Management Organization of Japan　特定放射性廃棄物の最終処分に関する法律（以下，最終処分法という）に基づき2000年10月に設立された経済産業大臣の認可法人を指す。NUMOの事業概要は，最終処分場の建設地の選定から最終処分の実施，処分場閉鎖後の管理，最終処分法第11条の拠出金の徴収等の最終処分事業全般を行うことであり，「地域社会と共生する安全な放射性廃棄物の地層処分を実現すること」を使命としている。（☞原子力発電，地層処分）〔ST〕

建設リサイクル法　2000年5月に制定された循環型社会形成のための関連法の1つで，正式名称は「建設工事に係る資材の再資源化等に関する法律」。特定の建設資材についての分別解体等，再資源化するための措置を実施するとともに解体工事業者の登録制度を設けることにより，資源の有効な利用の促進および廃棄物の適正な処理の確保を目的とする。一定規模以上の建設工事については一定の技術基準によって，その建築物等に使用されている①コンクリート，②コンクリートおよび鉄からなる建設資材，③木材，④アスファルト・コンクリートを現場で分別し，これらの現場で分別した特定建設資材の廃棄物について再資源化が義務づけられている。（☞リサイクル，循環型社会形成推進基本法）〔ST〕

け

減農薬栽培 ⇒ **無農薬栽培**

賢明な利用 ⇒ **ラムサール条約**

原油流出事故 海洋，湖沼（こしょう），河川（かせん）などの水域へ事故によって原油が流出することを指す。原油の輸送は常に環境汚染の危険をはらんでいる。原油の流出にはタンカー事故，海底油田の油井（ゆせい）事故，貯油施設の事故等がある。タンカー事故としては1989年のエクソン・バルディーズ号の米国アラスカ沖座礁事故（原油約４万2,000キロリットル流出），日本では1997年のロシア船籍ナホトカ号の島根県隠岐（おき）島沖沈没事件（重油6,240キロリットル流出）などがある。流出防止のためには未然防止の監視体制，流出原油の回収，処理技術等の確立，および環境影響評価などが求められる。（☞環境破壊，バルディーズ号，ナホトカ号） 〔ST〕

け

〔こ〕

公害　pollution ／ public nuisance　企業活動ないしは事業活動によって地域住民がこうむる健康または生活環境にかかわる人為的災害を指す。こうした災害は産業活動に起因するため「産業公害」と呼ばれることがある。公害では環境汚染が地域的に限定されることから，地球的規模で発生する地球環境問題に対して地域社会における地域環境問題とも言える。例えば企業活動といっても，主に生産活動を行う工場から発生する煤煙，有毒ガスによる工場周辺の大気汚染や悪臭，工場の排水や廃液による河川や地下水の水質汚濁，それにともなう土壌汚染，機械設備によって生じる騒音と振動，さらに地下水の大量採取による地盤沈下などが挙げられる。

従来の公害問題に対しては，工場における生産活動と公害発生との間にある因果関係を中心に法律的側面から社会的責任を問うアプローチが主流を占めている。実際，日本の公害は明治時代の足尾や別子などの鉱山における鉱毒事件に始まり，第２次世界大戦後の高度経済成長期には，①熊本の水俣病，②新潟の水俣病，③富山のイタイイタイ病，④四日市の喘息といった公害が深刻な被害を出し，四大公害訴訟（裁判）に発展した。（☞水俣病，イタイイタイ病，四日市喘息，社会的責任，足尾鉱毒事件）　〔HT〕

公害苦情　日常生活に密接にかかわる公害に対する苦情が増加し，住民が公害に対する苦情を直訴するシステムが必要になった。苦情には大気汚染，騒音，悪臭，水質汚濁，振動，土壌汚染，地盤沈下，不法投棄などがある。1970年に「公害紛争処理法」が制定され，地方公共団体が公害苦情相談員を置き，関係機関と連絡をとりながら公害苦情の処理に取り組むことが定められた。公害苦情を適切に処理することは，日常生活を守り地球環境を保全することにつながる。（☞公害，公害紛争処理法）　〔TI〕

公害健康被害補償予防協会　⇒　環境再生保全機構，健康被害

公害国会　日本では戦後の飛躍的な経済成長と産業発展を背景に

1950年代と60年代に公害問題が深刻化した。この公害問題を克服するために1970年に開催された臨時国会が「公害国会」と呼ばれ，公害対策基本法をはじめ大気汚染防止法や水質汚濁防止法など14の法律が制定または改正された。しかしながら，当時の工場は，強化された規制に対して十分な公害防止体制を整えていないのが実情であった。

このため公害国会の翌年に当たる1971年には工場内に公害防止に関する専門的知識を有する人的組織の設置を義務づけた「特定工場における公害防止組織の整備に関する法律」が制定され，公害防止管理者制度が発足することとなった。この公害防止管理者は一定規模以上の特定工場に選任が義務づけられ，公害発生施設または公害防止施設の運転，維持，管理，ならびに燃料や原材料の検査等を行う役割を担(にな)っている。(☞公害)　〔HT〕

公害対策基本法　⇒　環境基本法

公害紛争　environmental pollution disputes　人の活動にともなって生ずる相当範囲にわたる大気汚染，水質の汚濁，土壌の汚染，騒音，振動，地盤の沈下および悪臭による人の健康，または生活環境への被害にかかる当事者間の争いを指す。公害紛争の状況は公害紛争処理法（1970年制定）に基づき，1972年以来，現在まで毎年『公害紛争処理白書』（公害等調整委員会編）として公表され続けている。近年の公害紛争の特徴は廃棄物（ごみ）や自動車をめぐる公害が大きな問題となっている。社会経済情勢の変化，ライフスタイルの変化，国民の環境意識の高揚等にともなって低周波音や化学物質にかかる公害紛争等が登場してきている。(☞公害，自動車排出ガス対策，公害紛争処理法)　〔ST〕

公害紛争処理法　公害問題により発生した民事事件や行政事件について，これらの迅速かつ適正な解決をはかるために制定された法律。旧公害対策基本法第21条第１項に基づき1970年に制定。公害紛争処理は原則として紛争当事者からの申請によって開始され，斡旋(あっせん)，調停，仲裁および裁定の４つの手続きがある。実行機関としては，重大事件や２つ以上の都道府県にまたがる広域処理事件を取り扱う「公害等調整委員会」と，大規模事件等以外の事件を管轄する「都道府県公害審査会」がある。高度経済成長期には四日市喘息，水俣病，イタイイタイ病などの大規模な紛争から，近年は豊島産業廃棄物水質汚濁被害等の調停事件をはじめ，廃棄物，処分場，娯楽施設，スポーツ施設，鉄道・道路など発生源が多様化している。(☞四日市喘息，水俣病，イタイイタイ病，豊島事件)〔ST〕

公害防止管理者　⇒　公害国会

公害防止協定　環境に少なからず影響を与えるおそれのある工場・事業所，およびとくに環境保全に留意する必要があると認められる地域に立地する工場・事業所に対し，地方公共団体や住民団体が産業振興と環境保全の両方を意図して，工場や事業所が設置・建設される前に法律の規制基準よりも厳しい基準を設定し，当該事業者にこれらの遵守を要請する手法で，公害防止のため事業者が取るべき措置を相互の合意形成によって取り決めたもの。地方公共団体が企業誘致を促進する際，公害防止協定は地域環境を保全していくうえで有効な手段となる。一方，企業側からみても立地に際して地域住民の同意を得ることができ，企業活動の円滑な実施をはかっていくうえで不可欠なものと認識されている。(☞公害)〔ST〕

公害防止計画　環境基本法第17条に基づく法定計画を指す。つまり，現に公害が著しい，または著しくなるおそれがあり，かつ公害の防止に関する施策を総合的に講じなければ公害の防止をはかることが著しく困難になると認められる地域についての公害防止のための地域計画である。これは環境大臣が示す計画策定の基本方針に基づいて関係都道府県知事が策定し，環境大臣の同意を必要とする。公害防止計画は1970年12月から1977年１月まで全国の主要な工業都市と大都市地域のほとんどで策定され延べ50地域を越えたが，その後の地域の見直し，隣接する地域の統合等により，2018年３月末で全国21地域において策定されている。この計画により地方公共団体は発生源に対する各種規制，環境影響評価，立地指導，土地利用の適正化等の施策を行うとともに，下水道整備，廃棄物処理施設整備，公園・緑地等整備の事業を推進する。また，事業者は大気汚染，水質汚濁等の防止のための措置を行う。国または地方公共団体の財政上の特別措置には補助金のかさ

上げ，適債事業の拡大等がある。(☞環境基本法)　〔ST〕

公害防止事業団　⇒　環境再生保全機構

公害輸出　公害に対する規制が整備されていない国や地域（主に発展途上国）で引き起こされる公害問題。言い換(か)えれば，先進国の企業が発展途上国に工場を建設し，生産工程を移転することによって，先進国で規制されている物質を垂(た)れ流したり，先進国で禁止されている有害物質を規制されていない地域へ輸出したりすること。また，先進国のODA（政府開発援助）による援助活動は，発展途上国に対して環境問題の温床(おんしょう)となっており，これも一種の公害輸出という見方が成り立つ。海外での事業活動に際しては，現地の環境問題に十分配慮する必要がある。(☞公害，環境ODA，ボパール事件)　〔JO〕

光化学(こうかがく)オキシダント　photochemical oxidant　光化学スモッグの発生に密接な関係のある原因物質を指す。オキシダントは過酸化物の総称である。光化学オキシダントは工場の排出ガスやガソリン自動車・ディーゼル自動車の排出ガスが，太陽光線に含まれる紫外線と光化学反応を起こして発生する。要するに，この濃度が高くなったときに光化学スモッグが発生するわけである。(☞光化学スモッグ，光化学大気汚染，大気汚染)　〔YK〕

光化学スモッグ　photochemical smog　大気中の炭化水素や窒素酸化物が，太陽光線に含まれる紫外線と光化学反応により光化学オキシダントが生成され，その濃度が高くなった時に発生する現象を指す。光化学スモッグは紫外線が強く，風が少なく，自動車による交通渋滞が多く，工場からガスが盛(さか)んに排出される時期に発生しやすい複合現象である。人体における粘膜への刺激や呼吸器官への影響など，健康障害や農作物への悪影響を引き起こす。(☞光化学オキシダント，光化学大気汚染)　〔YK〕

光化学大気汚染　photochemical air pollution　大気中の炭化水素や窒素酸化物が光化学反応を起こし，大気を汚染する物質を生成する現象。光化学反応とは，反応に必要なエネルギーが光によって吸収され透過していく過程で，分子がさまざまな反応を起こす作用のこと。現代社会においては太陽光あるいは人工光の発生源が数多く存在するため，汚染源の解決が容易ではない。(☞光化学オキシダント，大気汚染)　〔YK〕

好気性微生物　⇒　活性汚泥

公共財　経済学では私的財との対比で定義され，①ある人がその財を消費しても他の人の量は減少しない（非競合性），②対価を払わない人を財の消費から排除しない（非排除性）という2つの特徴を備えた財を指すのが通例。この概念を環境問題に適用し，地球環境を国際的な「公共財」と考える見解がある。つまり，地球環境を構成している大気，水，土などをすべて人類の国際的な共有財産と見なすわけである。具体的には「きれいな水」「すんだ空気」「安全な土壌」などを指すが，これらは一度生産されると生産コストを誰が負担したかに関係なく，通常は世界中の誰もがその恩恵に浴することができる。

そうであれば他人にその負担を負わせるほうが得（とく）をするから，料金を払わずに便益だけを受ける「ただ乗り」という深刻な問題が発生する。したがって，これらを市場原理に委（ゆだ）ねてしまうと地球環境を構成する公共財の生産が減少するだけでなく，失われた公共財が再生産されることもなくなり，結果的に環境破壊を招くことになる。(☞環境問題，環境破壊)　〔HT〕

黄砂（こうさ）現象　黄土（こうど）高原の細かい砂が春先の偏西風で運ばれてくる現象。黄砂は北京をはじめとする中国国内はもちろんのこと，日本まで飛来し，さらに遠くのハワイ上空でも観測される。年々，発生回数が増えているとの指摘もある。また，これまで飛来することがほとんどなかった北海道でも黄砂が確認されるなど，飛来する地域は拡大傾向にある。こうした問題を重く見た中国と日本は共同で，砂が運ばれる過程や構造，気候や環境への影響などに関する研究を実施している。さらに，植樹や造林を通じて黄砂の抑制をねらった世界各国からの国際的な支援も始まっている。なお，2006年に中国北部ではここ数年で最大規模の黄砂があり，北京には30万トン以上の砂が降ったと報じられている。(☞黄土高原)　〔TT〕

工場緑化　地域社会に調和した緑の景観，快適な職場環境づくり，自然環境との調和を目的として工場に植物などを植えること。緑化にはヒートアイランド現象の抑制や地球温暖化防止効果などが期待される。また，地域住民との緑を通した関係づくりも目指している。経済産業省（旧通商産業省）は1982年から周辺の自然環境に配慮し積極的に緑化を進めている工場を「緑化優良工場」として表彰している。（☞屋上緑化，ヒートアイランド現象）〔TT〕

合成化学物質　2つ以上の化学物質を合成（すなわち「化合」）してつくり出された化学物質を指す。人体に危険な環境ホルモンとして作用するダイオキシン，PCB，DDT などは人間がつくり出した合成化学物質の代表例。1996年に米国で出版され世界的ベストセラーとなった『奪われし未来（Our Stolen Future）』のなかで，環境ホルモンとしての危険性が指摘された。参考までに，現在「合成」の付く物質には合成樹脂，合成繊維，合成洗剤，合成染料，合成添加物，合成保存料，合成甘味料などたくさんある。（☞奪われし未来，環境ホルモン，グリーン・ケミストリー）〔HT〕

高速増殖炉　⇒　もんじゅ

交通渋滞　⇒　都市環境，都市公害，パーク・アンド・ライド，カー・プール，ETC システム

黄土高原（こうど）　黄土高原は中国北部（主に黄河の中流部流域）に広がる標高1,000メートルくらいの高原で，中国奥地のタクラマカン砂漠やゴビ砂漠などの砂漠地帯から風に乗って運ばれてきた黄土が降り積もってできたといわれている。かつて黄土高原には「北魏（ほくぎ）」王朝の大同（だいどう）という都があり，最盛期には120万人が暮らす中国一の都市であった。しかし，行き過ぎた開発の結果，豊かな森は失われ黄土高原は砂漠へと変わった。年間降水量はおよそ400ミリメートルで，そのうち70%が夏の3カ月に集中する。また，最低気温は零下25度，最高気温は37度と気温の格差が大きく，人々の生活にとっても植物の生育にとっても困難な条件がそろっている。（☞黄砂現象）〔TT〕

高レベル放射性廃棄物　⇒　地層処分

枯渇性資源（こかつせい）　100万年以上かけて生成された石油に代表される化石燃料またはウラニウム等に代表される鉱物のような地下埋蔵物で，一度採掘・使用してしまうと復活がほとんど不可能なため，徐々に地球上から姿を消しつつある資源のこと。地球の持続可能な発展を考えると，この枯渇性資源をどのように温存するのか（省エネルギー等），あるいは代替資源をどのように研究開発するのかが不可欠である。（☞省エネルギー，化石燃料，天然資源）〔TI〕

国際エコツーリズム年　International Year of Ecotourism　観光は世界中を結ぶグローバルな産業という認識のもとに，国連（国際連合）は地球サミットから10周年に当たる2002年を「国際エコツーリズム年」および「国際山岳年」と定めた。今日では環境保護への関心の高まりとともに貴重な体験が得られる楽しさが加わってエコツーリズムは世界中に広がっている。しかし，エコツーリズムの普及によってエコツアーが活発に行われるようになると，①エコツアーのために観光開発が行われる，②エコツアーに参加した旅行者（エコツーリスト）が自然環境を汚す，などの問題が発生するようになった。（☞エコツーリズム）〔HT〕

国際エネルギー機関（IEA）　International Energy Agency　第1次石油危機後の1974年に国際エネルギー計画を実施するために設立された経済協力開発機構（OECD）の下部組織。事務局はパリにあり，加盟国は2018年７月現在，新規加盟国のメキシコも含め30カ国。加盟国における石油を中心とした安全保障を確立することを主目的とし，石油供給中断等の緊急時には加盟国間の石油融通システムの整備や，石油市場の情報収集・分析，および石油輸入依存低減のための省エネルギーやエネルギー代替促進，非加盟国との協力等を行っている。日本にとっては石油供給中断等の際，国際緊急時対応システムにより利するところが大きい。例えば湾岸戦争の際，石油備蓄放出などOECD加盟国全体で日量250万バレル相当の対応計画が合意・実施された。（☞石油危機，湾岸戦争）〔ST〕

国際原子力事象評価尺度（INES）　国際原子力機関（IEA）と経済協力開発機構（OECD）が策定した英語の ‘International Nuclear Event Scale’ の日本語訳で，略称は ‘INES’。原子力発電所などの原子力にかかわる事故や故障によって放出された放射性物質の影響を客観的かつ簡明に判断できるよう作成された評価尺度として，日本では1992年から採用されている。そのレベルは最も低い「安全上重要でない事象」の「レベル０」から，異常な事象に当たる「レベル１（逸脱）」「レベル２（異常事象）」「レベル３（重大な異常事象）」，さらに高いレベルの事故に当たる「レベル４（事業所外への大きなリスクを伴わない事故）」「レベル５（事業所外へのリスクを伴う事故）」「レベル６（大事故）」「レベル７（深刻な事故）」へと，低いレベルから高いレベルへ８段階に分類されている。参考までに，1986年のチェルノブイリ原発事故は最も高い「レベル７」，1979年のスリーマイル島の原発事故は「レベル５」に評価されている。（☞チェルノブイリ原発事故，スリーマイル島の原発事故，放射能汚染，東日本大震災）〔HT〕

国際自然保護連合（IUCN）　International Union for Conservation of Nature and Natural Resources　自然保護と天然資源の保全に関し国際協力をはかることを目的として1948年に設立された国際機関。本部をスイスのジュネーブ郊外のグランに置く。活動の使命は「自然資源の利用が公平で生態学的に持続可能なものとし，自然界の健全性と多様性を保全するために，世界の様々な社会に影響を与え援助すること」とされている。国連や世界自然保護基金（WWF）の援助協力のもと，自然保護に関する情報交換・調査研究・啓蒙活動を行っている。世界の自然環境・文化遺産・野生生物の保護，絶滅に瀕（ひん）している動植物を記した「レッドデータブック」の作成，ワシントン条約等の環境関係条約の作成，開発途上国への支援などを行っている。さらに世界自然遺産登録に当たっての審査事業も行っている。（☞世界自然保護基金，世界遺産，レッドデータブック，ワシントン条約）〔ST〕

国際湿地保全連合（WI）　Wetlands International　1954年に設立された国際水禽（すいきん）湿地調査局が1996年に改組された国際組織。湿地の調査と情報交換，ならびに世界的な保全活動を通じて次の世代のためにかけがえのない湿地資源と生物多様性の保全を使命として設立された。

こ

同連合は関係各国の政府代表，国際機関と湿地の専門家たちの代表から構成される評議員会が運営する非営利・非政府の組織である。世界をリードする湿地保全団体として世界の100カ国余りで活動を展開。パートナーシップを基本理念に，国際自然保護機関，NGO，助成機関，各国政府，開発団体や個別に活動するグループなどの諸団体と強く連携して活動を行っている。また，国際自然保護連合（IUCN）などとともに「ラムサール条約」履行（りこう）のための実務および科学的支援を行う協力団体でもある。（☞ラムサール条約，藤前干潟，国際自然保護連合）〔TT〕

国際森林年　International Year of Forests　2011年は，世界中の森林の持続可能な経営保全の重要性に対する認識を高めることを目的に，国際連合（国連）によって「国際森林年」と定められた。国連が国際森林年を定めるのは1985年に次いで2回目。日本でも国際森林年に関する国内委員会が設置されて「森のチカラで，日本を元気に。」というメッセージが発表され，多くのイベントが開催されるとともに新聞等において森林の重要性を訴える意見広告が数多く掲載された。この背景には，①水や食料の供給，生物多様性の保全，気候変動（地球温暖化）の緩和，アメニティの向上といった森林が持つ多面的な機能が人類の生存に不可欠であるにもかかわらず，世界中で森林の荒廃や減少が続いている，②日本国内では木材供給が輸入に依存するようになり，森林と林業の再生が強く求められるようになってきた，などの実態が指摘されている。（☞アメニティ，森林減少）〔HT〕

国際生物多様性年　⇒　COP10（コップ・テン）

国定公園　quasi-national park　1957年制定の自然公園法に基づき環境大臣が各都道府県の申し出により，中央環境審議会の意見を聴（き）き，区域を定めて指定する「国立公園に準ずるすぐれた自然の風景地（海中も含む）」を指す。国定公園に指定された地域は都道府県知事の責任において当該の風致（ふうち）（自然界のおもむき）を維持しなければならない。なお，国定公園は身近で貴重な自然を保護する制度としての役割を持っているが，国立公園に比べると整備の行き届いていない場所が多い。（☞国立公園）〔TT〕

国立環境研究所　National Institute for Environmental Studies　1974年に発足した国立公害研究所を1990年に改組・改称した研究所。茨城県つくば市に所在し，2001年より独立行政法人化された。理学，工学，農学などの研究者が環境問題に総合的に取り組むことによって日本における環境研究の中心的な役割を担(にな)っている。年報の発行やシンポジウムの開催に加え，研究成果を国民各層にわかりやすく伝えるために2001年より研究情報誌『環境儀』を発行。なお，2015年４月には国立研究開発法人へと改組されている。(☞環境省)　〔TN〕

国立研究開発法人　⇒　国立環境研究所

国立公園　national park　国を代表する自然風景地の保護とレクリエーション機会確保のために管理する公園。国際自然保護連合は国立公園の要件として，１つ以上の生態系が原始的状態で保護されていること，または開発や占有の排除などを挙げている。しかし，各国はこうした要件にとらわれず独自の設定をしている。例えばコスタリカでは火口から２キロメートル以内を国立公園と定めている。

日本の国立公園は1957年制定の自然公園法に基づき，環境大臣が関係都道府県および中央環境審議会の意見を聴(き)き区域を定めて指定する「わが国の風景を代表するに足りる傑出した自然の風景地（海中も含む)」である。国立公園に指定された地域は環境大臣の責任において当該の風致(ふうち)を維持しなければならない。2018年３月現在，日本の「国立公園」は34カ所で国土面積の６％（約219万ヘクタール）を占める。(☞自然公園，イエローストーン国立公園，国定公園)　〔TT〕

国連海洋法条約　United Nations Convention on the Law of the Sea　「海洋法に関する国際連合条約」の略称で「海洋法条約」とも略される。1983年に第３次国連海洋法会議で採択されて1994年に発効し，日本は1996年に批准(ひじゅん)した。本条約は海洋に関する諸問題について包括的に規定している。例えば本条約の第12部では海洋環境の保護および保全，海洋環境の汚染の防止・軽減および規制のための措置などについて規定している。(☞海洋汚染)　〔TT〕

国連環境開発会議　⇒　地球サミット

国連環境計画（UNEP）　United Nations Environment Programme

1972年6月にストックホルムで開催された国連人間環境会議で採択された「人間環境宣言」および「環境国際行動計画」を実施する国際機関として，同年の国連総会にて設立。UNEPは管理理事会，環境事務局および環境基金から成り立ち，管理理事会は58カ国で構成。環境事務局をケニアのナイロビに設置し，アジアやヨーロッパなどに6つの地域事務所を置く。その任務は，①既存の国連の諸機関が実施している環境に関する諸活動を調整管理すること，②国連諸機関がまだ着手していない環境問題に関しても触媒（しょくばい）的機能を果たすこと，の2項目である。具体的には，オゾン層保護，気候変動，廃棄物，海洋環境保護，水質保全，土壌劣化防止（砂漠化防止も含む），森林保全，生物多様性保護，産業活動と環境，省エネルギー，地球環境監視（地球監視モニタリングシステム等），化学物質の安全性確保（国際化学物質安全性プログラム等），国際法制度（バーゼル条約，ウィーン条約，モントリオール議定書等），教育と研修，開発計画と協力，クリアリングハウス（情報交換所）など幅広く環境問題に取り組んでいる。

（☞国連人間環境会議，人間環境宣言，GRIガイドライン）　〔ST〕

国連環境特別委員会（WCED）⇒　持続可能な開発

国連グローバル・コンパクト　The United Nations Global Compact

1999年1月の世界経済フォーラム（ダボス会議）において，アナン国連事務総長（当時）が，国連と企業が世界市場で共通の原則を持って国家を超えた世界との約束，つまり「グローバル・コンパクト」を推進しようと提唱したことに始まる。グローバル・コンパクトは4つのカテゴリー（人権，労働基準，環境，腐敗防止）と10の原則から成り立つ。10の原則とは，人権擁護の支持と尊重，人権侵害への非加担，組合結成と団体交渉権の実効化，強制労働の排除，児童労働の実効的な排除，雇用と職業の差別撤廃，環境問題の予防的アプローチ，環境に対する責任のイニシアティブ，環境にやさしい技術の開発と普及，強要・賄賂（わいろ）等の腐敗防止の取り組みである。グローバル・コンパクトの目的は，企業にこの10原則を導入させるとともに，国連の目標とする持続可能な開発にも寄与することである。組織のトップがグローバル・コンパクトに署名し，積極的に10原則の経営への反映を行い，また毎年 Communication on Progress（COPs）という活動レポートを提出する。非営利組織でも署名でき，2011年8月現在，世界140カ国8,600組織が署名し，日本では大企業を含む133組織が署名している。

〔NK〕

国連食糧農業機関（FAO）　Food and Agriculture Organization of the United Nations　世界の人々の生活水準を改善し，農業生産性の向上および農村における生活条件の改善を目的に1945年に設立された国際連合における専門機関。日本は1951年に加盟。最高意思決定機関である総会は2年に1度開催され，加盟国に対し食糧・農業問題についての勧告を行う。食糧の増産と安全を目的としながらも，自然資源を保全していく「農業の持続可能な開発」が最近の課題となっている。〔TN〕

国連森林フォーラム（UNFF）　United Nations Forum on Forests

1992年6月の地球サミット以降，国連で開催された森林に関する政府間対話の結果，世界のすべての森林の持続可能な森林経営を推進するため，2000年10月に国連経済社会理事会の下部機関として設立された「政府間政策対話の場」を指す。国連食糧農業機関（FAO）によれば，熱帯林を中心とした急速な森林の減少（1990年～2000年の年間平均減少面積は1,230万 ha）や森林の劣化が報告されており，これらの事情を背景として国連森林フォーラムでは森林問題全般にわたり各国政府・国際機関・NGO 代表者が年1回集まり，いまや地球的規模の問題となっている森林問題の解決策を検討している。（☞地球サミット，森林減少，国連食糧農業機関）〔ST〕

国連人間環境会議　United Nations Conference on the Human Environment　1972年に国際連合（国連）が環境問題全般について取り組んだ初めての大規模な国際会議となる「国連人間環境会議」がスウェーデンのストックホルムで開催された。この会議では「かけがえのない地球（Only One Earth）」をキャッチフレーズに，先進工業国では経済成長から環境保護への転換，そして開発途上国の環境問題については開発の推進と援助の増加が重要であることが明らかにされ，最終的に「人間環境宣言（ストックホルム宣言）」が採択された。

これを機に1970年代から80年代を通して地球環境に関する本格的な議論が国際的に展開されるようになり，1992年の「地球サミット」開催へと結びついていった。しかし，そこにいたるまで必ずしも順調な経緯をたどったわけではない。例えば先進工業国では経済成長の確保が最優先課題とされたり，開発途上国では貧困から脱出するために経済開発が優先されがちとなった。(☞地球サミット，人間環境宣言)

〔HT〕

コジェネレーション　cogeneration　熱併給発電システムを指す。単一のエネルギーから電気と熱を同時に供給することによってエネルギーの有効利用をはかるシステムである。例えばガスタービンやディーゼル発電設備の排気を利用して発生した熱を温水としても利用することが多い。とりわけ熱と電力の両方で需要がある施設では省エネルギーと低コスト化の手段となることから，湯水を多く使う病院，ホテル，オフィスビルなどで導入されている。発電効率は30～40％程度と低いが，排熱を給湯や冷暖房に利用することで総合効率を80％程度まで高めることができ，電力ピークの回避や電力負荷の平準化にも有効。1995年の電気事業法改正などによる電力自由化の動きがコジェネレーションの普及を促進している。環境問題としては，発電機の運転時に排気ガスが大気汚染を引き起こし騒音が発生するため，これらの抑制対策が必要になる。(☞省エネルギー，省資源，電力自由化)

〔YK〕

古紙回収（こし）　家庭や事業所から排出される古紙の回収を促進することが，廃棄物の減量化を目指す社会的要請としてますます強くなっている。ちり紙交換，町内会あるいは学校のPTAによる廃品回収によって収集された古紙は，まず回収業者によって回収される。その後，回収業者から直納（じきのう）業者に納められ，直納業者は古紙を白紙，マニラ紙，模造紙（もぞうし），新聞，雑誌，ダンボール，台紙というように品種別に分類し，プレス機械で圧縮や梱包（こんぽう）して製紙業者に納入する。しかし，現状では市場での古紙価格の下落によって古紙回収が進まず，「燃えるごみ」として出されるものも多い。(☞可燃ごみ)　〔JO〕

COP10（コップ・テン）　通例は2010年10月に「いのちの共生を，未来へ（Life in Harmony, into the Future）」をスローガンに世界各国・地域から13,000人以上が参加し，愛知県名古屋市で開催された「第10回生物多様性条約締約国会議」を表す用語。1992年（平成4年）の地球サミットの際に採択された生物多様性条約（Convention on Biological Diversity：略称はCBD）の最高意思決定機関となる10回目の締約国会議（Conference of the Parties：略称はCOP）を指していることから，正式には「CBD／COP10」と称されることもある。

生物多様性条約の目的は，①生物多様性の保全，②その構成要素の持続可能な利用，③遺伝資源の利用から生ずる利益の公正かつ衡平な配分であるが，COP10は次の3点で大きな意味があったと指摘されている。その第1は，2010年は生物多様性に関する「2010年目標」の目標年に当たるが，生物多様性条約事務局から，2010年目標は達成されず，生物多様性は引き続き減少している，と発表されたため，2011年以降の世界目標を含む新たな取り組みを決める必要があった。第2は，遺伝資源の提供国（主に発展途上国）の微生物に含まれる遺伝資源を利用して利用国（主に先進国）の製薬企業等が新しい医薬品を開発した場合，その利益を提供国にも配分する「ABS」と呼ばれる仕組みの検討を終了することになっていた。第3は，ちょうど国連が定めた「国際生物多様性年」に当たる2010年に開催された点である。

こうして開催されたCOP10の最大の成果は，生物多様性に関するポスト2010年目標となる世界目標が「愛知目標（または愛知ターゲット）」として採択されるとともに，上述のABSに関する法的拘束力のある国際的な枠組み（わくぐ）として「名古屋議定書」が採択され，生物多様性条約にとって新たな時代の幕開けになったと評価されている点である。（☞生物多様性，愛知目標，名古屋議定書）　〔HT〕

固定価格買取制度（FIT）　太陽光，風力，水力，地熱，バイオマスといった再生可能エネルギー源を用いて安定的かつ効率的に発電された電気を電気事業者が一定期間，国が定める価格で買い取ることを義務付ける制度で，「電気事業者による再生可能エネルギー電気の調達に関する特別措置法（略称は再生エネルギー特別措置法）」に基づいて2012年7月から始まった。その際に電気事業者が買取に要した費用は毎月の電気料金の一部に組み込まれすべての国民が負担することになった。

ただし，国民全員参加型による低炭素社会の実現を目的に太陽光発電の普及拡大を目指し太陽光発電システムにより作られた電力のうち，使い切れずに余(あま)った余剰(よじょう)電力を買い取る余剰電力買取制度は2009年11月から始まったが，固定価格買取制度の発足にともない同制度へ移行し，一般家庭などに設置される10kW 未満の発電設備の場合は従来と同じ余剰電力を買い取る仕組みが適用されることとなった。

なお，固定価格買取制度の開始から４年が経過した段階で再生可能エネルギーの導入は約2.5倍に増加したものの，太陽光発電に偏(かたよ)っている点や買取費用が増え国民負担が増大した点などの課題を解決するために固定価格買取制度が見直され，再生可能エネルギーの最大限の導入と国民負担の両立に向け2017年４月に再生可能エネルギーの固定価格買取制度に関する改正 FIT 法が施行された。(☞再生可能エネルギー，電力自由化，再生エネルギー特別措置法)　〔HT〕

こどもエコクラブ　環境省における「こどもエコクラブ事業」は，2010年の行政刷新会議の事業仕分けにおいて廃止が決定され，2011年３月31日に終了した。しかし，環境問題への取り組みの場を残すことは重要であると認識され，公益財団法人日本環境協会の事業として「こどもエコクラブ」と名称変更し，継続的な活動を行うことになった。地域のなかで３歳から高校生までのこどもたちが主体的に環境に対する学習や活動ができるように，登録した団体に対して，サポーター（こどもたちの活動をサポートする人々），コーディネーター（地方自治体等のこどもエコクラブ地方事務局），企業・団体，こどもエコクラブ全国事務局が支援をしている。(☞日本環境協会，環境問題，環境学習)　〔TI〕

こども環境サミット　こどもを中心に環境問題を議題として話し合いや提言が行われる会議のこと。1992年の地球サミット以降，「国際的なこどもの環境会議」が開催されていたが，「こども環境サミット」という言葉が初めて使われたのは2005年の愛知万博「こども環境サミット2005」の時である。この時の提案は，エネルギーの節約，植樹，水資源の節約，リサイクルなどであった。

愛知万博以降，国の機関（文部科学省や環境省等）や市区町村，新聞社，企業などが主催や協賛となりさまざまなこども環境サミットが開催され，こどもたちの視点や立場から環境問題に対して提言等を行っているが，目的・内容等は主催者等によって異なる。（☞地球サミット，愛知万博）〔TI〕

ごみ　wastes／garbages　「ごみ」という日常的な用語は，一般に「ちり」や「ほこり」のように「いらないもの」「不用なもの」「きたないもの」という否定的な意味を含み，人間にとって全く役に立たないやっかいなものと見なされてきた。この「ごみ」は廃棄物と呼ばれることもあるが，あらゆる物質が自然の浄化作用で循環する物質循環の観点から見ると，本来は「ごみ」など存在するはずがない。

参考までに廃棄物処理法によれば，廃棄物とは汚物（おぶつ）または不要物であって固形状または液状のものを指し，事業活動によって工場などから生じる燃えがら，汚泥（おでい），廃油，廃プラスチックなどの「産業廃棄物」と，その他の「一般廃棄物」に大きく分けられる。さらに一般廃棄物は「ごみ」と人間の体（からだ）から排せつされる「し尿」の2種類に分類され，この場合の「ごみ」はさらに商店，オフィス，レストランなどの事業活動から生じる「事業系ごみ」と，一般家庭の日常生活から生じる「家庭ごみ」に分類されている。（☞廃棄物処理法，物質循環，産業廃棄物，一般廃棄物，事業系ごみ，家庭ごみ）〔HT〕

ごみ固形燃料（RDF）　Refuse Derived Fuel　廃棄物を乾燥・選別し，可燃物を取り出した後に円柱状に固めた固形燃料。ごみの大半は焼却もしくは埋め立て処分されてきたが，循環型社会における廃棄物の有効活用として廃棄物から固形燃料をつくる技術が開発された。この固形燃料からは，①石炭と同様の発熱量が得られる，②安定した燃焼効率が見込まれる，③形状が均一である，④強度があるため壊（こわ）れにくく輸送に適している，⑤長期保存が可能である，など多くのメリットがある。

ただし，2003年8月に三重県のRDF（ごみ固形燃料）発電所において死傷者がでる痛ましい爆発事故が発生し，これ以後「夢の燃料」とも呼ばれたRDFに対する評価が疑問視されるようになった。（☞循環型社会，ごみ発電）〔JO〕

ごみ収集有料化　ごみ収集に際して，市町村がごみの排出者である事業者および一般家庭に対して課金すること。ごみ収集有料化の背景には，①ごみ排出の抑制効果が期待できること，②リサイクル・システム確立のための費用をまかなえること，③率先(そっせん)してリサイクル運動に取り組む人とそうでない人との不公平感を和(やわ)らげること，などの事情がある。

近年では，事業系ごみの有料化が進んでおり，排出者責任の原則から半数以上の市町村が有料化を実施している。その形態は，金額が一定の定額制と，ごみの排出量によって料金体系が異なる従量制がある。他方，家庭系ごみは事業系ごみとは異なり有料化の動きが出始めてはいるものの，現状では多くの市町村で実施されているわけではない。家庭系ごみの有料化を実施している市町村では，従量制よりもある一定量までは無料で一定量を超えた場合にごみの収集を有料化するという多量制を導入する場合が多く，市民全体から徴収するのか特定の人から徴収するのか，といった課題も残っている。(☞ごみ)　〔JO〕

ごみゼロ作戦　循環型社会づくりを目指し，2001年度の首相所信表明演説のなかで構造改革の一環として自然と共生する社会の実現が強調され，廃棄物を大幅に減らすために「ごみゼロ作戦」が提唱された。都市再生プロジェクトの１つとして，大都市圏におけるごみゼロ型都市への再構築を盛り込み，東京湾臨海部に廃プラスチックやペットボトル，建設廃棄物，食品廃棄物の民間リサイクル施設を集中立地させるとともに，研究開発機能を整備し，ごみを大量排出している首都圏（東京，埼玉，千葉，神奈川）における廃棄物の発生抑制，資源としての再使用や再利用を進めていくことが盛り込まれた。環境省の提唱した循環型社会の構築でも，この「ごみゼロ作戦」のもとで，とくにダイオキシンの排出規制とPCB（ポリ塩化ビフェニル）廃棄物の無害化処理対策のような有害化学物質対策の実施が決定された。(☞ゼロ・エミッション，循環型社会，共生)　〔JO〕

ごみ戦争　清掃工場などのごみ処理施設反対を唱える地域住民と行政との争い。例えば東京都における第１次ごみ戦争―1971年に東京都知事から「東京ごみ戦争」宣言が出され，東京都ごみ戦争対策本部が設置された―では，杉並区の地域住民による清掃工場建設反対運動が起こった。ごみを排出した地域とそのごみを受け入れ処理する地域との間の争いと考えることもでき，社会的に大きな問題となった。その後，ごみの排出量が国民総生産に比例して急増するにつれてごみ処理施設の確保が必要となり，結果的に1990年代の初頭から第２次ごみ戦争と言うべきごみ処理施設の建設反対運動が全国の多くの地域で発生した。このことは，ごみの減量化や再資源化への取り組みを余儀なくさせるとともに，ごみ処理の難しさを実感させることとなった。(☞廃棄物処理施設，東京ごみ戦争)〔JO〕

ごみ発電　ごみを焼却処理する際に発生する熱を電力に転換し回収利用する仕組み。近年，大都市圏のごみ焼却施設のなかには紙や廃プラスチックなどのごみを混合焼却し，ボイラーで発生した蒸気を使用して発電する「ごみ発電」が行われている。ごみの焼却はごみを減少させる目的のほか，焼却時の熱回収も他の化石燃料を節約するという意味で有効な手段。実際には①1996年の電力事業法の改正によって電力の売買に関する規制が一部自由化された，②国の新エネルギー政策にごみ発電が位置づけられた，③技術的な進歩によって高効率なごみ発電が可能になった，などによって得られた電力を電力会社へ販売することがさかんになっている。ただし，焼却処理にともなうダイオキシンの抑制対策は十分に考慮されなければならない。(☞ダイオキシン，化石燃料，新エネルギー，ごみ固形燃料)〔JO〕

コミュニティ・ビジネス　community business　地域の抱えている課題を地域の生活者たちが主体となり，地域の人材・原材料・ノウハウ・技術等を活用し，ビジネスという形態を通して解決していく事業活動を指す。2006年にノーベル平和賞を受賞したバングラデシュのグラミン銀行（貧困層に対して小規模な貸付などを行う銀行）の社会起業家の事例に見られるように，人間の利他心に基づくビジネスとして「ソーシャル・ビジネス（social business）」が世界で大きな潮流となりつつあるなかで，地域密着性の高いものが「コミュニティ・ビジネス」に当たると考えられる。

この事業活動には，環境保全をはじめ，福祉，地域金融，安全，伝統工芸，商店街再生，まちづくり，食品加工，観光・交流，情報活動などの分野があり，人にも環境にも優しいビジネスを目指している。その特徴には，①生活者主体の地域密着型ビジネス，②経営目的は利潤の極大化ではなく，自己の身の丈(たけ)に合った事業規模のビジネス，③営利第一のビジネスとボランティア活動との中間領域的なビジネス，④グローバルな視野で考え，地域に根ざして行動するビジネス，という4点が指摘されている。(☞環境ビジネス，環境ベンチャー，BOPビジネス) 〔ST〕

固有種　endemic species　特定の限られた地域だけに生息する生物種。分布圏の大小は問わないが，地域は1つの大陸を超えないのが原則。例えば日本最大の琵琶湖にはホンモロコ，ゲンゴロウブナ，ビワマス，ビワコオオナマズ，ニゴロブナなど多くの固有種が生息している。しかしながら①自然環境の悪化，②生息地での乱獲，③海外から移入された外来種（例えばブラックバスなどの外来魚），などが原因で貴重な固有種が激減しつつある。(☞ケナフ，外来生物，生物多様性) 〔TT〕

ゴルフ場公害　ゴルフ場の建設と運営が引き起こす環境破壊。ゴルフコース全18ホールとその周辺設備には平均100ヘクタールが使用される。ゴルフ場は都市の郊外に建設されることが多く，大規模な造成工事のために森林や里山(さとやま)などの豊かな自然が破壊されることになる。さらに大量に植えられた芝生(しばふ)の管理育成のために使用される殺虫・殺菌剤とか除草剤などの農薬や化学肥料が環境汚染の原因となる。また，散布する従業員や地域住民の健康被害だけでなく，周辺の農作物や河川に生息する淡水魚などの被害も挙げられる。(☞里地里山，健康被害，環境破壊) 〔TT〕

コンジョイント分析　conjoint analysis　消費者が製品を購入する際に，価格，機能，サイズなどのいかなる属性（本来的な特徴）の組み合わせを重視して最終的な選択を行うかについて，属性ごとの尺度を示したアンケート調査に活用する分析手法。その調査結果は企業の新製品開発に利用される。最近では製品の環境配慮を重視して購入決定する消費者が増加していることから，環境配慮を属性に含めて製品開発や価格設定を行うことが試みられている。(☞仮想評価法，環境価値評価法，環境配慮型商品) 〔TN〕

コンプライアンス　compliance　法律や規制を遵守すること，すなわち法令遵守を表すカタカナ英語で，企業の社会的責任（CSR）の強化を背景に使用されることが多くなった。これは法治国家であれば当然のことであるが，先進国では厳しい法規制を遵守しないために企業の不祥事が発生するケースが増加している。他方，法整備が確立されていない新興国や発展途上国では，法令で定められてはいても運用面に問題がある場合が見られるため，コンプライアンスが重要視されるようになってきた。

なお，環境の観点からは，法律は遵守すべき最低限のことを規定しているのが通例であることから，法律に規定されたことを守っているからといって，それが必ずしも環境に対する最善の策とはならない点に留意しなければならない。したがって本来の企業の社会的責任を全うするには，環境法や環境規制で定められた以上に優れた環境対策の実施や環境基準の達成を目指すべきであろう。（☞社会的責任，環境法，環境規制，環境基準）

〔HT〕

コンポスト　compost　稲や麦の藁（わら）・落葉・草などを積み重ね，堆積（たいせき）・発酵・腐植させてつくる堆肥（たいひ），すなわち自然肥料を指す。有機性物質・腐敗物・生ごみ・ふん尿等を原料として有機性微生物によって分解した泥状または腐植土状のものである。他方，生ごみを発酵させて堆肥化する処理方式のことを指すこともあり，生ごみが家庭ごみの30%前後を占めていることから，ごみ減量の手段になる「堆肥化技術」としても注目されている。生ごみの減量には自治体が設置した大型堆肥化装置による方法と，個々の家庭での「生ごみ処理機」や「生ごみ消滅機」の利用による方法がある。なお，コンポストは有機肥料や土壌改良材としても活用されている。（☞ごみゼロ作戦，循環型社会，有機農業）

〔ST〕

〔さ〕

サーキュラー・エコノミー　circular economy　「循環経済」と邦訳され，従来のように資源を消費して廃棄するのではなく，消費された資源を回収し再生・再利用して長く使い続けるという経済の仕組みを指す。例えば2015年12月に発行されたEU（欧州連合）の報告書「EU新循環経済政策パッケージ」では，使用済みの製品を素材に戻すリサイクルではなく，製品に残された価値を可能な限りそのまま活用するビジネスモデルが提唱され，こうした経済活動は欧州で進んでいるという。つまり，消費していくだけの経済ではなく，まだ使用できるのに廃棄されている素材などを循環させ長く使うことによって無駄（むだ）をなくし，最終的には資源を最大限に有効活用させて利益を生み出す経済モデルになるわけである。（☞もったいない，循環型社会）〔HT〕

サーマル・リサイクル　thermal recycle　廃棄物を焼却した際に発生するエネルギーを回収し利用すること。マテリアル・リサイクルが不可能となった廃棄物を焼却した場合に，その排熱を回収して利用することはもともと欧米では早い時期から一般に広まっていた。日本では1970年代以降，清掃工場の排熱利用が普及し始め，ごみ発電をはじめとして，温水プール，施設内の暖房や給湯，地域暖房などに利用されている。また，固形燃料化（RDF）や油化することにより燃料として利用できることも特徴である。しかし，リサイクルやリユースをせずに，使用した製品を燃やすことによりリサイクルできるという認識が広まると，ごみの排出抑制を妨げることにもなるため，マテリアル・リサイクルやケミカル・リサイクルとの適正な組み合わせを考えていく必要がある。（☞再生利用，マテリアル・リサイクル，ごみ固形燃料，ごみ発電）〔JO〕

災害ごみ　自然災害などにともなって発生するごみを指し，災害廃棄物とも呼ばれる。例えば2018年７月に発生した西日本豪雨では時間の経過とともに街中に放置されたごみ（廃棄物）が悪臭を放つようになり，衛生面が懸念され地域住民を悩ませた。このなかには腐敗しやすい生ごみだけでなく泥まみれになった家電や家具などの大型のごみも含まれ，道路脇に積み上げられた災害ごみを撤去するためにトラックの渋滞まで発生した。これにより被災地におけるごみ処理問題は防災対策として後回しにされがちであるが，被災地の復興や復旧とともに避難生活の衛生管理に直結する重要課題であることが改めて認識されるようになった。（☞災害廃棄物，ごみ，自然災害，西日本豪雨）

〔HT〕

災害廃棄物　disaster waste　地震，台風，水害などの自然災害によって発生する廃棄物を指す。これには，がれき―すなわち，損壊建物の撤去等にともなって発生するコンクリートがら，道路の損壊によって発生したアスファルトがら，倒壊した家屋の廃木材等―，家電，家具，流出した自動車，腐敗した食料品，震災により一時的に大量発生した生活ごみや粗大ごみ，し尿，環境汚染が懸念されるアスベストや PCB などの廃棄物が含まれる。環境省は廃棄物に対するガイドラインを策定し，市町村と一部の事業組合の処理責任を定めている。

2011年 3 月に起こった東日本大震災のように大量の災害廃棄物が発生した場合―実際，環境省の推計では，宮城，岩手，福島の東北 3 県における災害廃棄物の総量を約2,490万トンと換算―には莫大な処理費用が生じ，被災地の自治体だけでは処理が困難なため，災害廃棄物を処理する 3 カ年計画を立てて業界団体や市町村などに協力を要請したり，リサイクル法などの特例措置や有害物質の作業指針などを公布し，実情に即（そく）した対応をとるとしている。ただ，放射性物質によって汚染されているおそれのあるがれきなどの災害廃棄物処理に関しては，受け入れ方針を撤回する業界団体や市町村が出るなど，その処理は困難を極めている。（☞自然災害，東日本大震災，ごみ，がれき，放射性廃棄物，災害ごみ）

〔JO〕

再資源化　⇒　再生利用

最終処分場　廃棄物を最終的に処分する場所や施設。これまでは最終処分場として海洋投棄と埋め立て処分が法令に基づいて認められてきたが，海洋投棄が原則禁止になったことから埋め立て処分場の確保が急がれている。しかし，地域住民による埋め立て処分場建設の反対運動が活発になっていることから，埋め立て処分場の新規建設がますます困難になってきており，最終処分場を建設するよりも最終処分量をいかに減少させるかが課題となっている。廃棄物処理法では，一般および産業廃棄物の最終処分にいたる技術上の基準を定める命令によって処分場の構造や維持管理基準が定められている。また，産業廃棄物の種類によって安定型，管理型，または遮断型の処分場に埋め立てられ最終処分される。(☞廃棄物処理施設，海洋投棄，埋め立て処分，ごみ戦争)〔JO〕

再使用 ⇒ リユース

再商品化 商品や包装容器を再活用すること。厚生労働大臣をはじめ4省庁の大臣が容器包装リサイクル法第7条に基づいて特定分別基準適合物ごとに基本方針にのっとり3年ごとに策定することが定められている。計画期間は5年で，容器包装リサイクル法のなかでガラスびんとPET（ペット）ボトルの再商品化が義務づけられている。消費者は容器包装を排出する際に，①無色透明びん，②茶色ガラスびん，③その他のガラス製容器，④PETボトル，⑤スチール製容器，⑥アルミ製容器，⑦飲料用紙容器の7種類に分別し，その後に地方自治体が分別収集を行う。こうして収集された容器包装類は洗浄，圧縮，保管され再商品化にいたる。

以上のように一定の順序で収集，処理，保管された容器は「分別基準適合物」と呼ばれ，これらの容器を使用する特定容器利用事業者，容器を製造・輸入する特定容器製造等事業者，販売する商品を包装する特定包装利用事業者は，この分別基準適合物をそれぞれの責任に応じて再商品化する義務を負わなければならない。(☞容器包装リサイクル法，分別収集，ペットボトル)〔JO〕

再生エネルギー特別措置法 2011年3月に勃発した東日本大震災（通称「3.11」）と福島第一原発事故を契機に，原子力発電への依存度を下げ，再生可能な自然エネルギーまたは新エネルギーの技術革新と普及を加速するために提案され11年8月に成立した法律。正式名称は「電気事業者による再生可能エネルギー電気の調達に関する特別措置法」。同法により電力会社は太陽光，風力，小規模水力，地熱，バイオマスなどの再生エネルギーを使って発電された電気の全量を固定価

さ

格で買い取ることが義務づけられる。ただし，その際の買い取り費用は企業や家庭の電力料金に上乗せ（加算）されるため，一般的に割高と言われる再生可能エネルギーによる発電コストを考慮すると，買い取り価格をいくらに設定するかなどの課題が残されており，産業界からは懸念の声も聞かれる。（☞東日本大震災，原子力発電，自然エネルギー，新エネルギー，固定価格買取制度）　〔HT〕

再生可能エネルギー　renewable energy　地球上の自然界に存在する太陽光，波力，風力，水力，地熱などから取り出し動力源として利用するエネルギーを指し，自然エネルギー（natural energy）は日本特有の用語。欧米では「再生可能エネルギー（renewable energy）」と呼ばれ，この用語が日本でも一般的に使用されるようになった。再生可能エネルギーは太陽光発電，波力発電，風力発電，水力発電，地熱発電などが実用化されている。また，発電するエネルギーには，位置エネルギー（水力発電のように高いところから低いところへ落下する高低差を利用したエネルギー），運動エネルギー，熱エネルギー，機械エネルギー，電気エネルギー，核エネルギー，科学エネルギー，光エネルギーなどがあり，これらの変換効率の向上も課題である。例えば水力発電方式では水の落下する位置と水流速度，水車の回転と発電機の回転比率などは変換効率に密接に関係する。さらにエネルギーの貯蔵装置として鉛蓄電池やナトリウム硫黄蓄電池，フライホイール（弾(はず)み車のこと。回転エネルギーを利用する円盤形の機械部品）の利用も試みられている。有限な資源が枯渇することを抑止し地球環境を保全するために，より恒久的(こうきゅう)で多様な供給方式のエネルギー源の開発が進められなければならない。（☞新エネルギー，太陽光発電，風力発電，地熱発電）　〔YK〕

再生原料　⇒　バージン原料

再生紙　recycled paper　一度使用した紙を溶(と)かして漉(す)きなおした紙，または原料に古紙を配合した紙を指す。これまで再生紙は新聞紙，段ボール，トイレットペーパーなど用途は限られていたが，近年では書籍，雑誌，オフィスで使用する書類，OA 用紙にも利用されるようになっており，用途も広がっている。政府・地方自治体や企業においても再生紙利用を積極的に進めている。

再生紙の品質は徐々に向上しておりさまざまな利用が進んでいる一方，製造段階で古紙からインクなどを取り除く作業が必要なことや，漂白の工程でダイオキシンが発生するといった問題がある。さらに若年層の人手不足や回収業務において採算が合わないとの理由で回収業者が減ってきており，再生紙の利用が伸び悩んでいる。再生紙の利用を増やすには古紙回収システムを整備するとともに，生産コストの低減をはかることが望まれる。(☞再生利用，古紙回収)　〔JO〕

再生資源利用促進法　1991年に制定され「リサイクル法」とも呼ばれる。主に企業に対して資源の有効活用をうながすとともに，廃棄物の発生抑制や環境保全を促進する目的でつくられた。「特定業種（再生資源の原材料利用を促進すべき業種）」「第1種指定製品（廃棄後リサイクルできるようにすべき製品）」「第2種指定製品（分別回収可能にすべき製品）」「指定副産物（再生資源として利用することを促進すべき副産物）」を定め，指導が行われた。この法律は2001年に「資源有効利用促進法（改正リサイクル法）」に改正されている。なお，パソコンに関しては2001年にメーカーによる回収・リサイクルが義務づけられた。(☞資源有効利用促進法)　〔TI〕

再生紙使用マーク　⇒　エコラベル

再生利用　再資源化や資源化の同義語。使用済み製品や廃棄物として最終処分される予定のものを回収し，新たな製品の原材料として利用すること。リサイクル製品などの原材料として再生利用する一般的なリサイクルは「マテリアル・リサイクル（material recycle)」，回収した製品を燃焼しエネルギーとして再生利用する場合は「サーマル・リサイクル（thermal recycle)」と呼ばれる。また，回収した製品を化学的に変換して再生利用する場合を「ケミカル・リサイクル（chemical recycle)」と呼んで区別する場合もある。さらにリユースとリデュースを含めた3R（スリー・アール）をリサイクルの大きな概念としてとらえることもある。(☞リサイクル，マテリアル・リサイクル，サーマル・リサイクル，3R)　〔JO〕

最大持続可能生産量（MSY）　Maximum Sustainable Yield　漁業資源のような再生可能な資源の管理に関する基本原則。漁業資源から毎年産み出される増加分に限定して捕獲すれば持続的な漁業が可能となる。また，生物資源はエサや生息環境などの外的要因から影響を受け，増加が最大になる適度の資源量がある。その適度の資源量を維持すれば持続可能な捕獲量も最大になる。しかし，最大持続可能生産量を超えて捕獲すると乱獲になり，漁業資源の量は急激に減少し始め，それにともなって捕獲量も少なくなる。（☞生物資源）〔TT〕

サイト・アセスメント　site assessment　土地の売買取引に際して対象となる土地の利用履歴や地質状況を対象に実施する調査。アメリカのスーパーファンド法では，過去の汚染であっても現在の土地所有者や融資を行った金融機関など広範囲に浄化責任がおよぶことから，事前に調査を行い汚染の有無を確認することが普及している。日本では外資系企業や一部の金融機関が土壌汚染に関心を持つにすぎなかったが，2003年に土壌汚染対策法が施行されてから急速に関心が高まっている。（☞スーパーファンド法，土壌汚染）〔TN〕

サステナビリティ　sustainability　サステナビリティ（持続可能性）は，もともと「持続可能な開発（Sustainable Development）」として地球環境問題に関して使われるようになった概念といえる。例えば特定非営利活動法人の環境経営学会（2000年10月に設立され，2002年にNPO法人となる）の英文名は 'Sustainable Management Forum of Japan（SMF）' となっており，「環境経営」の部分が「サステナブル・マネジメント」となっている。さらに環境経営学会の目的のなかにも「マネジメント・フォー・サステナビリティの確立のため」と明記されている。そのサステナビリティが社会情勢の変化によって現在では非常に幅広く使われるようになってきた。（☞持続可能な開発，環境経営，環境経営学会）〔HT〕

サステナブル投資　⇒　ESG投資

里地里山　環境省では里地里山を「都市域と原生的自然との中間に位置し，さまざまな人間の働きかけを通じて環境が形成されてきた地域であり，集落をとりまく二次林と，それらと混在する農地，ため池，草原等で構成される地域概念」と定義している。一般的に二次林を里山，それに農地などを加えた地域を里地と呼ぶ場合が多い。二次林は約800万 ha，農地などが約700万 ha で，国土のおよそ 4 割を占める。里地里山の多くは人間生活や農林業の営みと深いかかわりのなかで成立し維持されてきた身近な自然環境である。しかし，生活様式の転換によって生活を支える生産地としての役割を失い，日常生活と分離した存在に変化してきており，近年荒廃が進んでいる。

里地里山は，絶滅危惧種とされる希少生物の多くが生息しているといわれており，多様な生物の生息環境として，さらに地域特有の景観や伝統文化の基盤として重要な地域でもあるので，保全・再生が急務になっている。国は2002年 3 月の「新・生物多様性国家戦略」で，新たに里地里山の手入れを重要な取り組み課題とした。（☞生物多様性，生物多様性国家戦略2010，自然環境，棚田）〔TT〕

里山　⇒　里地里山

砂漠化　desertification　雨が降らない乾燥地域や半乾燥地域において，自然による気候変動や人間活動によって発生する土地の劣化または不毛化現象を指す。土地が乾燥するだけでなく，土壌の浸食や塩性化，あるいは自然植生の減少なども含む。1991年の調査によれば，すでに砂漠化の影響を受けている土地の面積は地球上の全陸地の約 4 分の 1 に達しており，これは耕作可能な乾燥地域の約70%に当たる36億 ha に相当するという。大陸別ではアフリカ，アジア（とくに中国），オーストラリアに多く分布し，この 3 大陸合計で全体の約70%近くを占めた。また，当時の世界人口で見ても，すでに 6 分の 1 に当たる 9 億人あまりが砂漠化の影響を受けていた。なお，砂漠化に対しては「砂漠化対処条約（深刻な干ばつ又は砂漠化に直面する国（とくにアフリカの国）において砂漠化に対処するための国際連合条約）」が1994年に採択され1996年に発効している。（☞サハラ砂漠）〔HT〕

砂漠化対処条約　⇒　砂漠化

サハラ砂漠　Sahara　アフリカ大陸の北部に広がる世界最大の砂

さ

漠。「サハラ」とはアラビア語で「砂漠」の意味になる。かつては「緑のサハラ」と呼ばれ森林が茂(しげ)っていたが，数千年の間に気候の変動によって自然に砂漠化が進んだ。しかし，このサハラ砂漠も現在は人為的な原因で急速に砂漠化している。人為的な砂漠化の典型例は，耕地，牧場，または燃料にするための森林伐採によって表土が雨で押し流され，水蒸気が減って雨が降らなくなり砂漠化するケースである。(☞砂漠化，森林減少)〔HT〕

サプライチェーン排出量　サプライチェーン（supply chain：供給連鎖）とは主に製造業において原材料調達から始まり，製造，販売，廃棄にいたる流れ，およびそれらにともなう物流を含む一連のプロセスを指すが，こうした企業活動の上流から下流にいたる原材料調達事業者，製品製造事業者，販売事業者，廃棄物処理事業者，さらに物流事業者というサプライチェーンに関わる複数の事業者から排出される温室効果ガスの排出量を合計して表す用語。つまり，事業者自身による燃料の燃焼や工業プロセス等による直接排出に加え，他者から供給された電気や熱の使用にともなう間接排出，およびその他の関連する他社の間接排出をすべて合計した排出の総量を指す。この用語が登場した背景には，従来の排出量算定方法ではサプライチェーン全体を通じた排出量が明確にならないため，自社以外における排出量削減活動を促進することが難(むずか)しかったという実態が指摘されている。(☞グリーン・サプライチェーン，温室効果ガス)〔HT〕

産業革命　Industrial Revolution　画期的な動力機械の発明によって1760年代のイギリスで繊維工業を中心に始まった技術的かつ経済的な大変革を指す。これによって産業社会は小さな工場を基盤とする手工業や問屋制家内工業の時代から，大工場を基盤とする機械制工業の時代へと移行することになった。現代の環境問題は第２次世界大戦後の1950年代に深刻化した公害問題から地球環境問題へと発展してきたが，その歴史的な原点をたどると産業革命までさかのぼる。

実際，大気中の二酸化炭素（CO_2）の濃度は産業革命を境に少しずつ上昇し始めたと言われている。産業革命は確かに初期のころは産業の繁栄をもたらし，人間の生活を物質的に豊かにした。しかし，イギリスに始まり1830年代以降にヨーロッパ大陸からアメリカ合衆国へと波及していった産業革命の潮流は，20世紀になってから物質文明の進展にともない，さまざまな環境問題の原因を生み出すことになる。（☞物質文明，環境問題，地球環境問題，二酸化炭素，パリ協定）

〔HT〕

産業公害 ⇒ 公害

三峡（さんきょう）ダム　Sanxia Dam　景観の良いことで有名な中国の長江（ちょうこう）（揚子江）中流に位置する三峡地域に建設された世界最大の水力発電所を持つダムの名称。中国政府の巨大プロジェクトで，工事は1994年に着工され2009年に完成した。規模が大きいだけに，①多くの都市や遺跡が水没する，②膨大（ぼうだい）な数の住民が移転しなければならない，③生態系への悪影響が懸念される，④ダム自体の有効性に疑問が残る，などの理由で建設に反対する声もあった。〔HT〕

産業のグリーン化　地球環境に配慮した産業の創出と育成，普及を行うことを指す。環境の保全のためには省資源，省エネルギー，再利用，再資源化などによって循環型経済構造をつくり上げる必要がある。さらに経済活動の指標や経営活動の指標の１つに環境評価を盛り込んで，人間活動と環境との整合性のとれた基準を設ける必要がある。このため，地球温暖化，大気汚染，酸性雨，廃棄物，資源枯渇など人類の健康と地球環境に悪影響を与える現象を排除し，地球規模で産業のグリーン化をはかることが求められる。（☞省エネルギー，省資源，環境産業，グリーン）〔YK〕

産業廃棄物　industrial waste　事業活動にともなって生じた廃棄物のうち，①燃え殻（がら），②汚泥（おでい），③廃油，④廃酸，⑤廃アルカリ，⑥廃プラスチック類，⑦その他政令で定める廃棄物，と定義されている。事業者は，産業廃棄物を基準に従って保管，収集，運搬および処分する責任を負わなければならない。産業廃棄物は一般廃棄物と比較して処分量が極めて多く，最終処分場の新規立地も困難となっていることから，最終処分量をいかに早急に減少させるかが課題となっている。（☞ごみ，一般廃棄物，廃棄物処理法，最終処分場）〔JO〕

産業廃棄物管理票　⇒　マニフェスト

産業廃棄物税　industrial waste tax　事業活動によって生じた廃棄物に課す税金。環境を保全する資金調達手段としての法定外目的税である。三重県で2002年4月1日に全国に先駆けて施行された。その後，多くの自治体が導入している。産業廃棄物を排出する事業者に対し，県内の中間処理施設または最終処分場に運び込んだ産業廃棄物の重量に応じて課税する。最終処分業者が排出事業者もしくは中間業者から税を預かり，県に申告納入する場合が多い。税額は産業廃棄物1トン当たり1,000円。この税収は①企業が産廃の発生抑制のための施設を整備する補助，②県の研究機関での産業廃棄物の再資源化の技術開発，③最終処分場の円滑な確保をはかるための周辺環境整備や不適正処理の監視体制の強化などに充(あ)てられる。(☞経済的手法，産業廃棄物，最終処分場)　〔MK〕

酸性雨　acid rain　森林を枯(か)らすほど硫酸(りゅうさん)や硝酸(しょうさん)を多く含んだ酸性の強い雨を指し，現在では「酸性降下物」と呼ばれることがある。霧(きり)や雪，あるいは乾(かわ)いた粒子(りゅうし)となって地上に降り注ぐこともある。酸性雨の原因物質は化石燃料の消費によって発生する硫黄(いおう)酸化物（SOx）や窒素(ちっそ)酸化物（NOx）で，これらは工場の排煙や自動車の排気ガスに含まれている。今日では酸性雨の影響で森林が枯れたり，酸性雨の流れ込んだ湖で魚が死滅したりするだけでなく，酸性に弱い大理石や銅でつくられた文化遺産まで被害を受けている。このため，深刻な地球環境問題の1つに数えられている。(☞化石燃料，地球環境問題，硫黄酸化物，窒素酸化物)　〔HT〕

3分の1ルール　⇒　賞味期限

残留性農薬　⇒　農薬汚染，ネガティブリスト，ポジティブリスト

残留性有機汚染物質　persistent organic pollutants　人体や地中および大気中において長期にわたり残留する有害な性質をもつ有機性物質を指す。汚染物質の残留には薬品そのものが残留する場合と，化学的に変化して生成した物質が残留する場合がある。土壌や水質はいっ

たん汚染されると長期にわたり原状回復が困難になる。このような物質としてはアルコール，エーテルなどの有機溶剤や殺虫剤，殺菌剤などの有機リン化合物，さらに果実の防虫剤などの有機フッ素系農薬がある。（☞大気汚染，土壌汚染，有機水銀）〔YK〕

〔し〕

GRIガイドライン　Global Reporting Initiative Guidelines　GRIとはセリーズ（CERES）が国連環境計画（UNEP）などに呼びかけて1997年に設立された世界規模の非営利組織で，同組織が提唱する「持続可能性報告書」の作成・公表に関するガイドラインを指す。環境，社会，経済という相互に関連性を有する3側面からみた企業の持続可能性を対象とし，企業の会計報告を参考にした報告の一般原則を2000年から公表している。ガイドラインに準拠した企業はガイドライン対照表を報告書上に公表することにより，ガイドラインの公表要求項目と実際の公表項目を対比してガイドラインへの準拠状況を明らかにしている。(☞セリーズ，トリプルボトムライン，国連環境計画)〔TN〕

CSR　⇒　社会的責任

CSR会計　CSR accounting　CSR活動の成果を明らかにするために実施する会計を指す。これまでステークホルダーに対する経営成果の分配状況を明らかにするには付加価値会計が実施されてきたが，企業の環境対策に関心が高まったことから，付加価値会計に環境対策の成果を追加したものがCSR会計として公表され，環境に関する外部コストの算定も試みられている。他方，日本では環境省のガイドラインに従った環境会計が定着し，環境報告からCSR報告へと拡張したことを背景に環境会計を拡張したものもCSR会計として公表されている。環境保全コストと効果を対比するという環境会計の手法を応用することにより，ステークホルダーごとに区分したうえでコストと効果を算定するが，効果の算定は環境会計以上に困難といえよう。(☞環境会計，社会的責任，ステークホルダー，環境報告書)〔TN〕

CSR報告書　⇒　環境報告書

CSRレポート　⇒　環境報告書

CO_2　⇒　二酸化炭素

し

COD（化学的酸素要求量）　Chemical Oxygen Demand　水中の有機物質が過マンガン酸カリウムによって化学的に分解される際に消費される酸素量を指す。この数値が高くなるほど，汚濁（おだく）物質の量が多いことを示しており，湖沼（こしょう），海域の有機汚濁を測る一般的な水質指標として用いられる。ただし，CODが有機物に加えて無機物も測定の対象としているのに対し，BOD（生物化学的酸素要求量）は有機物の生物だけを対象としている。（☞ BOD，水質汚濁防止法）〔JO〕

シーベルト　⇒　放射能汚染

シェアリング・エコノミー　sharing economy　他の人とモノやサービスや場所等を共有して使用する経済の仕組みを指し「共有経済」と邦訳されることがある。具体的には乗り物，住居，家具，衣服等を他人に貸し出したり，その貸し出しを仲介するサービスを指し，最近ではインターネットを介して貸したい人と借りたい人とをマッチングするサービスが注目を集めている。例えば車を他の人と共有して使用するカーシェアリング（またはカーシェア）のように，車を所有するよりも必要な時に借りたり他人と車を共有したり，あるいは車の所有者と利用者を結びつけるライドシェアリング（またはライドシェア）のようなシェアリング・サービスに関するビジネスモデルの登場もシェアリング・エコノミーを反映している。

シェアリング・エコノミーは近年，消費生活を多様化し豊かにする経済活動として市場規模が拡大している一方で，モノや空間の有効利用，廃棄物の削減，移動手段や空間の共有を通して二酸化炭素（CO_2）排出量の削減に貢献する環境面の効果が期待されている。最近では複数の企業などが仕事場を共有し効率的に仕事ができるだけでなく異業種との交流も可能なシェアオフィスも注目されるようになった。（☞ カーシェアリング，サーキュラー・エコノミー）〔HT〕

シェールガス　shale gas　泥（どろ）が固まってできた堆積岩（たいせきがん）の一種で，薄くはがれやすい頁岩（けつがん）（シェール）の層から採取される天然ガスの呼称。地中から採取される在来型天然ガスと区別するために非在来型天然ガスと呼ばれることもある。採掘コストが高くつくために開発が進んでいなかったが，米国では大量の埋蔵量が確認されており，1990年代から天然ガスの価格上昇を背景に新しい天然ガス資源として注目を集めるようになった。実際，シェールガスの利用促進によって従来の液化天然ガス（LNG）に依存するエネルギー政策に「シェールガス革命」が起こるとまで言われるようになってきた。（☞天然ガス）〔HT〕

紫外線 ultraviolet rays 太陽光線は波長の違いによって可視光線，および目に見えない紫外線と赤外線（infrared rays）に分かれる。地表に届く太陽光線のなかで最も波長の短いのが紫外線である。赤外線が熱的な作用をおよぼすことが多いのに対し，紫外線は化学的な作用が著しい。紫外線の有用な作用として，殺菌消毒，ビタミンDの合成，生体に対しての血行や新陳代謝の促進などがある。他方，過度な紫外線は，皮膚，目，免疫系に急性または慢性の疾患を引き起こす。紫外線はオゾン層に穴が開(あ)いたような「オゾンホール」という現象と関連して，近年になり関心が高まっている。（☞オゾン層，モントリオール議定書，屋上緑化）〔TT〕

事業系ごみ commercial waste ／ business waste 店舗や企業のオフィス，あるいは学校や研究施設などの事業所から出るごみ。ごみの排出量のうち約3割を占めており，大都市圏など流通サービス業の発展している地域では排出量が多く，年々増加しているため排出量の削減が求められている。事業系ごみは事業者責任（排出者責任）の原則に基づいて公共のごみ処理施設を使用する場合には大半が有料となっている。（☞家庭ごみ，排出者責任）〔JO〕

シグマ・プロジェクト SIGMA（Sustainability-Integrated Guidelines for Management）project 英国の民間企業やNGOが貿易産業省の後援により，1999年から着手した企業経営の持続可能性に関するプロジェクト。環境，経済，社会の各側面において企業が持続可能であるために必要な原則や経営のフレームワーク（枠組(わくぐ)み）を示したガイドラインと，具体的なマネジメント手法からなるツールキットより構成されている。経営資源として人的資本，生産資本および金融資本に加え自然資本や社会資本も重視する考え方は，企業の社会的責任（CSR）への関心の高まりによって日本でも注目を集めている。（☞ト

リプルボトムライン，企業経営の社会性，社会的責任）〔TN〕

資源ごみ　紙・鉄・アルミニウム・ガラスびん・布などのように再生利用が可能なごみ。再生資源，再生物，再資源化物などの用語が同様の意味で使用されている。ほとんどの自治体では家庭ごみを「可燃ごみ」「不燃ごみ」「粗大ごみ」の３種類に分別・収集し，焼却・埋め立て処理をしている。その一方で再生利用可能な資源ごみを分別収集し，資源として利用している自治体もある。このほかに①住民によるリサイクル品の集団回収，あるいは②回収業者による資源ごみの回収なども行われている。（☞分別収集，再生利用，ごみ）〔JO〕

資源生産性　経済活動の効率を環境面から表した用語。つまり，投入した資源やエネルギーとそれが生み出す経済価値との比率，すなわち経済活動の効率を環境面から表したものである。この目的は，①日常生活や産業活動における資源やエネルギー消費のあり方を変えること，または②経済発展を維持しながら環境問題を解決するために投入された資源やエネルギーから産出される経済価値を向上させることにある。資源やエネルギーの投入量削減は環境問題を解決する方法として有効であり，コスト削減にもつながるため数値目標を掲げて推進する企業が増加している。（☞ファクター４，ファクター10，マテリアルフロー原価計算）〔JO〕

資源有効利用促進法　1991年に制定された「再生資源の利用の促進に関する法律（再生資源利用促進法またはリサイクル法）」が抜本的に改正されたため「改正リサイクル法」とも呼ばれ2001年４月から施行。正式名称は「資源の有効な利用の促進に関する法律」。この法律制定の背景や要因には廃棄物の最終処分場の逼迫（ひっぱく），資源の将来的な枯渇（こかつ）の可能性等の環境制約や資源制約があり，加えて循環型社会の形成が喫緊（きっきん）の課題になっていることがある。循環型社会形成推進基本法の基本的枠組みである①社会の物質環境の確保，②天然資源の消費抑制，③環境負荷低減の各目標達成に向けて，廃棄物の適正処理を目指す「廃棄物処理法」とともに一般的な仕組みを形成するもので，３R（スリー・アール）の推進の柱となる法律。

事業者の製造・加工・販売・修理などの各段階において従来のリサ

し

イクル対策（廃棄物の原材料としての再利用対策）の強化に加え，リデュース対策（廃棄物の発生抑制対策）とリユース対策（廃棄物の部品等としての再使用対策）の本格的導入により，これらの環境対策の取り組みを事業者に対し求めている点が特徴的。具体的には製品対策として製品の省資源化・長寿命化設計，部品等の再使用が容易な設計，事業者による製品の分別回収とリサイクルの義務づけ等をねらいとし，副産物（産業廃棄物）対策として生産工程の合理化等による副産物の発生抑制の計画的推進や，副産物の原材料としての再利用の計画的推進に関する項目が規定されている。（☞循環型社会形成推進基本法，3R，再生資源利用促進法，廃棄物処理法）〔ST〕

市場経済 ⇒ **グリーン・コンシューマー，環境経済学**

市場のグリーン化　事業活動と環境との関わりの増大を背景に市場のグリーン化はさまざまな形で進んでいるが，通常は次の3つの局面に分類されるであろう。その第1は消費市場のグリーン化で，具体的にはグリーン購入（環境配慮型の製品やサービスの購入）の拡大が指摘されている。第2は資本市場のグリーン化で，環境面も含めた企業の社会的責任を考慮した投資行動の拡大を指し，例えば環境配慮型融資や社会的責任投資（SRI）が挙（あ）げられる。第3はサプライチェーン市場のグリーン化で，これには原材料や取引先を選定する際に製品や相手方企業の環境配慮度を考慮する企業の増加が背景にある。（☞社会的責任，社会的責任投資，環境配慮型商品，サプライチェーン排出量，グリーン・サプライチェーン，グリーン購入）〔HT〕

市場の失敗 ⇒ **環境経済学**

市場メカニズム ⇒ **環境規制，環境経済学**

地震　earthquake　地下の岩石が急激な破壊を起こし，それによって地面が揺れる自然現象を指す。この原因には，大陸が乗っているプレート（岩板）のぶつかりあい，断層のずれ，火山活動などが指摘されている。地震には，プレート境界地震，海洋プレート内地震，内陸プレート内地震がある。2011年3月11日に発生した東北地方太平洋沖地震（東日本大震災）は，大規模なプレート境界地震でM9.0を観測し，日本の観測史上最大の大きさとなった。海洋プレート内地震は，海洋プレート内部での断層運動が起こるもので，1933年の昭和三陸地震（M8.1），1994年の北海道東方沖地震（M8.1）が該当し，大きな揺れによる被害と津波をともなった。他方，内陸プレート内地震は，阪神・淡路大震災を引き起こした兵庫県南部地震（M7.2）のような震源地の浅い地震で，この時は六甲 - 淡路断層帯という活断層が動いたことにより，いわゆる直下型地震と呼ばれる人間の生活圏の真下が震源となる地震である。

地震の規模を表す尺度をマグニチュード（magnitude）と呼ぶが，国際的に統一された規格はなく，日本では気象庁マグニチュード（Mjと表記）とモーメントマグニチュード（Mwと表記）の２つが使われている。モーメントマグニチュードは物理的に明確であるが，計算に時間がかかるため，日本での速報は気象庁マグニチュードが使われる。これが東北地方太平洋沖地震において地震の規模の大きさの数値が当初M7.9から最終的にはM9.0に変わっていった原因となった。マグニチュードでは0.2増えるとその大きさは約２倍，１増えると約32倍，２増えると約1,000倍になるので，M7.9とM9.0の地震の規模には大きな違いがある。（☞東日本大震災，阪神・淡路大震災，熊本地震，自然災害，津波）〔NK〕

次世代送電網　⇒　スマートグリッド

自然遺産　⇒　世界遺産

し

自然エネルギー　⇒　再生可能エネルギー

自然環境　natural environment　人間を取り巻く自然界に存在する大気，水，土壌，動植物などをすべて含み，人為（じんい）の加えられていない自然な状態を指す。この自然環境から人類は大きな恩恵を受けて生存しているが，今日において「環境破壊」という場合には人間による自然環境の破壊を意味するようになった。もっとも，長い人類の歴史のなかで最初に自然環境に大きな影響をおよぼしたのは「火（fire）」の使用と言われている。しかしながら，そのころの自然環境への影響

は非常に限られたものであった。(☞環境破壊)　〔HT〕

自然環境保全基礎調査　自然環境保全法（1972年制定）第4条の基礎調査の実施に関する規定「国は，おおむね5年ごとに地形，地質，植生及び野生動物に関する調査その他自然環境の保全のために講ずべき施策の策定に必要な基礎調査を行うよう努めるものとする」に基づいて，環境省が1973年度（昭和48年度）から実施している調査を指す。「緑の国勢調査」とも呼ばれ，陸域，陸水域，海域の各々の領域に関して調査項目が分類されており，その調査結果は自然環境の基礎資料として自然公園等の指定・計画をはじめとする自然保護行政だけでなく，環境影響評価等においても活用されている。(☞自然環境保全法，自然環境，自然公園，環境アセスメント)　〔HT〕

自然環境保全地域　Nature Conservation Area　「自然環境保全法」はとくに必要と認められる自然環境を保全し，将来に継承することを目的として定められている。この法律に基づいて保全の必要性があると認められた場合には環境大臣または都道府県知事が「自然環境保全地域」を指定する。この地域は「原生自然環境保全地域」「自然環境保全地域」「都道府県自然環境保全地域」に分類される。さらに各地域の環境状態に応じて「立入制限地区」「特別地区」「野生動植物保護地区」「普通地区」といった地区が設けられ保全が行われる。指定地域には東京都小笠原村の南硫黄島，北海道の十勝川源流部，鹿児島県の屋久島（やくしま）などがある。(☞自然環境保全法，環境保護，屋久島)

〔TT〕

自然環境保全法　Nature Conservation Law　自然公園法など自然環境保全を目的とする他の法律と相まって，とくに必要と認められる自然環境の適正な保全を総合的に推進し，将来への継承を目的とする法律。1972年に環境庁（現在の環境省）が設置されたのを機に制定された。国はこれまで「原生自然環境保全地域」を5カ所，「自然環境保全地域」を10カ所指定している。ただし「都道府県自然環境保全地域」は国ではなく各都道府県が条例において定める。しかしながら，すでに優れた自然地域は自然公園に指定されていることや，保安林は「原生自然環境保全地域」に指定できないという理由から特定地域の

数は伸び悩んでいる。(☞自然環境，自然環境保全地域，自然公園，保安林)　〔TT〕

自然共生社会　⇒　21世紀環境立国戦略

自然享有権（きょうゆう）　人間の生活を取り巻く自然の生態系は過去から現在，そして未来の人類へと信託されてゆくことが望ましい。この自然の生態系を保護し後世代に承継する責務と，自然破壊を排除する権利（自然享有権）が1986年に日本弁護士連合会で提唱された。他方，環境権が日本で最初に提唱されたのは1970年3月に東京で開催された「公害シンポジウム」の宣言であるとされている。人と自然，人と社会の関係を対立から共生へと転換をはかることで環境破壊の克服が求められている。(☞共生，エコシステム，環境権，環境破壊)　〔YK〕

自然公園　natural park　優れた自然環境や自然景観などの保護と利用を目的に管理される公園。自然公園法で定められている「国立公園」「国定公園」「都道府県立自然公園」に分類される。2018年3月現在，それぞれの公園数は「国立公園」34カ所，「国定公園」56カ所，「都道府県立自然公園」311カ所で合計401カ所あり，約557万ha（ヘクタール）の自然公園が整備されて総面積は日本の国土面積の15％強を占めている。(☞国立公園，国定公園)　〔TT〕

自然公園法　⇒　自然公園，国立公園，国定公園

自然災害　natural disaster　台風，地震，豪雨などの自然現象により人間の生活環境や社会基盤が破壊されて被害が発生する状況を指す。法的には1995年に発生した阪神・淡路大震災を契機に，98年に制定された被災者生活再建支援法第2条第1項において次のように定義されている。それは「暴風，豪雨，豪雪，洪水，高潮，地震，津波，噴火その他の異常な自然現象により生ずる被害をいう」と。実際，日本には四季があったり，台風の通路や地震・火山地帯に位置している関係で多くの種類の自然災害が見られる。とくに台風や地震による災害で死者を含む大きな被害が発生する傾向があり，2011年の東日本大震災では津波によって多くの死者を含む甚大（じんだい）な被害が発生した。ただ

し

し，これ以外にも，自然火災，雷，竜巻，土石流，崖崩れ，干ばつ，熱波などによるさまざまな自然災害が観察できる。(☞東日本大震災，阪神・淡路大震災，熊本地震，西日本豪雨，地震)〔HT〕

自然再生 ⇒ 自然再生推進法

自然再生型公共事業 従来の生態系（エコシステム）を無視した自然再生の方法とは違い，環境の視点からこれまでの事業・施策を見直す一方，順応的生態系管理の手法を取り入れて積極的に自然を再生する公共事業。生態系の健全性を回復する事業である。環境省は「都市における森づくり，水と緑のネットワークづくり，豊かな海を再生するための干潟や藻場の保全・再生，海域・海岸・河川・森林・農地での生態系と自然景観の保全と回復事業など」を推進している。そのためには行政主体の予算を獲得して施設をつくるといった従来の公共事業とは異なり，自然の観点に立った十分な生態調査と整備が必要になる。加えて，工事完成後も再生される自然の長期にわたる観察を要する。また，市民・企業・研究者・NPOなどの参加も求められる。2001年2月16日付けの内閣総理大臣決裁によって開催が決定された「21世紀『環の国』づくり会議」のなかの「生態系の環」のなかに，この事業が組み込まれている。(☞干潟，藻場，環の国，エコシステム)〔MK〕

自然再生推進法 生物の多様性の確保を通じて自然と共生する社会の実現をはかり，あわせて地球環境の保全に寄与することを目的に2003年1月1日から施行された日本の法律。この場合の「自然再生」とは，過去に損なわれた生態系や自然環境を取り戻すために，行政機関，地域住民，特定非営利活動法人（NPO）などの地域における多様な主体が参加し，河川，湿原，干潟，藻場，里山，里地，森林などの自然環境を保全し，再生し，もしくは創出し，またはその状態を維持管理することを指す。この法律に基づいて自然再生に関する施策を総合的に推進するため，自然再生基本方針が策定され2014年には第2回見直しが行われた。(☞生物多様性，自然環境，干潟，藻場)〔HT〕

自然資源 ⇒ 天然資源

自然の叡智（えいち） Nature's Wisdom　2005年に愛知県で開催された愛知万博のメインテーマで，「自然が有している素晴らしい仕組み，生命の力」を意味する。さらに，このメインテーマを展開するサブテーマには，①宇宙，生命と情報（Nature's Matrix），②人生の“わざ”と知恵（Art of Life），③循環型社会（Development for Eco-Communities）が掲げられた。こうして愛知万博（愛・地球博）は「自然の叡智」をめぐる多様な知恵と文化を持ち寄る地球大交流の場となることを目指した。つまり，これまで人類が獲得してきた経験と知識と知恵のすべてを傾け，「自然の叡智」に学んで創（つく）る新しい文化・文明の在（あ）り方と21世紀社会のモデルを，世界中の人々との多彩な交流を通じて実現することを目指したわけである。（☞愛知万博）〔HT〕

自然肥料　⇒　コンポスト

自然保護　⇒　環境保護

自然保護団体　⇒　日本野鳥の会

持続可能性　⇒　サステナビリティ

持続可能性報告書　⇒　GRI ガイドライン

持続可能な開発 Sustainable Development　地球環境問題で重要な「持続可能な開発（または発展）」という概念は，1980年に国際自然保護連合（IUCN）から発表された『世界保全戦略（World Conservation Strategy)』のなかで，開発と環境を調和させるという難しい課題に対し「人間のニーズの満足と人間の生活の質の向上を永続的に達成するであろう開発」である，と提案された。その後，きたるべき数十年間の経済政策に対する総合的なアプローチの基礎として「持続可能な開発」の概念を確立したのが，ブラントラント委員会とも別称される「環境と開発に関する世界委員会（国連環境特別委員会：WCED)」から1987年に出版された『われら共有の未来（Our Common Future)』である。

そのなかでは「人類は開発を持続可能なものとする能力を有する」

とし，「持続可能な開発とは将来の世代が自らのニーズを充足する能力を損(そこ)なうことなく今日の世代のニーズを満たすことである」と定義された。このような「持続可能な開発」の実現に向けて画期的な一歩をしるしたのが，1992年に開催された「地球サミット」である。(☞地球サミット，国際自然保護連合，持続可能な開発目標)〔HT〕

持続可能な開発に関する世界首脳会議　⇒　環境・開発サミット

持続可能な開発のための経済人会議　⇒　環境効率性

持続可能な開発目標　SDGs (Sustainable Development Goals)
2015年9月に国連総会において先進国と開発途上国が共(とも)に取り組むべき国際社会全体の普遍的な目標として採択された「持続可能な開発のための2030アジェンダ」のなかに設定されたのが「持続可能な開発目標(SDGs)」で，具体的には相互に関連する17のゴールと169のターゲットから構成されている。これらは地球環境の持続可能性に対する国際社会の危機感の表れであり，水，エネルギー，持続可能な生産・消費，気候変動，海洋，生態系・森林といった地球環境そのものの課題だけでなく，貧困，飢餓(きが)，健康な生活，教育などの地球環境と密接に関わる課題も含まれている。

日本では政府内に2016年5月に「持続可能な開発目標(SDGs)推進本部」が設置され，この目標達成のためには公的セクターとともに民間セクターの果たす役割が大きく，従来のように企業の社会的責任や社会貢献，あるいは企業経営の社会性の問題として捉(とら)えるのではなく経営戦略や中期計画に取り入れ，さまざまな製品やサービスの提供を通じてむしろビジネスチャンスとして認識する必要性が指摘されている。さらに18年6月には日本政府が29の自治体を「SDGs未来都市」に選定し，国連の定めたSDGsを自治体の政策運営に取り入れたり，持続可能な街(まち)づくりや企業選択の指標等としても活用する動きが広がっている。(☞サステナビリティ，社会的責任，社会貢献，企業経営の社会性，貧困問題)〔HT〕

持続可能な社会　⇒　環境基本計画

し

持続可能な発展 ⇒ 持続可能な開発

持続的発展のための産業界憲章　Business Charter for Sustainable Development　この産業界憲章は国際的な産業界によって作成された環境原則の代表例で,「環境管理のための諸原則（Principles for Environmental Management)」という副題が付いている。1990年11月に国際商業会議所（ICC）の常任理事会で決議され, 1991年4月に採択された。その序文には基本的な理念として次の2点が掲げられている。その第1は, 持続可能な発展は自らのニーズを満たす将来の世代の能力を損なうことなく, 現在の世代のニーズを満たすことを意味していること。第2は, 経済成長は環境保護が最もよく達成されうる状況を整え, さらに環境保護は人類の他の目標とバランスを保ちながら持続性ある成長を達成するために必要であること, である。要するに, 持続可能な発展を遂げるうえで経済成長と環境保護が必須の要素になると考えられているわけである。(☞環境理念, 持続可能な開発, 環境保護)　〔HT〕

🍃 **シックハウス症候群**　sick-house syndrome　住宅の高気密化や化学物質を放散する建材・内装等の使用による室内空気汚染が原因で, 人体に頭痛, 目の痛み, 喘息(ぜんそく), 喉(のど)の痛みを引き起こす症状を指す。この症状を引き起こすのは住宅の高気密化や建材等の使用だけでなく, 家具・日用品の影響, カビ・ダニ等のアレルゲン, 化学物質に対する感受性の個人差など, さまざまな要因が複雑に関係していると考えられている。厚生労働省や国土交通省等の関係省庁は, 原因, 基準設定, 防止対策等のシックハウス総合対策を行っており, ホルムアルデヒド, トルエン, パラジクロロベンゼン, クロルピリホス等13物質の室内濃度指針値を設定している。とくにホルムアルデヒド, トルエン, キシレン, パラジクロロベンゼンの4物質は, 一部の住宅で非常に高い汚染が認められることから, 2000年6月に一般的な人々における鼻やのどに対する明らかな刺激感覚を防ぐことを指標として指針値が設定されている。　〔JO〕

🍃🍃 **湿地**　wetlands　淡水, 汽水（淡水と塩水が混じった水), 塩水が規則的または特定の時期に表面を覆(おお)うために水がたまっていたり, 水気が多くじめじめした土地のこと。従来，湿地は経済的価値が低いと見なされ埋め立てや干拓(かんたく)で多くが失われてきた。しかし，近年になって湿地には多数の動植物から構成される豊かな生態系が形成されており，生物多様性の保全を考えるうえで貴重な地域であることが明らかになった。また，水質の浄化にも大きな役割を果たしていることが確認され，保全の必要性が唱えられ始めた。「ラムサール条約」では湿地の保全に向け国際的な取り組みが進められている。日本国内では環境省を中心に活動が進んでおり，すでに2001年12月には生物の生息地として規模の大きな湿地や，希少な動植物が生息する湿地など500カ所が「日本の重要湿地500」として選定されている。(☞国連湿地保全連合，ラムサール条約，干潟，生物多様性)〔TT〕

自動車 NOx・PM 法　自動車から排出される NOx（窒素酸化物）および PM（粒子状物質）の削減を目的として2001年に自動車 NOx 法が改正されて成立した法律。特定地域において自動車から排出される NOx および PM の総量の削減などに関する特別措置法で，大都市地域での汚染が著しいことや，その汚染に自動車交通が大きくかかわっていることが立法の理由。大気汚染防止法の措置だけでは，二酸化窒素（NO_2）および浮遊粒子状物質（SPM）に関する環境基準の確保が困難な地域を指定し，国が定めた「総量削減基本方針」に基づいて各都道府県が「総削減計画」を策定し，自動車に原因がある NOx および PM の削減対策として具体的に車種規制を盛り込んで実施する。(☞排ガス規制，自動車税制のグリーン化，大気汚染防止法，窒素酸化物，微小粒子状物質，自動車排出ガス対策)〔MK〕

自動車税制のグリーン化　自動車関連の税制に環境上の配慮を行うこと。具体的には地球温暖化防止や大気汚染防止のために燃費の効率や大気汚染物質である窒素酸化物（NOx）の排出量によって自動車を保有するために課せられる自動車税や自動車取得税等の課税率を増減する制度などが挙げられる。制度内容は，燃費が良く排出ガスの量が少ない車（低公害車）には低い税率，そうでないものには税率を引き上げるというもの。自動車を保有するためにかかる税金にランクを付け，環境に良い低公害車の税率を下げることによって低公害車の普及を促進することを目的としている。なお，自動車の購入時に支払う自動車取得税は2019年10月の消費税増税の際に廃止され，それに代わって購入段階における燃費性能に応じて支払う燃費課税が導入されることになる。(☞経済的手法，グリーン化税制，低公害車)　〔MK〕

自動車排出ガス対策　自動車から排出されるガスを規制する対策のこと。年々増加する自動車排出ガスが公害を引き起こし環境を悪化させて人々の健康を害したため，大都市を中心に対策が強められた。中央環境審議会は2017年の第13次答申にそった排出ガス規制で一層の強化をはかる。基本方針は窒素酸化物（NOx）や粒子状物質（PM）を可能な限り低減させることである。とくに問題となっているディーゼル自動車に関しては，厳しい規制を継続して行うが，他にもガソリン直噴車にも規制を強化する。さらに走行時のみではなく駐車時も対策を行う。(☞ディーゼル排気粒子，ディーゼル車，東京大気汚染訴訟，窒素酸化物，微小粒子状物質，自動車 NOx・PM 法)　〔TI〕

自動車リサイクル　自動車を解体して取り外(はず)した部品を，①再使用したり解体して取り出した材料と混合再生する，②スクラップにしたシュレッダー・ダストなどを再利用するか他の用途へ転用する，など一連の再利用サイクルを指す。これによって不法投棄が減少し，廃棄物が資源として活用できる。自動車リサイクルは解体業者，車検業者，自動車メーカーなどが参加し推進されている。さらにリサイクルの活性化のために車体を解体しやすい設計にし，再利用しやすい原料や部品の採用を進めることで，リサイクル・マーケットの成長が進展する。なお，2002年には自動車リサイクル法（正式名称は「使用済み自動車の再資源化等に関する法律」）が成立し2005年1月に完全施行された。(☞シュレッダー・ダスト，リサイクル)　〔YK〕

自動車リサイクル法　⇒　**自動車リサイクル**

し尿　⇒　**ごみ**

死の灰　原爆実験や水爆実験の際に放射能を含む粉(ふん)じんが舞い上がり，それが灰(はい)のように地上に降り注ぐ時に「死の灰」と呼ばれる。例えば1954年にビキニ環礁(かんしょう)で米国が行った水爆実験の際に日本の第五福竜丸が「死の灰」をあびて被爆（ひばく）した。また，1986年のチェルノブイリ原発事故のように，原子力発電所が爆発事故を起こした際にも「死の灰」が放射能汚染を拡大することがある。(☞チェルノブイリ原発事故，放射能汚染)　〔HT〕

地盤沈下（ちんか）　land subsidence ／ ground subsidence　典型７公害の１つで，地面が沈下すること。地殻変動などが自然発生するものであるのに対し，地盤沈下は人為的に地下水の汲（く）み上げ過ぎなどが原因となって起こる。長い時間をかけて進行していくので気づきにくく，一度沈下すると元に戻すことが非常に困難という特徴を持つ。高度経済成長期に地下水の需要が増えたことによって大都市や工業都市を中心に多発した。その結果，多くの対策がとられたことで大都市中心部での発生は減少したが，最近では都市近郊で多く見られるようになった。対策として工業用水法または建築物用地下水の採取規制に関する法律の適用がある。また，地盤沈下が原因で水害あるいは震災等の災害を助長することがある。なお，短期間に地面が沈む陥没（かんぼつ）とは区別される。(☞典型７公害)　〔MK〕

社会環境　⇒　環境

社会・環境報告書　⇒　環境報告書

社会貢献　philanthropy　1980年代の終わりころから日本企業のあいだで社会貢献活動に対する意識が高揚したが，もともと「社会貢献」という用語は日本企業の国内における諸活動のなかから独自に生まれたというよりは，米国からフィランソロピー（philanthropy）の訳語として入ってきたといったほうが妥当であろう。つまり，当時の日米貿易摩擦の激化を背景に，在米日系企業の現地化（localization）活動を通して日本に導入されるようになり，今日では多くの企業が社会貢献を理念やビジョンに掲げるようになった。社会貢献は基本的に寄付活動やボランティア活動によって社会を良くしていこうという活動であることから，現在では環境問題の解決も社会貢献の一環と考えられるようになってきている。なお，米国ではすでに「戦略的フィランソロピー（strategic philanthropy）」という概念が使われ，戦略的な観点から社会貢献は企業の本来的活動になりつつあるとまで言われている。(☞啓発された自己利益，企業経営の社会性)　〔HT〕

社会的責任　social responsibility　21世紀になると環境保護に対する関心がますます高まる傾向を見せており，こうした環境志向とともに「企業の社会的責任（CSR：Corporate Social Responsibility)」が注目を浴びるようになってきた。この場合の「社会的責任」または「社会責任」という表現は企業活動に関して使われるのが通例で，今日では「社会的責任」が公害問題だけでなく地球環境問題に対しても企業の行動原理を基礎づける重要な概念（がいねん）と位置づけられるようになった。この背景には1950年代あたりから米国で主張されるようになった「企業市民（corporate citizenship)」という考え方がある。つまり，企業は一般の市民と同じように社会のなかで自由な経済活動を行うことができる見返りとして社会に対する義務も負っており，そうでなければ社会全体の秩序を保ち一層の経済発展をはかることが困難になってしまうわけである。

一方，国際的には国際標準化機構（ISO）においてCSR（企業の社会的責任）の国際規格化の検討が2001年4月に本格的に開始され，「ISO26000」として2010年11月に発行された。ただし，ISO26000規格が，①第三者の認証基準ではなく自主宣言基準とされたこと，②「CSR」に関する規格ではなく「SR」に関する規格とされたこと，などを考慮すると，21世紀の今日では「社会的責任（SR)」は戦後の産業公害の時代と異なり，企業だけに特有な責任とは捉（とら）えにくいと考えるのが合理的であろう。(☞公害，地球環境問題，企業経営の社会性，ISO26000，ソーシャル・マーケティング)　〔HT〕

し

社会的責任投資（SRI）　Socially Responsible Investment　企業の社会的責任を重視した投資手法を指し，その目的は企業に対し環境や人権などの社会問題への配慮を求める点にある。つまり，企業の株式などへ投資する際に，利益成長率などの収益性だけでなく，環境や人権といった社会性を重要な判断基準に置くわけである。したがって，社会的責任を果たすことが企業の株価上昇につながることになる。

そもそも社会的責任投資は1920年代に米国のキリスト教会が資産運用する際に，たばこやギャンブルなどの業種を投資対象から外（はず）したことが始まりと言われている。現在では欧州で普及しつつあり，2000年にはイギリスで年金法が改正され，年金基金に投資先の環境対策などをどのように監視しているかを公表するよう義務づけた。このため年金基金の資産運用によって社会的責任投資が促進された。なお，日本では1999年に社会的責任投資の一環としてエコファンド（投資信託）が導入され，社会的責任投資が普及し始めた。（☞社会的責任，エコファンド，企業経営の社会性，ESG 投資）〔HT〕

社会的ビジョン　social vision　米国では1990年代の初めころに企業の環境公約となる「社会的ビジョン」という考え方が提唱された。従来の事業ビジョンは主に利益，市場占有率，製品開発などの観点から策定されていたが，企業が成功し発展を続けるには事業ビジョンに加えて，社会の発展や社会問題の解決に寄与することを定めた社会的ビジョンを確立しなければならないことが認識されるようになったからである。

実際，近年になり環境破壊に対する一般大衆の感受性が高まるとともに，環境保護団体の数が増えて企業活動に対する圧力を強めている。このような状況のもとで，企業の最高経営責任者（CEO）は環境問題を対象に含めた社会的ビジョンを提示せざるを得なくなる。なぜなら，企業の経済的目標（または事業目標）と環境問題とを切り離して考えることが難しくなってきたからである。（☞環境公約，環境問題，企業経営の社会性，環境破壊，環境保護団体，社会的責任）〔HT〕

遮断型処分場（しゃだんがた）　⇒　**最終処分場**

臭気指数規制（しゅうき）　臭気は人体の嗅覚（きゅうかく）によって知るものであるが，臭気の測定技術は未完成である。臭気は強度を6段階に表示する方法があり，無臭（0）から強烈な臭い（にお）（5）まで表示される。臭気の測定方法には気体の臭気測定方法と液体の臭気測定方法がある。人体に不快な悪臭の防止には製造加工のプロセス変更や悪臭を発生する原材料を他の原材料に変える，悪臭を閉じ込めて外部に排出しない，悪臭ガスを希釈（きしゃく）（薄（うす）めること）し除去する，などの方法が考えられている。（☞大気汚染，大気汚染物質，悪臭）〔YK〕

重金属　heavy metal　軽金属（light metal）に対して比重の重い金属を指す。鉄，クロム，銅，スズ，カドミウム，水銀，鉛（なまり）が代表的。とりわけ水銀，鉛，カドミウムは人体に中毒症状を引き起こし，六価クロムは毒性が強いことから土壌汚染物質となる。有害物質となる重金属は産業廃棄物に含まれるケースが多く，深刻な土壌汚染の原因になることが懸念されている。(☞六価クロム，土壌汚染)　〔HT〕

充電池　⇒　リチウムイオン電池

種（しゅ）の保存法　Law for the Conservation of Endangered Species of Wild Fauna and Flora　「絶滅のおそれのある野生動植物の種の保存に関する法律」の略称。野生動植物は生態系の重要な構成要素であるだけでなく，自然環境の重要な一部として人類の豊かな生活に欠かすことのできないものである。したがって，絶滅のおそれのある野生動植物の種の保存をはかることにより良好な自然環境を保全することで，現在および将来の国民の健康で文化的な生活の確保に寄与することを目的として1994年に施行された。

地球上には多種多様な野生生物が生息・生育しており約1,000万種を超えると推測されている。これらの野生生物の長い進化の歴史のなかで，種の絶滅は自然なこととして繰り返されてきた。しかし，現在では人為的な環境破壊のために数多くの種が絶滅の危機に瀕（ひん）している。(☞野生生物種の減少，レッドデータブック，固有種)　〔TT〕

シュレッダー・ダスト　shredder dust　自動車等の台車から再利用できるエンジン，プラスチック，座席シート，部品等を解体した後に残る部分を破砕（はさい）したクズを指す。大量に生産されて廃棄される自動車に関しては，解体・廃棄コストを吸収する逆有償を免れるため，不法投棄や野焼きなど環境を破壊する行為が散見される。この行為が拡大すると大規模な環境破壊につながる。このため自動車の解体から発生するシュレッダー・ダストの活用方法を多目的に研究することで，環境破壊を抑制するとともに再利用産業の派生が期待できる。自動車産業においてはメーカーと解体業者の連携を行政の仲介によって進展させ，自動車リサイクルを促進する試みも進められている。(☞自動車リサイクル，リサイクル，環境破壊，不法投棄)　〔YK〕

循環型経済 ⇒ 循環型社会

循環型社会 recycling-based society 「循環型社会」とは基本的に①資源を効率的に利用し製品等が廃棄物（ごみ）となることを抑制する，②出てしまった廃棄物については資源としての適正な循環的利用を促進する，③どうしても利用できない廃棄物は適正に処分する，という手段や方法によって天然資源の消費抑制と環境への負荷低減が実現された社会を指す。そのためには「大量生産・大量消費・大量廃棄」型の社会経済のあり方やライフスタイルを見直し，廃棄物等の発生抑制（リデュース），再使用（リユース），ならびに再生利用（リサイクル）を促進し，最後は適正に処分する物質循環を維持・増進しなければならない。

日本では2000年５月に持続的に発展する社会を目指し「循環型社会形成推進基本法」が制定され，政府によって同年が「循環型社会元年」と位置づけられた。さらに翌年の2001年には『循環型社会白書』が初めて発表され，社会的関心が高い廃棄物やリサイクルの問題を中心に循環型社会の形成に向けてさまざまな取り組みが打ち出された。

なお，最近になり有限な資源を有効活用し再生産するなど持続可能な形で循環させる経済活動を通して経済成長を目指す「循環型経済」という経済モデルを表す用語が使われるようになり，例えば欧州連合（EU）では2015年12月に「循環型経済パッケージ」が発表された。（☞循環型社会形成推進基本法，物質循環，ライフスタイル，大量生産・大量消費・大量廃棄，21世紀環境立国戦略，地域循環圏）〔HT〕

循環型社会形成推進基本法 環境基本法とともに環境に関する基本的な法体系の整備を進めるために制定された法律で，略称は「循環基本法」。リサイクルなどを推進し循環型社会を形成する諸施策の基本的方向が示されている。2000年に制定されたが，同時に廃棄物処理法の改正や資源有効利用促進法の制定も行われた。この基本法には環境基本法の示す理念の実現に寄与する役割が期待されており，事業者については拡大生産者責任の考え方が取り入れられている。（☞環境基本法，循環型社会，廃棄物処理法，資源有効利用促進法，拡大生産者責任）〔HT〕

循環型社会白書 ⇒ 環境白書，循環型社会

循環型ロジスティクス ⇒ 環境ロジスティクス

循環資源　一度使用してもリユース（再使用）やリサイクル（再生利用）が可能な資源のこと。廃棄物の発生抑制に努め資源のリユースやリサイクルを進めることによって，資源の無駄遣い（むだづかい）をやめることにつながる。容器包装のリターナブルびん（牛乳びんなど）は再使用ができ，飲料容器の缶やペットボトルなどは回収して再生利用が可能である。また，食品の売れ残りや食べ残しは飼料や肥料等の原材料として再生利用することができる。食品に関しては2001年に「食品循環資源の再生利用等の促進に関する法律（食品リサイクル法）」が施行された。（☞リユース，リサイクル，食品リサイクル法）〔TI〕

循環利用率　循環型社会を計画的に推し進めていくために，循環型社会基本計画において採用された指標のこと。循環利用率は，循環利用量を〔循環利用量＋天然資源等投入量（＝総物質投入量）〕で割って表すことができる。天然資源をできるだけ節約して環境への負荷を小さくするために，循環利用率は入口の資産生産性と出口の最終処分の指標とともに，物質フロー目標（目標年次：2010年度）として約14％（2000年度から概ね（おおむ）4割向上）の具体的な数値目標が規定されている。なお，循環利用量とはリユースまたはリサイクルされた量を指している。（☞循環型社会，リユース，リサイクル，天然資源，物質循環）〔JO〕

し

省エネ・リサイクル支援法　正式名称は「エネルギー等の使用の合理化及び資源の有効な利用に関する事業活動の促進に関する臨時措置法」で，1993年に施行され2003年に改正された。旧法が省エネルギー活動，リサイクル活動，特定フロン等の使用合理化に関する事業活動に助成措置を行うのに対し，改正法は次のような変更があった。①リサイクル（再生利用）活動にリデュース（発生抑制）活動とリユース（再使用）の2つの活動が加えられ，1Rが3Rになった，②海外で行う事業活動が加えられた，③政策支援機関を独立行政法人の新エネルギー・産業技術総合開発機構へと変更した（改正前は産業基盤整備

基金），などである。活動・事業の承認がなされると，債務保証，低利融資，中小企業支援などが受けられる。なお，本法は2013年に省エネ法の一部を改正する際に廃止されることとなった。（☞省エネルギー，リサイクル，3R，改正省エネ法）〔TI〕

省エネルギー　一般に「省エネ」と略称されることが多い。石油などのエネルギー源を外国に頼らざるをえない日本では，なるべくエネルギーを浪費せず，石油資源などの使用を最少限にとどめようという省エネルギー運動が提唱されている。そのきっかけの1つは1973年に第1次石油ショック（石油危機），1979年に第2次石油ショックが起こり，石油供給の削減が行われたことにある。その時点では緊急対策として節約運動が展開され，国民経済・国民生活のために抑止政策が強化された。また，1997年12月に開催された地球温暖化防止京都会議において温室効果ガス排出量削減目標が掲げられ，一層の省エネルギー強化が必要とされるにいたった。さらに2006年4月には「エネルギーの使用の合理化に関する法律の一部を改正する法律」（改正省エネ法）が施行され，工場，ビル，特定輸送業者などでさらに方策が立てられている。（☞枯渇性資源，石油危機，京都議定書，改正省エネ法，ISO50001）〔TI〕

浄化能力　自ら浄化することのできる能力，または外部の力を得て浄化する能力を指す。物質は限界を超えると復元が困難な状態にいたる。この防止方法として自己浄化方法と強制浄化方法がある。空気と温度，水，土，火などは人類の文化的生活をささえている。人の健康を守るために自然の自己浄化能力を維持することは生態系としての地球環境の維持に重要である。

環境浄化能力の低下は大気汚染，水質汚濁，土壌汚染，地盤沈下などを引き起こし，生態系のバランスを崩（くず）すおそれがある。しかし，自然界には自己浄化能力を備えたサイクルが存在する。例えば空気浄化に必要な森林や植物，水質浄化に必要な河川に生息する魚やバクテリア類である。（☞環境，環境技術，水質汚濁，物質循環）〔YK〕

省資源　限りある資源をなるべく無駄（むだ）にしないよう，保全に努めること。省資源は経済活動のあらゆる場面に必要になっている。例えば，

①「商品製造過程」においてできるだけ無駄な資源を使わない，②「商品流通過程」では梱包(こんぽう)資材をなるべく簡便にする，③「商品使用過程」においては水やガスの燃料を抑えて交換・消耗部品の削減に努める，などが挙げられる。(☞もったいない)〔TI〕

消費期限　⇒　賞味期限

賞味期限　食品には安全においしく食べられる期限が消費期限または賞味期限として，どちらかが食品の袋や容器に表示されている。農林水産省によれば，消費期限とは容器や袋を開(あ)けないまま書かれた保存方法を守って保存していた場合に，表示された年月日までは安全に食べられるという期限を指す。お弁当，サンドイッチ，生めん，ケーキなど，傷(いた)みやすい食品を対象とし，だいたい5日以内の表示となる。

これに対し賞味期限とは袋や容器を開けないまま書かれた保存方法を守って保存していた場合に，表示された年月日までは品質が変わらずにおいしく食べられるという期限を指す。スナック菓子，カップめん，チーズ，かんづめ，ペットボトル飲料など，傷みにくい食品に表示されており，製造してから3カ月以上もつものは年月だけで表示されることがある。ただし，賞味期限が過ぎてもすぐに食べられなくなるわけではなく，色やにおいや味(あじ)などに異常がなければ食べることができる。

こうした消費期限や賞味期限は本来的には食品の無駄(むだ)をなくし食品ロスの削減に寄与して地球環境の保護につながるはずである。ところが現実には食品流通の段階で「3分の1ルール」という商慣習が存在する。これは食品の製造日から賞味期限までの合計日数の3分の1を経過した日程までを納品が可能な日とし，3分の2を経過した日程までを販売が可能な販売期限とするルールであるが，この商慣習的なルールには合理的な根拠がなく，かえって食品ロスや資源の無駄使いを招いているとして見直しへの検討が求められている。(☞食品ロス)

〔HT〕

静脈産業　静脈産業は，製品が利用され廃棄物などになった後にリサイクルや処分などに関わる産業を指しており，廃棄物の運搬から処理業，リサイクル製品への加工や流通なども含まれる。とくに廃棄物などの適正なリサイクルや処分などを行うための物流を静脈物流と呼ぶ場合もある。循環型社会の確立に向け，その重要性はますます高まっているが，静脈産業を取り巻く環境は，法律による厳しい規制，過当競争による処理コストの低廉化など，さまざまな厳しい問題を抱えており早期の問題解決が求められている。(☞循環型社会，静脈物流)
〔JO〕

静脈物流　venous physical distribution　静脈物流は動脈物流の対照語。「動脈物流」とは調達，製造，加工，販売，消費といった生産から消費への物資の流れを指すのに対し，「静脈物流」は消費者から排出される廃棄物を回収し，再利用，再生，再資源化，および最終廃棄へといたる物資の流れをいう。例えば，近年では包装や資材等の廃棄物の回収・再生のために納品車の返り便を利用したり，流通センター用地の一部を廃棄物の一時保管に利用する等，動脈物流と静脈物流の統合を進めて循環型の環境ロジスティクスを構築しようとする動きがみられる。(☞循環型社会，環境ロジスティクス，静脈産業，総合物流施策大綱，グリーン・サプライチェーン)
〔ST〕

職業倫理　職業それぞれに求められる固有の倫理を指す。医師，科学技術者，生産技術者，教職者，研究者，裁判官などのさまざまな職業においては，その固有の能力が最大限発揮されるべきである。これら専門的な職業に従事する人々が社会とのかかわりのなかで生活や地球環境の改善・保全・創造を進める過程で，個人の倫理や専門的な職業観に対する責任が求められる。例えば経済成長を優先するあまり産業廃棄物を増加させ，公害を拡大する行為は職業に従事する人の倫理が欠如していることが原因の1つに挙(あ)げられる。このようなモラルハザード（倫理の欠如）の一例としては検査データの改ざんや誇大広告などがある。(☞拡大生産者責任，環境倫理)
〔YK〕

食品安全マネジメントシステム　⇒　ISO22000

食品添加物(てんか)　食品衛生法では「食品の製造の過程において又は食品の加工若(も)しくは保存の目的で，食品に添加，混和，浸潤(しんじゅん)その他の方法によって使用するもの」と定義されている。安全性を検査したうえで国は添加物を認めてはいるが，一度に多量にとった時，長い時間をかけて蓄積された時，あるいは食品添加物どうしの組み合わせなどによって健康に害が出ることがある。また，使用を禁止されている添加物が混入される事件が起きたり，表示の間違いや一般消費者に誤解を与える表示も問題になっている。大量に食品を生産する過程においてはどうしても不可欠のものもあるので，一層の規制や企業側の倫理感が求められる。(☞職業倫理，トレーサビリティー，ISO22000)〔TI〕

食品リサイクル法　2001年5月に施行された「食品循環資源の再生利用等の促進に関する法律」が正式名称。製造過程における廃棄物，流通業者の売れ残り，飲食業での食べ残しなど，食品廃棄物を出す事業者（百貨店，レストラン，ホテル，スーパー，食品メーカーなど）に対しそれらを削減することを義務づける数値目標を設定した。発生抑制と最終処分の減量化，再生利用としての肥料化や飼料化，発酵処理によるメタンガス化や生(せい)分解性プラスチック生成などを補助金支給によって支援する。2015年に改正され，①再生利用の優先順位の変更，②再生利用等実施率の目的値の引き上げ，③発生抑制に関する目標値を新たに5業種に設定，などが行われた。(☞リサイクル，循環資源)〔TI〕

食品ロス　food loss　本来は食べられるはずの食品や食料が，売れ残り，食べ残し，期限切れなどによって捨てられたり廃棄される状況を指す用語。2015年度の日本の食品ロスは646万トンと推計されているが，これは世界全体の食料援助量の約2倍に相当するほど膨大で社会問題化している。そのうちの357万トン（55%）が食品関連事業者からで，残りの289万トン（45%）が一般家庭からのもの。食品ロスは生産，加工，流通，消費のさまざまな段階で発生しているため，その削減には食品関連事業者の取り組みだけでなく消費者の意識改革も必要になる。実際，農林水産省を中心に「食べものに，もったいないを，もういちど」をキャッチフレーズに食品ロス削減の国民運動が展開されたり，こうした残さずに食べきる国民運動を拡大するために2017年10月には長野県松本市で「第1回食品ロス削減全国大会」が開催されている。

このような食品ロスの増大に対しては次の2つの新しい活動が注目

される。その第1は，包装の不備などによって品質に問題がないにもかかわらず市場で流通できないために廃棄されていた食品を食品メーカーや流通業者が無償で寄付し生活困窮者などに配布するフードバンク（food bank）の活動。第2は，飲食店などで売れ残り食べられるのに捨てられていた食べ物を割引などにより食べたい人に提供するフードシェア（food share）の活動である。このような活動は食品ロスを削減する社会貢献活動としてだけでなく，廃棄物を減らす環境にやさしい活動としても今後の発展が期待される。なお，食品ロスは中国でも深刻化しており，国際的に取り組まなければならない重要な問題といえよう。（☞もったいない）〔HT〕

食物連鎖（しょくもつれんさ）　food chain　生物や動植物は食べるか食べられるという関係があり，その関係が一連の鎖（くさり）のようにつながっていることを指す。食物連鎖の関係は原核生物しかいなかったような時代から始まっており，食物連鎖によってエネルギーと物質が循環する。微生物を植物が食べ，植物を小動物や昆虫が食べ，小動物や昆虫を大型動物や人間が食べ，動物が死んで腐敗すると微生物に分解される，という流れである。ただし，一度連鎖のなかで汚染などが行われると悪影響を次の連鎖につなげてしまうことになる。生態系の一部に変化が生じた場合には，この連鎖に変化が起こる可能性がある。（☞エコロジー，エコシステム）〔TI〕

食糧危機　とくに発展途上国において食糧が不足し，それによって飢餓（きが）などの問題が起きること。世界人口は今後激増が予想されている。他方，異常気象，大気汚染，水不足，砂漠化などによる農地や農産物の不足で，食糧はそれだけの人口を養うことが非常に厳しいと予測されている。先進諸国では食糧を捨てている現状がある一方で，アフリカやアジア，あるいは紛争地域においては深刻な食糧不足が続いている。また，食糧自給率の低い国でも経済力や政治力，流通システムなどで補われている場合もある。この問題は全世界で解決すべきことだが，各国の経済事情や気候，技術水準，環境問題への取り組みの差などの要因があり，解決が非常に困難な問題となっている。（☞人口爆発，水危機，食品ロス）〔TI〕

し

植林　苗木(なえぎ)を植えて人工的に林をつくることを指し，環境問題の解決に非常に有効。従来は山林を保護するために行われていたが，現在では砂漠化防止，都市や工場の緑化などを促進するために幅広く行われるようになった。例えば個人が環境活動として住居のまわりに植林すると，木立(こだち)が二酸化炭素を吸収するだけでなく，夏は日陰(ひかげ)をつくって冷房の負担を軽減してくれる。（☞砂漠化，屋上緑化，壁面緑化，工場緑化，緑のカーテン）〔HT〕

白神山地(しらかみさんち)　Shirakami Mountains　青森県南西部から秋田県北西部にまたがる面積約13万ヘクタールの広大な山地帯の総称。1993年にその中心部約１万7,000ヘクタールが屋久島とともに日本で最初の世界遺産に登録された。白神山地には人間活動の影響をほとんど受けていない自然環境が多くあり，世界最大級といわれるブナ林が広域にわたって原生のままの姿で残されている。とくにツキノワグマなどのほ乳類やクマゲラに代表される鳥類などの宝庫でもあり，自然の生態系がありのままの姿で息づいている。（☞世界遺産，自然環境，屋久島，エコシステム）〔TT〕

白川郷(しらかわごう)　Shirakawa Village　世界遺産の１つで「白川郷，五箇山の合掌造り集落」（岐阜県および富山県に残る合掌組み民家群）。白川郷は1995年12月にドイツのベルリンで開催されたユネスコの第19回世界文化遺産委員会において文化遺産の種別で登録された。1993年における法隆寺地域の仏教建造物，姫路城，屋久島，白神山地，1994年における古都京都の文化財につぐ日本における６件目の世界遺産。

世界遺産条約は1972年にユネスコ（国連教育科学文化機関）の総会で採択され，正式名称は「世界の文化遺産および自然遺産の保護に関する条約」。2018年６月現在の締約国は193カ国。この条約は優れた普遍的価値を持つものを人類全体の重要な遺産として保護・保全していくことを目的としている。（☞世界遺産）〔ST〕

新エネルギー　new energy　「新エネルギー利用等の促進に関する特別措置法（新エネ法）」（1997年制定）において定義されているエネルギーを指す。石油代替エネルギーとして拡大するために研究されている。エネルギーのなかでもあまり利用されていない①石油系のオイルサンドやオイルシェール，②天然ガス系のメタンハイドレートなどは埋蔵量も多い。しかし，これらは燃やすと二酸化炭素が発生する。そこで環境に優しい新しいタイプのエネルギー源として，①水力，②地熱，③太陽光，④風力，⑤波力などの自然エネルギーや燃料電池，廃棄物発電などがある。また，動物，植物，水産物等の廃棄物の集積したものをバイオマス（biomass）と呼ぶが，このバイオマスや雪氷冷熱エネルギーなども新エネルギーに含められる。（☞再生可能エネルギー，バイオマス・エネルギー）〔YK〕

人工的環境　⇒　都市環境

人口爆発　population explosion　世界人口の爆発的な増加を指す用語。総務省統計局編「世界の統計2017」（平成29年３月）および国際連合・世界人口予測（2017改訂版）によれば，世界人口は1950年25億25百万人，1960年30億18百万人，1970年36億82百万人，1980年44億40百万人，1990年53億10百万人，2000年61億27百万人，2010年69億30百万人，2018年75億97百万人へと急激な増加を続けている。さらに国連の推計（中位推計）では2030年86億人，2050年98億人，2100年112億人と予測されている。この原因は食料生産の増加，都市の拡大，医学の進歩などによるが，直接的には栄養状態の改善，下水道の整備，予防注射の普及，公衆衛生の改善に起因する。20世紀の人口増加の特徴は，その90％が発展途上国で占められており，死亡率が低下し寿命が延びたのに比べて出生率が低下しなかったことによる。発展途上地域で出生率が低下しないのは，稼ぎ手を多くして生活を豊かにしようと子供を多く産む人々が多いためであるともいわれている。

世界人口の増加は食糧不足をもたらし，食糧増産のための過放牧，過耕作，燃料用の薪の過剰採取を通して砂漠化，灌漑地域の塩害，土壌の浸食，山地の保水力低下，水資源の枯渇などに影響を与え，焼畑耕作・農地造成のための森林伐採を通じて熱帯林の減少，野生生物の減少に影響を与える。さらに資源・エネルギー消費の増大によって地球温暖化の要因にもなる。（☞宇宙船地球号，食糧危機，水危機，貧困問題，地球環境問題）〔ST〕

震災廃棄物　⇒　災害廃棄物

振動　vibration　物体の振動によって発生する現象を指す。振動は人体に健康上の悪影響を与え不快な気分にさせることがある。健康に関しては周波数10Hz（Hz はヘルツと読む周波数の単位）から500 Hz 程度の振動を発生する動力工具類を長時間にわたり操作する人に神経障害，抹梢（まっしょう）循環障害が発生しやすい。とくにチェーンソー，電動ドライバー，削岩機（さくがんき），研磨機（けんまき），チッピングハンマーなどを扱う労働に従事する者は職業病になりやすい。このため作業環境について，人と施設の両方で対策を検討することが必要である。（☞低周波振動）

〔YK〕

侵略的外来生物　⇒　外来生物

森林環境税　森林の持つ水源涵養（かんよう），水質の改善，土砂災害の防止などの多様な公益的機能をその地域住民が享受している実態に基づいて，地方自治体が行う森林整備の費用負担を地域住民に求める地方環境税の総称。大きく分けて，一般に森林の環境保全を中心とする森林環境税と，とくに森の持つ水源涵養機能に着目した水源税がある。2003年4月に高知県が「森林環境税」，2004年4月に岡山県が「おかやま森づくり県民税」などを導入し，その他多くの自治体も導入を検討している。各自治体により名称も目的も若干の差異がある。

ただし，2017年12月に2018年度の税制改正の大綱が閣議決定され，このなかに「森林環境税（仮称）」が盛り込まれた。国内に住所を有する個人に対し年額1,000円を課す国税となり，市町村において個人住民税と併せて賦課徴収され，19年度税制改正で創設されて24年度から課税を始めるという。（☞水源税）

〔MK〕

森林管理協議会（FSC）　⇒　森林認証制度

森林経営　⇒　国連森林フォーラム

森林減少　deforestation　森林が伐採（ばっさい）などによって減少すること。地球上の陸地面積のうち樹木が密生する森林の面積は，人類が農耕を始めた8,000年くらい前には約半分ほどであったと言われている。それが2001年における国連食糧農業機関（FAO）の報告によれば，森林面積は過去100年くらいの間に減少し続け，陸地総面積の約30％にあたる39億ヘクタールまで減少。この結果，森林の保水機能が失われて洪水（こうずい）や干ばつなどの災害が起こりやすくなったり，砂漠化が進行したり，さらに二酸化炭素が吸収されなくなって地球の温暖化を加速する一因になっているとまで指摘されるようになった。（☞熱帯林，国連食糧農業機関，砂漠化）〔HT〕

森林資源　forest resources　森林を資源と捉える概念であるが，森林資源には物質生産機能と公益的機能がある。前者の物質生産機能の対象は，燃料材，建築材，木製品原料，パルプ原料などで，従来はこの機能に限定して森林資源を評価することが多かった。しかし，地球温暖化や生物多様性の損失などの影響で，後者の公益的機能も注目され始めている。これには，①生物多様性保全機能（遺伝子保全，生物種保全，生態系保全など），②地球環境保全機能（地球温暖化の緩和，地球気候システムの安定，化石燃料代替エネルギーなど），③土砂災害防止・土壌保全機能（表面浸食防止，土壌保全安定，自然災害防止など），④水源涵養（かんよう）機能（洪水緩和，水資源貯蔵，水質浄化，水量調整など），⑤快適環境形成機能（気候緩和，大気浄化，快適生活環境形成など），⑥保健・レクリエーション機能，などが含まれる。

森林は人工林と天然林に分けられるが，植林などを行って人工林になってしまった場合，間伐（かんばつ）や枝打ちなどの人為的管理なくしては本来的に森林が持っている公益的機能はおろか，物質生産機能すらも十分に果たし得なくなる。ところが日本には人の手の入らない放棄された森林が数多くあり，森林政策の抜本的な見直しが必要といわれている。（☞地球温暖化，生物多様性，植林，天然資源）〔TT〕

森林認証紙　環境保全に配慮して管理された森林から切り出された木材パルプを原料に製造された紙を指す。環境に配慮した紙としては古紙パルプを使用した再生紙があるものの，高度な印刷物には不向きなために最近では森林認証紙が注目されている。適切な森林の管理・運営を行う手段の１つとして森林認証制度は国際的に展開されており，世界的な森林の消失や劣化を食い止めるうえで世界最大規模の木材輸入・消費国である日本の責任と役割は大きい。2002年には日本でも森林認証紙の利用が始まり，森林認証製品を積極的に開発し取り扱う企

業グループまで現れた。(☞森林認証制度，再生紙)　〔HT〕

森林認証制度　自然保護と林業経営の両立を目指して環境に配慮した森林を第三者機関が認証し，その木材で作った製品—例えば不法伐採がないように管理された森林から切り出した木材を原料とする製品—に認証マークを付ける制度。1993年に設立された国際的な非営利団体「FSC（森林管理協議会：Forest Stewardship Council)」(本部はドイツのボン）の認証制度が有名で，林業者には森林管理の認証，そして製材業者には加工・流通過程の認証が行われる。それらの認証マークが消費者の目に触れる機会はまだ少ないけれども，認証木材を利用してつくられる製品，および認証製品を扱う企業の数はともに増加している。(☞森林認証紙)　〔HT〕

森林伐採　⇒　森林減少，土壌劣化

〔す〕

水源環境税　⇒　**水源税**

水源涵養税　⇒　**水源税**

水源税　水資源の安定供給を実現するため，利水者に課される地方環境税。水源地域の森林保全など水質の保持や水量の確保に資する事業に使われる。水は人が生活するうえで不可欠な資源であり，各自治体は住民への継続的かつ安定した供給を実現する責務を有する。一方で，税収は景気の動向などで増減するため，一般財源の範囲で補塡（ほてん）できない分を受益者応分負担の考えに基づき，利水者負担として課すことになる。水資源の消費量が多い都市部では，納めた税金が納税者の所属する自治体とは異なる地域の森林整備に使用されることになり，水源地域と利水地域が県境を跨（また）ぐ場合など利水者側の理解が必要とされる。採択している自治体によって水源涵養税，水源環境税，水源環境保全税など名称も目的も若干の差異がある。（☞水環境，水資源，森林環境税）〔MK〕

水質汚濁（おだく）　water pollution　地球は「水の惑星（わくせい）」とも呼ばれ，水があるからこそ太陽系のなかで最も美しい惑星と言える。その水は地球上のあらゆる生命の源となり，人類にとっては飲み水や生活用水だけでなく農業用水や工業用水，さらに川や海は交通路としても使われてきた。水は蒸発してから雨となって地上に降り，それが森林や土壌に保有され地下水となって川や海に注ぎ込み，再び蒸発して雨になる。このような循環作用によって，かつて水は自然に浄化（じょうか）されていた。ところが近年，自然の浄化能力を超える①家庭からの生活排水，②工場排水，③地上の廃棄物，などの流入によって川や湖が汚（よご）れ水質が悪化する「水質汚濁」という現象が全国各地で見られるようになった。（☞浄化能力，生活排水，COD，BOD，井戸水汚染，地下水汚染）〔HT〕

水質汚濁防止法　公共用水域や地下水の水質汚濁を防止するために，

す

工場や事業場から排出される水質を規制し，被害発生の場合の被害者保護を目的として生活排水対策を実施する法律を指す。1970年（昭和45年）制定，1975年（昭和50年）改正。特色は，①排水基準を国が一律に定める，②地域の実情により条例で国の基準に上乗せできる，③濃度規制による排出基準の達成が難しい地域では総量規制が導入される。他方，排水基準違反には行政命令として施設改善や操業停止があり，刑事罰には罰金刑と懲役刑がある。刑罰を科すに値する違反の場合は検挙される。なお，同法は2011年に地下水汚染の未然防止のための改正が行われた。（☞水質汚濁，環境基本法，総量規制）〔YK〕

水質環境基準　環境基準を定めるものの１つに水質の汚濁がある。人の生活を保護し，生活環境を保全するうえで維持されることが望ましい基準であり，その基準値は環境基本法の環境基準による。このような水質汚濁に関する基準には，健康項目と生活環境項目がある。健康項目の基準には，全公共用水域についてカドミウム，鉛，ヒ素，PCBなどの26項目が設定されている。他方，生活環境項目の基準は河川（かせん）・湖沼（こしょう）・海域の各水域別に類型化され，それぞれ基準値が設定されている。なお，ここで湖沼とは天然湖および貯水量1,000万立方メートル以上の人造湖を指す。（☞カドミウム，環境基本法，環境基準，水質汚濁）〔YK〕

水素エネルギー　hydrogen energy　燃料として水素（hydrogen）を使用するエネルギーを指す。例えば水素と酸素を反応させて電気を取り出す燃料電池などがあり，電気自動車に用いられている。化石燃料を用いないで，太陽エネルギーや原子力エネルギーなどを利用して水から水素を作り，使用後にまた水に戻すことができる水素エネルギーは，環境汚染が少ない。水素は燃やしても水しかできないことから，クリーンなエネルギー源物質といえる。他方で液化しにくく，爆発の危険性もあるので，輸送や貯蔵方法など取り扱いには十分な注意が求められる。（☞クリーン，燃料電池，燃料電池車）〔YK〕

水分ストレス　water stress　植物は移動することができないために与えられた環境から大きな影響を受けて生育することになり，あらゆる方法でその環境条件に適応して個体の生存と種（しゅ）の繁栄を目指している。このようなさまざまな環境要因のなかで樹木の生存に強い影響を与えるものを「環境ストレス」と呼び，そのなかでもとくに水と関係する環境ストレスを「水分ストレス」と呼ぶ。ただし，必要な時に必要量の水分を得ることができない場合だけでなく，水分が過剰に与えられる場合も含まれる。水分ストレスは光合成活動を減少させて成長を抑制するだけでなく，害虫への抵抗力を低下させる。その結果，水分ストレスを受けた植物は生育が悪くなったり，時には枯死（枯れて死ぬこと）してしまうことが指摘されている。（☞水環境）　〔TT〕

スーパークールビズ　⇒　クールビズ

スーパーファンド法（CERCLA）　Comprehensive Environmental Response, Compensation and Liability Act of 1980　有害物質によって汚染された環境（主に土壌）を浄化するための措置を定めたアメリカの連邦法。1970年代後半に起こったラブ・キャナル事件を契機に制定された。正式名は「包括的環境対処補償責任法」。1980年に制定され1986年と1990年に改正された。政府は汚染土壌を指定して責任当事者に浄化を命令する権限を有し，浄化のために信託基金（スーパーファンド）を保持する。浄化の責任当事者は現在または過去の所有者・管理者，有害物質の発生者，有害物質を運んだ者とされ，自ら浄化を行うか，政府が浄化した場合はその費用を支払う義務を負う。（☞ラブ・キャナル事件，土壌汚染，浄化能力）　〔ST〕

スクリーニング　screening　開発事業などを始める前に，その事業が環境影響評価（環境アセスメント）を実施する必要性があるかを個別に判定する仕組み。事業は規模によって「第一種事業」と「第二種事業」に分けられる。「第一種事業」は大規模で環境に著しく影響を及ぼすおそれのある事業を指し，国が実施する事業か許認可等を行う事業が対象となる。具体的には高速自動車国道，新幹線鉄道，原子力発電所事業などで必ず環境影響評価（環境アセスメント）の手続きを行わなければならない。他方，「第二種事業」は「第一種事業」に準ずる規模の事業でスクリーニングの対象として実質的，個別的に事業内容を判定される。「第二種事業」には一定規模（「第一種事業」より小規模）の一般国道やダム，火力発電事業などが含まれる。（☞環

境アセスメント）〔MK〕

スコーピング　scoping　環境に対する影響評価・予測法を決定したうえで，検討する範囲を絞(しぼ)り込むこと。それぞれの地域のもつ環境特性や事業計画の内容等を踏まえ，今後発生するおそれのある環境に対する影響を予測し，重要と思われるもののなかから環境アセスメントの対象となる環境要素と調査項目を設定する。しかし，評価項目は対象となる事業計画によって異なり，どのような事業計画を対象とするかを整理しなければならない。そこで原案のほかに環境に対する影響を回避もしくは低減するため複数の代替案を挙(あ)げ，その中から絞り込むことが必要になる。従来の環境アセスメント（環境影響評価）では，マニュアルにとらわれた定型的・非効率な環境影響評価が行われることが多かった。この点を改め，個別の事案ごとの事業特性や地域特性に応じて適切な環境影響評価を創意工夫するためにスコーピングが必要となる。（☞環境アセスメント）〔MK〕

スターン報告書　Stern Review Report　正式には英語で「the Stern Review Report on the Economics of Climate Change」と呼ばれ，「気候変動の経済に関するスターン検討リポート」と訳すこともできるであろう。気候変動，すなわち地球温暖化が主要議題となった2005年７月の主要国首脳会議（サミット）を受け，イギリス政府がニコラス・スターン元世界銀行上級副総裁に調査を依頼した結果として2006年10月に発表された。その内容は，地球温暖化防止の重要性を経済的観点から分析し次のように主張されている。いわく「温暖化対策を取らない場合に世界がこうむる経済的損失は世界の国内総生産（GDP）の５～20％に達するのに対し，温暖化対策に要するコストは国内総生産の１％で済む」と。この見解は地球温暖化対策に新しい視座を与えていると評され，各国の研究機関で検証が進められている。（☞気候変動枠組み条約，地球温暖化）〔HT〕

す

🍃🍃 **ステークホルダー**　stakeholder　企業活動によって影響を受けたり，その反対に企業活動に影響を与えたりする利害関係者を指す用語。具体的には顧客・消費者，株主・投資家，従業員，取引先企業，地域社会などが幅広く含まれる。例えば企業の環境報告書はステークホルダーに当たる顧客，株主，従業員，取引先企業，地域社会，さらに環境 NGO などに対して発行される。(☞環境報告書，統合報告書，社会的責任，企業経営の社会性)〔HT〕

ストックホルム宣言 ⇒ 人間環境宣言

スパイクタイヤ粉(ふん)じん対策 積雪寒冷地域では路面凍結時を中心に，スリップ防止のためタイヤにスパイクを入れたスパイクタイヤを使用していた。その使用は騒音発生や道路のわだち掘りを引き起こしたうえ，道路を削(けず)って粉じんを撒(ま)き散らし，空気の汚染や健康障害の問題を提示した。これを受けて，スパイクタイヤ粉じんを発生させないことを国民の責務とし，「スパイクタイヤ粉じんの発生の防止に関する法律」が1990年に施行され，タイヤメーカーに対してはスパイクタイヤ製造販売中止と代替タイヤの開発（スタッドレスタイヤ等），地方公共団体にはスパイクタイヤ防止策の啓蒙(けいもう)，消費者にはスパイクタイヤの使用禁止などが求められている。(☞大気汚染，健康被害)〔TI〕

スマートグリッド smart grid 電力の発電・送電・配電を制御(せいぎょ)することにより，エネルギーを最適化する送電・配電網を指し，スマート（smart：賢い）な次世代送電網を意味する。デジタル機器の通信機能や演算機能を高度に活用し，電力需給に関して情報通信を利用することにより自律的に調整する機能を備える。電力の効率的利用により，再生可能なエネルギーの導入，家庭用発電やエコカーなどのインフラ整備，停電対策，災害防止など，発電環境に貢献することが期待されている。その一方では，技術規格の統一，電力需給の質的・量的予測，デジタル機器の高度化など，解決しなければならない課題が残されている。(☞節電)〔YK〕

スマートコミュニティ・アライアンス ⇒ スマートシティ

スマートシティ smart city 米国のオバマ前政権のグリーン・ニューディールで注目されたスマートグリッド（次世代送電網）の技術を活用し，都市全体でエネルギーの利用効率を向上させることにより，結果として環境配慮型の都市づくりを実現する構想。再生可能エネルギーを積極的に活用するとともに，通信や交通システムの変革を含めたインフラ整備が世界各国で試みられている。日本では2010年にNEDO（独立行政法人　新エネルギー・産業技術総合開発機構）が「スマートコミュニティ・アライアンス」を設立し，横浜市，豊田市，京都・大阪・奈良にまたがる「けいはんな（京阪奈）学究都市」および北九州市において特徴のある実証実験を行った。なお，スマートシティのインフラ整備にはビッグデータやAI（人工知能），あるいはあらゆるモノがインターネットにつながるIoTなどの最新技術とともに多額の投資を要するため，市場としての成長が期待されている。参考までに最近ではIT（情報技術）を使って家庭内のエネルギー消費を最適に制御する住宅を「スマートハウス（smart house）」と呼ぶようになった。（☞グリーン・ニューディール，スマートグリッド，エコ住宅，エコタウン事業）　〔TN〕

スマートハウス　⇒　スマートシティ

スラグ　slag　スラグとは，鉱滓（こうさい・こうし），鍰（からみ），金屎（かなくそ），のろとも呼ばれる。種々の金属の精錬の際に発生し，廃棄物焼却炉より排出される焼却残渣（ざんさ）（焼却灰や飛灰）を溶融炉によって高温で溶融し，それが冷却された際に発生する鉱石母岩などの成分を含む固形物質。この時にダイオキシン類が分解されて重金属の封じ込めができることから，アスファルト舗装やコンクリート二次製品の骨材・埋め戻し材，土木・建設資材など広範囲の利用が可能となる。グリーン購入法の特定調達品目に指定されている地球環境にやさしい資材といえよう。（☞ダイオキシン，重金属，グリーン購入法）　〔JO〕

す

スラッジ　⇒　汚泥（おでい），ヘドロ

🍃🍃 **3R（スリー・アール）**　廃棄物等の発生抑制（リデュース：Reduce），再使用（リユース：Reuse）および再生利用（リサイクル：Recycle）を表す3つの英単語の頭文字を合わせた造語。2000年に抜本的改正が行われ2001年4月に施行された資源有効利用促進法（改正リサイクル法）では，従来の再生利用（リサイクル）対策の強化に加えて廃棄物の発生抑制（リデュース）対策や使用済み部品の再使用（リユース）対策の導入が企業に義務づけられた。なお，不要なもの（廃棄物）を断（ことわ）る，または拒絶することを表す「リフューズ（Refuse)」を含めて「4R（フォー・アール)」とする考え方もある。(☞資源有効利用促進法，リサイクル，リデュース，リユース，もったいない)

〔HT〕

スリーマイル島の原発事故　1979年3月にアメリカのペンシルベニア州にあるスリーマイル島（Three Miles Island）原子力発電所で起こった炉心部分が溶け落ち大量の放射性物質が放出された大事故。この事故によって周辺住民のガンや白血病，乳児の死亡率の増加，さらに家畜に異常が起こる被害も報告され，原発による環境汚染問題として注目された。この事故をきっかけにアメリカをはじめ各国で原発のあり方が問題視されるようになった。(☞国際原子力事象評価尺度，放射能汚染)

〔MK〕

スローフード運動　slow food　イタリアのローマにファストフード・チェーン店が出店されたのをきっかけに，食事を非常に重要視しているイタリアの人々がファストフード（fast food）への疑問を呈（てい）し，「食」を見直そうと1986年ごろに始めた運動。ファスト（速い：fast）に対して反意語のスロー（ゆっくり：slow）を当てた用語である。イタリアの小さな町ブラでイタリア最大の食文化組織「アルゴチーラ」を母体にイタリア人ジャーナリスト，カルロ・ペトリーニが中心となって提唱した。

活動指針は，①消えていきつつある郷土伝統料理や質の良い食品，ワインなどを守る，②質の良い素材を提供してくれる小規模生産者を守る，③子どもたちを含めた消費者全体に味や食の教育を進める，の3点である。スローフードは多種多様なものを認め，そこの地域でしか作ることができないというもの，あるいは伝統的な料理を再度自分たちの生活の中で見直そうというものである。希少価値があり，それによって地域活性化がなされているものを認定し，ブランド認知や宣伝を行っている。(☞地産地消)

〔TI〕

〔せ〕

生活環境　⇒　典型7公害，環境基準，環境技術

生活排水　「トイレの排水」（し尿）や，台所・風呂・洗濯からの「雑排水」など，日常生活でなされる排水のこと。一時，工場からの排水が公害問題の発生とともに社会問題になり，その規制は年々厳しくなった。その結果，工場排水よりも家庭から出される生活排水が水質汚濁の大部分を占めることになった。台所，風呂，洗濯の雑排水は見た目もそれほど汚くないため，そのまま側溝（そっこう）や水路に気軽に放出されることが多く，油汚れ，茶殻（ちゃがら），洗濯・台所洗剤の汚染によって河川や海の汚れを引き起こす。生活排水は規制がないため，1人ひとりの注意や意識が必要である。（☞水質汚濁，環境意識，ごみ）　〔TI〕

清掃工場建設反対運動　⇒　ごみ戦争

生態学　⇒　エコロジー

生態系　⇒　エコシステム

生態的環境　⇒　エコロジー

成長の限界　The Limits to Growth　国連人間環境会議が開催された1972年に，経済成長に警告を発し人類の危機を唱えた『成長の限界』と題する画期的レポートがローマ・クラブという国際的な民間組織から発表された。同レポートの特徴は，世界的関心事となった次の5つの大きな傾向を分析するために世界モデルを用いるというアプローチをとった点にある。その傾向とは，①加速度的に進みつつある工業化，②急速な人口増加，③広範に広がっている栄養不足，④天然資源の枯渇（こかつ），⑤環境の悪化である。その結果，きたるべき100年以内に地球上の成長は限界点に到達すると予測されている。しかしながら，同レポートは真剣に憂慮（ゆうりょ）してはいるものの，決して人類の将来を絶望視しているわけではない。

(☞ローマ・クラブ，国連人間環境会議)　〔HT〕

製品ライフサイクル　⇒　プロダクト・ライフサイクル

生物圏　⇒　バイオスフィア

生物資源　biological resources　食料，衣料，薬品など人間の生活に必要な資源として利用される生物のこと。通常，自然資源（または天然資源）と呼ばれることもあるが，自然資源には水資源や鉱物資源なども含まれるのに対し，生物資源は生物由来のものだけを指す。生物のもつ固有の形質よりも遺伝子に着目した場合は「遺伝資源（genetic resources)」とも称される。とりわけバイオテクノロジーが急速に発達し，生物の遺伝子を操作することが可能になった今日では，遺伝資源という名称が一般的に利用されるようになった。長い進化の末に残されてきた生物の遺伝子は，それ自体が貴重であり，人間にとっての有用性にかかわらず保護・保全をはからなければならないと考えられるようになってきたからである。

生物資源は一般的に再生可能資源であるが，過度の利用や乱獲，環境破壊などの影響で絶滅の危機に瀕しているものも少なくない。さらにバイオテクノロジー技術を利用した生物資源の開発を推進する先進国と，生物資源の盗賊行為（バイオパイラシー：biopiracy）を阻止し，これらの利益の還元を主張する生物資源保有国としての開発途上国とは，利害が対立する傾向にある。(☞生物多様性条約，COP10，天然資源)　〔TT〕

生物多様性　biological diversity　「生物多様性」とは，生命体としての生物の世界が多様化し，生態系のバランスを保っている状態を指す。例えば動植物などのあらゆる生物を分類する基本単位を「種（しゅ）」と呼び，国連環境計画の推定によれば地球上に生存する生物種は300万種から1,100万種におよぶ。もちろん正確な数字を把握することは困難であるが，確認されているだけでも175万種ほどあるという。

生物の多様性は人間の生存をささえ，その生活に恵（めぐ）みをもたらすが，近年では人間活動によって乱獲（らんかく）や生息地の破壊が多発し生物多様性が急速に失われつつある。このため，1992年の地球サミットの際に「生物多様性条約（生物の多様性に関する条約）」が採択され，93年に発効した。なお，2010年10月には日本の愛知県名古屋市で第10回生物多様性条約締約国会議（COP10）が開催された。（☞国連環境計画，レッドデータブック，COP10）〔HT〕

生物多様性基本法 ⇒ 生物多様性国家戦略2010

生物多様性国家戦略2010 生物多様性国家戦略とは，生物多様性の保全および持続可能な利用に関する国の基本計画を指す。子孫の代になっても生物多様性の恵（めぐ）みを受け取ることができるよう，生物多様性の保全と持続可能な利用にかかわる国の政策の目標と取り組みの方向を定めている。日本は1995年10月に「生物多様性国家戦略」を決定し，2002年には全面的に見直した第２次となる「新・生物多様性国家戦略」を決定した。この新しい国家戦略では，概（おおむ）ね５年程度を目途（もくと）に見直しを行うこととされていたので，国内外の状況の変化も踏まえ07年11月に「第３次生物多様性国家戦略」を閣議決定した。

その後，2008年６月に「生物多様性基本法」が施行され，法律上でも生物多様性国家戦略の策定が規定されたことから，「生物多様性国家戦略2010」が10年３月に閣議決定された。「生物多様性国家戦略2010」は「第３次生物多様性国家戦略」の構成や計画期間等を引き継ぎつつ，10年10月に名古屋市で開催された第10回生物多様性条約締約国会議（COP10）に向けた取り組み等を視野に入れて内容の充実をはかっており，次の３つのポイントを指摘した。第１に中長期目標（2050年）と短期目標（2020年）の設定，第２にCOP10の日本開催を踏まえた国際的な取り組みの推進，第３にCOP10を契機とした国内施策の充実・強化である。（☞生物多様性，COP10）〔TT〕

生物多様性条約 ⇒ 生物多様性

生物多様性条約締約国会議 ⇒ COP10

生物多様性白書 ⇒ 環境白書

生（せい）分解性プラスチック biodecomposed plastic 一定の条件にお

いて分解できるプラスチックで，一般的には土中において微生物によって分解されるプラスチックを指す。土中において6カ月から3年程度の期間で水と二酸化炭素に分解されるため，廃棄物処理の費用軽減につながる。生分解性プラスチックは合成方法から，①化学合成型，②植物生産型，③微生物合成型，などがある。

日本ではプラスチックが大量に生産されているため，これらが廃棄されて国土を覆(おお)うと大規模な環境破壊になる。これを防止することが期待できる生分解性プラスチックの需要は今後さらに増大すると予測される。なお，商用に普及させるためにはコストを現在の5分の1から10分の1まで低減させることが必要となり，成形性の向上と大量生産化のための研究が進められている。主成分は天然ポリエステル，でんぷん，セルロースなどである。(☞生分解性包装材料)〔YK〕

生(せい)分解性包装材料　土壌中や水中で自然分解する包装材料のこと。廃棄後，微生物によって分解されコンポスト化（腐(くさ)らせて土にすること）が可能で，フィルムや容器に成形され使用される。生分解性包装材料は「生分解性プラスチック」と「可食性包装資材」などがある。今までのプラスチックは土にもどらず環境汚染を引き起こすが，「生分解性プラスチック」は燃やした場合にも有害ガスが発生せず，廃棄しても土にもどる。「可食性包装資材」は資材自体が食べられるものである。(☞コンポスト，生分解性プラスチック)〔TI〕

世界遺産　The World Heritage　世界のすべての人々が共有し，未来の世代に引き継いでいくべき人類共通の宝物。世界遺産は「文化遺産」「自然遺産」「複合遺産」に分類される。「文化遺産」とは優れた普遍的価値をもつ建築物や遺産，「自然遺産」は優れた価値をもつ地形や生物，景観などを有する地形，「複合遺産」は文化と自然の両方の要素を兼ね備えているものを指す。こうした失われてはならない貴重な自然や過去の人類が残してきた偉大な遺産を損傷・破壊から守り継承していくために，1972年のユネスコ総会で採択された条約が「世界遺産条約」である。この条約に基づき世界遺産として世界遺産リストに登録される。

2016年12月現在，世界遺産に登録された文化遺産は814，自然遺産は203，複合遺産は35で，総計は1,052におよぶ。日本では法隆寺地域の仏教建造物群，姫路城，白神山地，屋久島，古都京都の文化財，白川郷・五箇山(ごかやま)の合掌造り(がっしょうづくり)集落，広島平和記念碑（原爆ドーム），厳島(いつくしま)神社，古都奈良の文化財，富士山など22件（2018年6月現在）が登録されている。海外ではアメリカのイエローストーン国立公園，中国の「万里の長城」，フランスのベルサイユ宮殿などが有名。（☞白神山地，屋久島，白川郷，イエローストーン国立公園，危機遺産）〔TT〕

世界遺産条約　Convention Concerning the Protection of the World Cultural and Natural Heritage　正式名称は「世界の文化遺産および自然遺産の保護に関する条約」。国際機関が協力して「自然」と「文化」を人類共通の宝物として破損などの脅威から調査・保護・保全することの大切さをうたった条約。自然と文化は密接な関係にあり，双方とも守るべき大切なものであるという新しい考え方を基本にしている。1972年の第17回ユネスコ総会で採択された世界遺産条約の締約国は，2016年12月現在で191カ国におよぶ。日本は1992年に125番目の締約国となった。2016年12月現在で1,052件の世界遺産があり，そのうち日本は22件登録している。（☞世界遺産，危機遺産）〔TT〕

世界環境デー　⇒　環境の日

世界気象機関（WMO）　World Meteorological Organization　「世界気象機関条約」に基づいて気象業務の連携や効率的に気象情報の交換を行うことを目的とした国連（国際連合）の専門機関の1つ。ジュネーブに本部を置き，1950年に設立された。気象情報の交換以外にも気象観測網の確立，気象観測方法の統一化，気象学研究の促進と利用の普及を主な活動として気象に関する研究の中心的役割を担(にな)っている。さらに世界気候計画や大気バックグラウンド汚染観測網（地球の大気に関する情報等を継続的に提供することを目的とする）等の活動も行っている。〔MK〕

世界自然保護基金（WWF）　World Wide Fund for Nature　1961年に国際組織としてスイスに設立された世界最大の民間自然保護団体。絶滅の危機にさらされた動植物の保護を中心に，気候変動，森林や海洋の開発，保全および利用の推進や，地球規模の環境問題である温暖化や化学物質による汚染を防止する活動を行っている。日本にも1997年に委員会（WWF ジャパン）が設立され，白保サンゴ礁（石垣島のサンゴ礁）の保全に関する活動なども行っている。（☞環境 NGO，環境ボランティア）〔MK〕

世界保全戦略　⇒　持続可能な開発

世界水会議（WWC）　World Water Council　1970年代になって世界的に環境問題に対する関心が高まり1977年には国連で初めての水会議が開催され，さらに地球サミットが開催された1992年には水と環境について広く議論を行ったダブリン会議（水と環境に関する国際会議）が開催された。このような水問題への国際的な取り組みを背景に，世界の水に関する専門家，学会，国際機関が中心となって1996年に設立された水問題のシンクタンクが「世界水会議」である。また，21世紀の国際社会における水問題の解決に向けた議論を深め，その重要性を広くアピールするために「世界水フォーラム（World Water Forum：WWF)」が世界水会議によって提案され，第３回の世界水フォーラムは2003年３月に日本の京都・滋賀・大阪，第４回は2006年３月にメキシコのメキシコシティ，第５回は2009年３月にトルコのイスタンブール，第６回は2012年３月にフランスのマルセイユ，第７回は2015年４月に韓国，第８回は2018年３月にブラジルにおいて開催された。（☞水資源，水危機，水環境）〔HT〕

世界水フォーラム　⇒　世界水会議

赤外線　⇒　紫外線，温室効果ガス

責任ある配慮　⇒　レスポンシブル・ケア

石油危機　oil crisis　主要なエネルギー源である石油の価格が急騰して石油消費国の経済に危機的な影響を与える現象。1973年に第４次中東戦争が勃発して産油国が供給制限を行ったため，石油が４倍近く値上がりし，高度経済成長期にあった日本経済は戦後初のマイナス成長となった（第１次石油危機）。その後，石油の備蓄体制がとられたが，省資源への取り組みが普及し，結果的に環境負荷の低減に寄与する技術革新が推進された。さらに1979年にはイラン革命により再び価格が上昇し（第２次石油危機），地熱や太陽光発電などの新エネルギー発電の技術開発が進められた。(☞省資源，新エネルギー）〔TN〕

石油代替エネルギー　⇒　新エネルギー

セクター別アプローチ　Sectoral approach　気候変動問題において2013年以降，つまり京都議定書後（ポスト京都議定書）の国際的な温室効果ガス削減方法の１つ。このアプローチは，2007年12月にインドネシアのバリ島で開催された第13回気候変動枠組み条約締約国会議（COP13）で日本が提案した。ここでいうセクターとは，①電力セクター，②エネルギー多消費型セクター　③運輸部門および民生部門，④その他の参加を希望するセクター，といった温室効果ガスを発生する産業・社会群をいう。このアプローチは，各国・各セクターのエネルギー利用や温室効果ガス排出状況を調査し，削減可能性を科学的に検証し，さらに各国・各セクターごとに適した目標設定およびそれが達成できる対策を進める点が特徴である。

対象国としては，現在および将来の経済構造においてGDPの相当の部分を占め，予想される国として具体的には米国，中国，EU，インド，ロシア，ブラジル，日本，インドネシア，カナダ，メキシコ，オーストラリア，韓国が挙げられている。京都議定書に批准しなかった温暖化物質の大量排出国である米国，中国，インドが参加できるよう公平な削減アプローチを目指し，全地球レベルで温暖化物質の削減を達成することを目的としている。しかし，米国や多くの途上国はセクター別アプローチに否定的な立場をとっており，EUは静観しているというのが現状である。2015年において採択された「パリ協定」においても言及されていないが，専門家からはその必要性が指摘されている。(☞京都議定書，ポスト京都議定書，温室効果ガス，パリ協定）〔NK〕

世代間倫理　⇒　環境倫理，地球有限主義

節水　水を資源と捉えて限られた資源保護という観点から利用を制

限，あるいは効率的な使用を目指すこと。一般家庭および産業界全体で水の無駄な消費を減らし，使用後の再利用を含めてこれまで行われてきた大量の水使用を考え直す動きが顕著になっている。使用水量を抑制できる節水型トイレなどは，その一例。水が涸(か)れる渇水(かっすい)期などに水不足に陥らないようにするという目的以外に，給排水施設の維持・拡充に要するコストを抑制できるため，省エネルギーにつながる効果も期待できる。(☞水資源，水危機，省エネルギー)〔MK〕

節水型トイレ ⇒ 節水

節電　消費される電力を抑制すること。現存する技術のもとで使用される電力を減らすことを目指すとともに，さらなる電気の効率的な利用を意図する技術革新に向けた努力がさまざまな分野で行われている。電力消費の抑制が実現されると発電施設の新規建設が不要になり，火力発電所稼働にともなう二酸化炭素排出量の抑制，あるいは原子力発電への依存を軽減することになる。また，ピーク時の電力需要を抑えることにより大規模停電および計画停電の危険を回避することができ，家庭では電気料金の節約にもなる。とくに東日本大震災による福島第一原発事故以降に，日本では節電が一層重要視されるようになってきた。(☞節電ビズ，東日本大震災，スマートグリッド)〔MK〕

節電ビズ　クールビズと同じように，節電のために職場での軽装を推進すること。経済産業省などの推奨で夏場の電力不足を回避するために行われる。軽装を徹底することで夏場の消費電力の中心であるエアコンの設定温度を高く設定し，使用時間を減らすことを目的とする。ただし，服装についての具体的な定義はなく，一般的には周囲に不快感を与えない程度にカジュアルなものが想定されている。とりわけ東日本大震災の影響によって節電を強いられたために，日本で関心を集めるようになった。(☞節電，クールビズ)〔MK〕

説明責任　accountability　「アカウンタビリティー」とカタカナ英語で呼ばれることもあるが，財産の運用受託者は委託者に対して財産の保全状況や運用結果を定期的に報告しなければならない，という考え方を指す。「会計責任」ともいい，経営者が株主に対し会計報告を行う根拠となっている。上場企業や大企業の場合には社会的な影響力を考慮し，決算を定期的に公開することが義務づけられている。さらに，企業の社会的責任に対する関心の高まりから社会に対する説明責任が提唱され，公共財である環境資源の利用および保全状況について環境報告や環境会計報告が実施されている。(☞環境会計，環境報告書，社会的責任，公共財)　〔TN〕

絶滅危惧種　⇒　レッドデータブック

絶滅種　⇒　レッドデータブック

セベソの爆発事故　1976年にイタリアのセベソという町で史上最悪と言われるダイオキシン汚染を引き起こした化学工場の爆発事故。汚染の原因は，殺菌剤を製造していた隣町の化学工場で爆発事故が起こり，風下に位置していたセベソに大量のダイオキシンが流れ込んだからである。この事故では幸いなことに死者が出なかったものの，多くの地域住民が長期間にわたり皮膚炎などに苦しめられた。また，この事故ではドラム缶に詰めた汚染土壌が行方不明になり，その後フランス北部で発見されたことから「バーゼル条約」締結のきっかけになったと伝えられている。(☞バーゼル条約，ダイオキシン)　〔HT〕

セリーズ（CERES）　The Coalition for Environmentally Responsible Economies　セリーズ原則を発表した「セリーズ（環境に責任を負う経済のための連合)」とは米国で設立された会員制の非営利組織（NPO）で，主要な社会的投資家，環境保護団体，公的年金，労働者団体，各種公益団体などから構成されている。その任務は，世界中に健全で持続可能な未来を築くために環境に責任を持つ経済活動を推進し，最終的には財務的なパフォーマンスとともに環境パフォーマンスに基づいた健全な投資（sound investment）を促進することにある。また，基本的な理念は「環境保護と経済成長は両立しうるものである」という点にある。つまり，経済活力と環境責任とは密接不可分の関係にあり，この考え方と一致する経営活動を維持できるような企業の自己統治メカニズムの創設を目指しているわけである。(☞セリーズ原則，セリーズ・レポート，環境パフォーマンス)　〔HT〕

セリーズ原則　The CERES Principles　セリーズ原則とは，環境に対する配慮を熱心に行う企業を象徴する原則である。この原則は1992年に修正が加えられる以前は「バルディーズ原則（The Valdez Principles）」と呼ばれていたことからもわかるように，もともとは1989年３月にアラスカ沖で原油流出事故を起こした大手石油会社エクソンの大型タンカー「バルディーズ号」にちなんで名づけられ，同年９月に米国で発表された。

このセリーズ原則の序言に示された信念とは次のようなものである。それは第１に「企業は環境に対して責任を負っており，地球環境を保護するよう業務を遂行することによって環境に責任を負う管理者の立場であらゆる事業を運営しなければならない」ことと，第２に「企業は将来の世代の持続能力を侵害してはならない」ことである。(☞バルディーズ号，セリーズ，セリーズ・レポート)　〔HT〕

セリーズ・レポート　The CERES Report　セリーズ原則を承認した企業によって毎年作成されるレポート（報告書）のこと。これに掲載される情報は次の３つの点で有益である。第１に，企業にとって環境パフォーマンスを正確に提示し評価できる。第２に，投資家にとっては環境への影響を基(もと)に投資先を選別しやすくなる。そして第３に，個人にとっては企業と環境についてより多くの知識を得られるようになることである。(☞セリーズ，セリーズ原則，環境パフォーマンス)　〔HT〕

ゼロ・エミッション　zero emission　排出される廃棄物をいかに処理するかではなく，それを再利用しあらゆる廃棄物をゼロにすることを社会全体で目指す構想。資源とエネルギーをできる限り有効に使用し，環境へのエミッション（排出）をゼロ（排出ゼロ）に近づけ資源循環型の社会を目指すもので，国際連合大学（国連大学）が1994年に提唱した。ゼロ・エミッション構想は，単なるリサイクルによる資源の有効利用にとどまらず，環境負荷の低減を検討するものである。個別の企業や産業のみで対応できるものではなく，あらゆる産業，社会システム，消費者が連携し共同で行わなくてはならず，各界トップのリーダーシップが必要である。日本ではゼロ・エミッション工業団地構想推進や，ビール業界での取り組みなどが行われている。(☞ご

みゼロ作戦，リサイクル，環境負荷）　〔TI〕

戦略的環境アセスメント　一般に環境アセスメントは事業の実施段階で行われるが，これでは事業の大幅な見直し等が困難になる。そこで計画段階から環境への影響を予測・評価し，戦略的に環境保全をはかろうとする活動を指す用語。実際のところ，最近では環境アセスメントによって着工済みの事業であっても中止されるケースが見られることから，事業の計画段階から環境配慮を取り入れた戦略的環境アセスメントが注目されるようになってきた。（☞環境アセスメント）　〔HT〕

戦略的フィランソロピー　⇒　社会貢献

〔そ〕

騒音　noise　人に対して不愉快な音の総称をいう。騒音の発生源としては工場，建設現場，自動車など多岐（たき）にわたっているが，最近ではカラオケやエアコンによる近隣騒音も問題となっている。騒音に関する環境基準では住宅地や商業地などの地域の類型および昼夜の区分ごとに基準値が示されており，都道府県知事が類型をあてはめる地域を決定する。また，航空機，鉄道および建設現場に対しては別に基準が設定されている。(☞環境基準，典型7公害)　〔TN〕

総合静脈物流拠点港　⇒　リサイクルポート

総合物流施策大綱　総合的な物流施策を推進するために政府は2001年7月に「新総合物流施策大綱」を閣議決定したが，それ以降，①東アジア地域における経済交流の拡大，②京都議定書発効による環境対策の充実強化の要請，③米国同時多発テロの発生を契機としたセキュリティ確保の要請など，日本の物流をめぐる情勢は大きく変化した。これらの変化に対応した迅速かつ的確な物流施策を推進するために，2005年から2009年における物流施策推進の拠り所として2005年11月に閣議決定されたのが「総合物流施策大綱（2005-2009）」である。

その施策の基本的方向性には，第1にスピーディーでシームレスかつ低廉な国際・国内一体となった物流の実現，第2は「グリーン物流」など効率的で環境にやさしい物流の実現，第3にディマンドサイドを重視した効率的物流システムの実現，第4に国民生活の安全・安心を支える物流システムの実現，の4項目が掲げられている。とくに荷主企業と物流事業者が連携・協働することによって物流システム全体を改善し環境にやさしい物流，すなわち「グリーン物流」を構築するために，物流施設の効率的配置とともに交通インフラとの有機的連携が唱えられた。

しかしながら「総合物流施策大綱（2005-2009）」策定以降，経済構造の一層のグローバル化，京都議定書第一約束期間の開始を契機とした地球温暖化対策の必要性の増大，貨物セキュリティ確保の要請の高まり等，物流をめぐる情勢の変化を踏まえて2009年7月に「総合物流施策大綱（2009-2013）」が閣議決定された。この新しい大綱には，①グローバル・サプライチェーンを支える効率的物流の実現，②環境負荷の少ない物流の実現等，そして③安全・確実な物流の確保等，という3つの柱が定められている。とりわけ環境負荷の少ない物流を実現するために，モーダルシフトを含めた輸送の効率化や効率的な静脈物流が掲げられている。

現在の日本の物流政策は2017年7月に閣議決定された「総合物流施策大綱（2017～2020）」に沿って行われており，これからの物流に対する新しいニーズに応え，経済成長と国民生活を持続的に支える「強い物流」を実現していくために6つの視点からの取り組みの推進が示されており，そのなかの4番目に「災害等のリスク・地球環境問題に対応するサステナブルな物流の構築（＝備える）」が明記されている。（☞グリーン物流パートナーシップ会議，環境ロジスティクス，モーダルシフト，静脈物流）〔HT〕

総量規制　特定地域における汚染物質排出量の上限を定め，適用対象となる事業所ごとに割当を行い，排出量を規制する手法。一定の濃度を超える汚染物質を対象とした「濃度規制」では，薄（うす）めて排出されると環境基準を満たさないため，汚染源が集中する地域を対象に実施されている。水質規制では化学的酸素要求量，窒素およびリンが対象となり，大気規制では硫黄酸化物，窒素酸化物，ダイオキシンなどが対象となる。（☞水質汚濁防止法，大気汚染防止法）〔TN〕

ソーシャル・ビジネス　⇒　コミュニティ・ビジネス

ソーシャル・マーケティング　social marketing　1970年代あたりから①公害や環境汚染の深刻化，②コンシューマリズム（消費者主義）の高揚，③企業の社会的責任論の台頭など，企業の社会的側面が一層多様化したために誕生した新しいマーケティング戦略の呼称。これを非営利組織（NPO）のマーケティング戦略と捉える見解もあるが，主流は健康，安全，環境，地域社会（コミュニティ）など多くの分野における社会的問題（social issues）の解決を対象とし，その主体には非営利組織や非政府組織だけでなく政府機関や営利組織としての企業も幅広く含まれると考えられている。要するに，ソーシャル・マーケティングの目的は社会全体への利益を目指し，①健康の向上，②負傷の回避，③環境の保護，さらに④地域社会への貢献を達成するために行動を変化させる点にあると唱えられているわけである。(☞グリーン・マーケティング，エリア・マーケティング，企業経営の社会性)
〔HT〕

SOHO（ソーホー）　Small Office Home Office　在宅オフィスなど勤務を自宅で行うワークスタイルを指す。パソコン・ソフトのプログラミングなどは，インターネットやLANと接続することによって会社に通勤することなく自宅で行うことができる。こうすると通勤に鉄道や自動車を使わないですむために，オフィスコスト，移動コスト，人件費，無駄な時間など，経費の節減と移動に関する省エネルギーが実現する。ただし，通勤と勤務時間のある生活という概念が薄くなり，勤労時間の自由度が大きくなる。このため産業界に普及が拡大した際にはコミュニケーションのとり方に工夫が必要となるであろう。(☞省エネルギー，省資源)
〔YK〕

ソーラーカー　solar car　太陽電池で発生する電力をモーターに供給し動力源とする自動車を指す。太陽電池は半導体に光が入射したときに得られる光電効果を利用した発電原理を用いる。ただし，太陽電池には蓄電能力がないので，いったん蓄電池に蓄(たくわ)えて必要時に電力を使用する。太陽光を利用するのでガソリンエンジン自動車のような排気ガスを出すことがないため，環境保全に配慮した自動車といえる。また，走行時の騒音も少ない。なお，太陽電池の原理が発見されたのは1839年にBecquerel（ベクレル）が提唱した湿式太陽電池，または1876年にAdam（アダム）らが乾式太陽電池を発明した時と言われている。(☞エコカー，電気自動車，太陽エネルギー，太陽光発電)
〔YK〕

粗大(そだい)ごみ　bulky waste　家庭から排出される大型のごみ。①いす，たんす，戸棚，ベッドなどの家具類，②掃除機，ストーブ，温風ヒーター，電子レンジ，電気こたつ，ステレオ・コンポなどの家電製品や③自転車なども該当する。粗大ごみは専用の処理施設に運ばれて破砕(はさい)され，鉄分などを回収した後に可燃部分が焼却され，不燃部分は埋め立て処分される場合が多い。この種のごみは増加傾向にあり，自治体によっては不用品交換コーナーを設置したり，粗大ごみとして出される家電・家具などをリサイクル製品として必要な人に譲ったりする制度を導入している。（☞資源ごみ，不燃ごみ）〔JO〕

ソフィア議定書　⇒　長距離越境大気汚染条約

ソフトエネルギー　⇒　太陽エネルギー

〔た〕

ダイオキシン　dioxin　ダイオキシンとはポリ塩化ジベンゾ‐パラ‐ジオキシン（PCDD）という非常に毒性が強く分解されにくい有機化合物の略称。人間がつくり出した化学物質で自然界には存在しないが，微量の摂取で人体に悪影響を与える。ベトナム戦争（1960～75年）で化学兵器として使用された枯葉剤に含まれ，発ガン・神経障害・先天性異常・流産などの深刻な被害をおよぼした。さらに1976年にイタリアのセベソにおける化学工場の爆発事故によって史上最悪と言われるダイオキシン汚染が発生し，世界中で環境への悪影響が問題視されるようになった。

日本では1980年代以降，ごみ焼却にともなって発生するダイオキシン汚染が大きな社会問題になった。2001年に施行されたダイオキシン類対策特別措置法ではPCDDおよびポリ塩化ジベンゾフラン（PCDF）にコプラナーPCBを含めて「ダイオキシン類」と定義されている。最近では内分泌かく乱作用があるとして環境ホルモンにも挙げられるようになった。なお，2018年４月には環境省から16年度のダイオキシン類に係る環境調査結果が発表された。（☞セベソの爆発事故，環境ホルモン，土壌汚染）〔HT〕

ダイオキシン類　⇒　**ダイオキシン**

ダイオキシン類対策特別措置法　⇒　**ダイオキシン**

大気汚染　air pollution　大気が汚染されることによって発生する環境問題。汚染された大気が身近な地域環境を悪化させ住民の健康を害する例は，これまで跡を絶たないほど多く見られる。そのなかには四日市喘息のように公害訴訟に発展するケースもある。こうした大気汚染物質には窒素酸化物（NOx），硫黄酸化物（SOx），浮遊粒子状物質（SPM）などが代表的。大気汚染には火山の噴火のように自然現象によって発生するものもあるが，問題は人間の活動によって引き起こされるもので，その典型が工場からの排煙である。

ところが，自動車の排気ガスによる大気汚染も深刻化。1970年代は光化学スモッグが問題になったが，ディーゼル車から排出されるディーゼル排気粒子（DEP）が肺ガンの原因になると指摘されている。なお，日本では大気汚染対策の基本となる大気汚染防止法が1968年に制定され，改正を重ねるたびに規制が一層強化されている。他方，国際的には中国で秋～冬期にかけ深刻な大気汚染が現在でも発生することがある。（☞ディーゼル車，ディーゼル排気粒子，浮遊粒子状物質，光化学スモッグ，大気汚染防止法，東京大気汚染訴訟，複合汚染）

〔HT〕

大気汚染物質　⇒　大気汚染

大気汚染防止法　Air Pollution Control Law　大気汚染防止のための規制措置等を定めた法律。1968年に制定され，数々の改正を経て現在にいたる。この法律は①総則，②ばい煙の排出の規制等，③自動車排出ガスに係る許容限度等，④大気汚染の状況の監視等，⑤雑則，⑥罰則から構成されており，工場や事業所から排出されるばい煙，粉じんの規制，自動車から排出されるガスの規制等により，大気汚染の防止をはかり人々の健康を保護し，生活環境を保全することを目的としている。なお，大気汚染防止法は2013年に水銀による地球規模での環境汚染を防止することを目的とする水俣条約（水銀に関する水俣条約）の採択を受けて，水銀等の大気中への排出を規制するため15年に同法の一部が改正された。（☞大気汚染，粉じん，ばい煙，水俣条約）

〔JO〕

待機電力　stand-by power　電源のコンセントに接続された電気機器が，稼働にいたらない待機の状態で消費する電力を指す。つまり，電気機器を利用していない時でも電力を消費するので，待機電力はエネルギーの無駄使いとなる。待機電力による電力消費を無視できない家庭用機器には，リモコン操作するオーディオ機器やテレビをはじめ，パソコン，電話器，電子レンジ，食器乾燥機などがあり，それらの待機電力は家庭で消費する年間消費量の１カ月分程度に相当するという試算もあるほどである。省エネ機器の開発によって待機電力もいくらか減ったものの，依然無視できない存在といえよう。（☞節電，省エネルギー）

〔YK〕

第三者意見　環境報告やCSR報告の信頼性を高めるために，報告書の発行企業が第三者の専門家に依頼して表明させる意見のこと。会計報告では監査を実施して報告内容の信頼性を確保するが，環境報告やCSR報告では監査に相当するものが確立していないので，企業が自主的に第三者の意見を報告書に掲載することが定着している。つまり，報告対象の適切性や報告内容の正確性などに関して意見が述べられ，その意見を受けての企業の対応も報告書上に掲載されることになる。さらに第三者意見にはさまざまな種類のものが存在していることから，信頼性を高めるためにサスティナビリティ日本フォーラムから「第三者意見書ガイドライン」が公表されている。(☞環境報告書)　〔TN〕

代替（だいたい）**エネルギー**　alternative energy　特定のエネルギー資源（とくに石油資源）に代わるエネルギーのこと。日本はエネルギー資源に乏（とぼ）しく，海外に依存する割合が高いため，代替エネルギーへの転換を必要としている。また，石油は消費の時に発生する二酸化炭素が石炭や天然ガスよりも多く，将来的には枯渇（こかつ）するおそれもあるため，石油からの脱却が必要である。代替エネルギーにはバイオマス・エネルギー，太陽エネルギー，地熱エネルギー，風力，水力などがある。(☞枯渇性資源，再生可能エネルギー，新エネルギー，バイオマス・エネルギー)　〔TI〕

代替（だいたい）**フロン**　特定フロン類（クロロフルオロカーボン，CFC-11，12，113，114，115）に対する代替品として開発されたフロンの類似品。これまで冷媒，発泡剤，洗浄剤，エアロゾルなどに使用されてきたフロンは，オゾン層を破壊し生態系に悪影響をおよぼすためモントリオール議定書で1995年までに撤廃することが決定された。その代替品として開発されたのが代替フロンである。HFC（ヒドロフルオロカーボン），HCFC（ヒドロクロロフルオロカーボン）が主要成分でフロンの優れた性質を保持しているものの，これらの物質も安全性が問われ2020年までに撤廃されることが決定している。(☞フロン，特定フロン，クロロフルオロカーボン，エアロゾル，モントリオール議定書)　〔JO〕

堆肥（たいひ）　⇒　コンポスト

太平洋ごみベルト　⇒　海洋プラスチック憲章

太陽エネルギー　solar energy　太陽が放射するエネルギー。化石燃料や原子力を利用したエネルギーの代替エネルギーと考えられている。太陽光発電を行うためのエネルギーは，地熱，風力，波力など自然エネルギーとともにソフトエネルギーとも呼ばれている。石油，石炭，天然ガスなどの化石燃料や原子力などによるハードエネルギーに比べると，環境を汚染しないが，エネルギー密度が小さく気象条件に左右されるという難点がある。しかし，化石燃料や核燃料のように枯渇することがなく，ほとんど無限に利用し続けることができるため，再生可能エネルギーとも呼ばれている。（☞太陽光発電，再生可能エネルギー，代替エネルギー，化石燃料，原子力発電）〔MK〕

太陽光線　⇒　紫外線

太陽光発電　solar power generation　太陽光を受けると電子が発生する性質を持つシリコン半導体を用いた太陽電池（ソーラーバッテリー）によって電気エネルギーを得る発電方法。無公害なだけでなくエネルギー供給が半永久的な発電方法として注目され，世界各国でその普及に向けて取り組みが進められている。日本でも太陽光発電の積極的な導入が進められており，政府における「サンシャイン計画」「ニューサンシャイン計画」等により研究開発が進展した結果，世界最高レベルの発電効率が達成されつつある。

一般家庭に導入する際には住宅の屋根を利用したソーラーシステムによる発電が考えられるが，普段使われている火力発電に比べるとコストが高くつくという難点がある。したがって，量産によるコスト低下を目指し，太陽光発電の市場を自立させることが不可欠とされている。このため，経済産業省では太陽光発電システム設置費用の一部を補助し普及をはかっている。2011年の東日本大震災にともなう原子力発電所の事故の影響で，さらなる普及が予想されている。（☞太陽エネルギー，代替エネルギー，再生可能エネルギー，ソーラーカー，東日本大震災）〔MK〕

太陽電池　⇒　太陽光発電

大量生産・大量消費・大量廃棄　20世紀においては経済の成長を求めるために企業はモノを大量に生産し，それを大量に流通させ，その生産物を消費者が大量に消費するというシステムをつくり上げてきた。経済は大いに発展し，モノが豊富に市場に出回り，人々は物質的な豊かさを享受できる基盤ができ上がった。しかし，その反面，大量に消費されたものは大量に廃棄され，さまざまな環境問題を引き起こしている。最適生産・適量消費・最少廃棄への速(すみ)やかな移行による資源循環型社会の形成が求められる。(☞物質文明，産業革命)　〔TI〕

脱ダム宣言　2001年2月に田中康夫元長野県知事が長野県下諏訪町の下諏訪ダムの建設計画に関連して発表した宣言。数百億円を投じて建設されるコンクリートのダムは見過ごし得ない負荷を地球環境に与えてしまう。このため，100年，200年先の子孫に残す資産としての河川，湖沼の価値を重視し，コンクリートのダムはつくらないとする考え方。つまり，田中元知事は下諏訪ダム建設計画を中止し，治水は河川改修で対応し，水源確保についてはあらゆる可能性を調査し，用地買収の対象となっていた地権者に対し県独自で予定どおり買収し保全する方向で進めたい，と表明。この脱ダム宣言に基づき長野県は浅川など県内9河川に計画・検討されていたダム建設を中止していた。

その後，2006年9月に就任した村井仁知事のもとで再び動き出した県営浅川ダム建設について，2010年9月に就任した阿部守一知事が「継続を認める」と表明し，脱ダム宣言の見直しの動きも出ていた。結局，治水専用ダムとして建設されることとなり2017年から運用が開始された。(☞地球環境)　〔ST〕

脱炭素社会　⇒　パリ協定

脱硫装置(だつりゅう)　desulfurization plant　硫黄(いおう)酸化物（SOx）の排出を低減する方法とその装置を指す。燃焼排ガスから硫黄分を除去する方法が排煙脱硫装置であり，乾式法と湿式法がある。乾式では活性炭を吸着剤に用い，湿式では水酸化ナトリウム，アンモニア水，石灰石，水酸化マグネシウムスラリー，塩基性硫酸アンモニウム溶液，希硫酸を吸収剤として用いる。その他，石油精製工程で高温高熱（数百度の温度，数十気圧の圧力）により水素化処理を行い硫黄分の少ない燃料油に精製する装置や，燃焼中のガスから吸収・吸着による方法で分離し低硫黄分の燃焼ガスを取り出す装置などがある。この装置は大気汚染を引き起こす硫黄酸化物の除去に役立てられる。(☞硫黄酸化物，大気汚染)　〔YK〕

棚田(たなだ)　日本の原風景(げんふうけい)を構成する棚田とは，山麓(さんろく)や丘陵(きゅうりょう)および扇状地(せんじょうち)などで自然傾斜を緩和する目的でつくられた階段状の水田を意味する。地域によっては「千枚田(せんまいだ)」とか「谷津田(やつだ)」と呼ばれている。山腹・丘陵や谷底地などの厳しい地形条件にある棚田では，高齢化や農業の担い手の減少がとくに進んでいる。また，生産基盤の整備が遅れ多大な労力を強いられていることから，耕作の放棄も進んでいる。棚田はコメなどの食料生産だけでなく，洪水防止や土砂流失防止など公益的な国土・環境保全機能を有している。したがって，耕作放棄が拡大すると降雨によって洪水や土砂流失が生じやすくなり，周辺および下流域に悪影響をおよぼすことが心配される。(☞里地里山)　〔TT〕

ダブリン会議　⇒　世界水会議

炭酸ガス　⇒　二酸化炭素

炭素固定　⇒　ブルーカーボン

炭素税　carbon taxes　地球温暖化の主要な原因である二酸化炭素の排出を規制するため「汚染者負担の原則（PPP）」に基づき，石油・石炭などの化石燃料に対して課税する制度。燃やすと二酸化炭素を排出する燃料に含まれる炭素の含有(がんゆう)量に応じて課税される。この税の導入によって二酸化炭素の排出を抑制することが地球温暖化防止手段として注目されている。1990年代初頭からフィンランド，ノルウェー，デンマーク，スウェーデンなどの北欧諸国やオランダで導入された。このほか1999年にドイツとイタリアが地球温暖化対策としてエネルギーに対する追加的な課税として導入し，2001年にはイギリスでも導入された。アメリカやカナダでも州ごとに実施されているほか，オーストラリアが2012年からの実施を決定。なお，日本でも石油・天然ガス・石炭といったすべての化石燃料の利用に対し，環境負荷（CO_2排出量）に応じて広く公平に負担を求めるものとして，2012年10月１日から「地球温暖化対策のための税」が段階的（３段階）に施行され，2016年４月１日に最終の導入が完了した。（☞汚染者負担の原則，環境税，経済的手法，二酸化炭素，化石燃料）〔MK〕

〔ち〕

地域循環圏　環境に配慮し，地域ごとの特徴を活(い)かしたうえで，地域における資源の循環を目指すための最適な範囲を指す。第1次循環型社会形成推進基本計画が2003年に策定され，続く第2次循環型社会形成推進基本計画が2008年に改定となり，循環型社会・自然共生社会・低炭素社会への取り組みの推進が行われて地域循環圏が加わった。2018年6月に第4次循環型社会形成推進基本計画が閣議決定され，①地域循環共生圏形成による地域活性化，②ライフサイクル全体での徹底的な資源循環，③適正処理の更なる推進と環境再生，などが掲げられた。

地域の資源循環とは小さい単位から順に，コミュニティ資源循環，地域資源循環，ブロック内資源循環，国内資源循環，国際資源循環まで単位は大小さまざまであり，基本的には小さな資源循環から検討し，徐々に範囲を広く捉(とら)えていくことになる。例えばコミュニティ資源循環ではリサイクルやリユース，地域資源循環では地産地消（地域で産出されるものを地域で消費する），ブロック内資源循環では廃棄物リサイクル産業，国内資源循環ではエコタウン間での連携，国際資源循環では高度なリサイクル技術の国際的活用などが掲げられている。(☞循環型社会，地産地消)　〔TI〕

地域通貨　⇒　エコマネー

チーム・マイナス6％　地球温暖化防止のための国際的な合意文書である京都議定書が2005年2月16日に発効したが，その際，日本に課せられた温室効果ガス排出削減量が6％で，これを実現するための国民的プロジェクトがチーム・マイナス6％である。一人ひとりの力を結集し，国民全員が1つのチームとして団結し地球温暖化にストップをかけるための具体的なアクションが次のように提案された。①温度調整で減らそう：冷房は28度，暖房は20度，②水道の使い方で減らそう：蛇口はこまめに閉める，③自動車の使い方で減らそう：エコドライブの実施，④商品の選び方で減らそう：エコ商品の推奨，⑤買い物とごみで減らそう：過剰包装の辞退，⑥電気の使い方で減らそう：コンセントからこまめに抜く，の6つである。このなかでも，とくに「①温度調整で減らそう」は社会によく浸透し，夏の軽装である「クールビズ」などのような新しい生活様式を生み出すきっかけとなった。（☞京都議定書，クールビズ，エコドライブ，環境配慮型商品，過剰包装，チャレンジ25キャンペーン）〔TT〕

チェルノブイリ原発事故　チェルノブイリ原発事故とは，情報が開示されていない社会主義国であった旧ソ連のウクライナで1986年に発生した原子力発電所の放射能汚染事故を指す。多くの死者が出たため，原発史上最大の事故と言われている。また，この事故では放射能が大量に飛散し，いわゆる「死の灰」がヨーロッパ全域を汚染したため，この事故をきっかけに世界各地で原発の安全性が問われるようになり原発建設に反対する動きが活発になった。現在ではチェルノブイリの原子炉はすべて閉鎖されている。（☞死の灰，環境問題，国際原子力事象評価尺度，放射能汚染）〔HT〕

地下水汚染　groundwater contamination　主に有機塩素化合物によって地下水が汚染されることを指す。具体的にはトリクロロエチレンやテトラクロロエチレンによる汚染が問題視されるが，これらは半導体製造過程および金属洗浄，またはドライクリーニングで溶媒として使用されている。かつては浅井戸における細菌汚染や工場排水汚染等による部分的で散発的な汚染が大部分だったが，1982年と83年に環境庁（現在の環境省）の実施した実態調査結果では，トリクロロエチレン，テトラクロロエチレン等の有機塩素化合物により広い範囲にわたって汚染されていることがわかった。翌年の84年にはトリクロロエチレン等に関する暫定（ざんてい）指導指針が設定され，それらを使用する工場や事業場に対する指導が行われた。1988年には水質汚濁防止法の改正にともなってトリクロロエチレン等は有害物質に指定された。廃棄物処理や清掃に関する法律でもトリクロロエチレン，テトラクロロエチレンを含む廃油は特定有害産業廃棄物に指定されている。地下水の水質測定結果の公表は，水質環境基準における健康項目検出の有無とあわせて評価される。（☞水質汚濁防止法，有害物質，井戸水汚染）〔MK〕

地球温暖化　global warming　人間の活動から排出される二酸化

炭素などの温室効果（greenhouse effect）をともなう温室効果ガスによって地球の気温が上昇する現象。地球環境問題のなかで最も深刻なものの1つで，歴史的には産業革命にともなう化石燃料の大量消費が原因と考えられている。すでに地球温暖化の影響で海面が上昇するなどの被害が報告されており，地球温暖化対策は人類の存亡にかかわる緊急課題と言っても過言ではない。例えば1997年に地球温暖化を防止するために京都議定書が採択されたが，その後の経緯は必ずしも順調でなく，この問題の難しさを裏付けている。

このように二酸化炭素の濃度上昇が地球を温暖化するという理論は早くも19世紀末に発表されており，20世紀半(なか)ばの1958年にはハワイのマウナロア山における観測で二酸化炭素の濃度上昇が確認された。参考までに世界の科学者による専門組織「気候変動に関する政府間パネル（IPCC）」が2006年に発表した報告書によれば，21世紀末は20世紀末に比べて地球の平均気温が1.1～6.4℃上昇すると予測されている。

ちなみに2007年4月になると，国際社会の平和と安全への脅威にかかわる議題を扱う国連の安全保障理事会において，地球温暖化に関する初の公開討論が行われた。この背景には，戦争や国際紛争は水や食糧やエネルギーなどをめぐって起きることから，気候問題は経済だけではなく平和や安全保障に対しても潜在的な脅威になる，との認識がある。

なお，IPCCによる2018年の特別報告では，地球温暖化によって世界の平均気温は2017年時点で産業革命前より1度上昇し，現状のままでは2040年ごろに1.5度に達して異常気象のリスクが高まると予想されている。参考までに2015年に採択されたパリ協定では21世紀末までに地球の平均気温の上昇を2度以内に抑えることを目標とし，1.5度は努力目標とされている。（☞産業革命，温室効果ガス，化石燃料，京都議定書，気候変動に関する政府間パネル）〔HT〕

地球温暖化対策推進大綱(たいこう)　1998年に京都議定書の採択を受けて政府が決定した地球温暖化対策推進のための大綱。京都議定書の目標を達成するため，当面の地球温暖化対策が示されている。この大綱は中期的な対策として，①省エネルギーの促進や新エネルギー導入，原子力発電所立地の促進，②公共交通機関の利用促進や交通渋滞の緩和，③森林整備・都市緑化の推進，④二酸化炭素（CO_2）など温暖化ガスの排出権取引や発展途上国への支援など国際的な取り組みの促進，⑤サマータイムの導入や自転車の利用促進といったライフスタイルの見直しなどを提言している。なお，同じ1998年に地球温暖化対策推進法が成立し，2005年の改正で温室効果ガス排出量算定・報告・公表制度が導入された。また，最新の改正は2013年に行われている。（☞地球温暖化，京都議定書，二酸化炭素，ライフスタイル）〔MK〕

地球温暖化対策推進法　⇒　地球温暖化対策推進大綱

地球温暖化防止条約　⇒　気候変動枠組み条約

地球環境　global environment　地球全体の自然環境や生態的環境を幅広く指す用語。基本的に自然環境や生態的環境は国境や地域に拘束されることなく地球的な広がりとつながりをもっている。その地球環境が20世紀の後半あたりから人間のさまざまな活動—とりわけ産業活動の高度化やグローバル化—によって負荷がかかりすぎ，果て(は)は破壊されてしまうおそれすら生じてきた。これが地球環境問題と呼ばれる現象で，その対策は21世紀に人類の存亡を左右すると評されるほど最重要課題になっている。（☞地球環境問題）〔HT〕

地球環境基金　⇒　環境再生保全機構

地球環境憲章　地球環境問題に対処する組織や団体の姿勢・原則などを定めた憲章を指す。1991年４月に日本の経済団体が初めて取りまとめた環境原則といえる「経団連（現在の日本経団連）地球環境憲章」が代表的。この背景には「環境問題の解決に真剣に取り組むことは，企業が社会から信頼と共感を得，消費者や社会との新たな共生関係を築くことを意味し，わが国経済の健全な発展を促すことにもなろう」という基本認識があった。その後，地球温暖化をはじめとする環境問題への取り組みの重要性が一層高まってきたため，1996年７月に「経団連環境アピール—21世紀の環境保全に向けた経済界の自主行動宣言—」が発表された。なお，21世紀の今日では個別企業において地球環境問題への取り組み姿勢や原則，あるいは行動指針等を「地球環境憲章」という名称で策定しているケースがしばしば見られる。（☞

環境理念）〔HT〕

地球環境財団　The Foundation for Earth Environment　1987年に環境庁（現在の環境省）所管の公益法人として設立され，環境保全のための普及啓蒙事業，調査研究事業，助成事業などを柱に活動を展開した財団。その目的は，自然環境の破壊をはじめとする地球的規模の環境の荒廃を憂(うれ)い，かけがえのない地球を清浄(せいじょう)な水と空気と緑に恵まれた美しい惑星として次の世代に継承させるため，環境保全に関する事業を総合的に行うことにあった。環境省は同財団が環境相の承認を得ずに基本財産（企業の資本金に相当）を取り崩(くず)す違反を繰り返したとして2012年２月に同財団に解散を命じた。〔HT〕

地球環境戦略研究機関（IGES）　人口増加や経済成長の著しいアジア太平洋地域における持続可能な開発の実現を目指し，実践的かつ革新的な戦略的政策研究を行う国際的研究機関として，1998年３月に日本政府のイニシアティブによって設立された財団法人（本部は神奈川県三浦郡）。その使命は，大量生産・大量消費によって豊かさを築いてきた20世紀の社会を，持続可能な新しい社会構造へ転換していくことにある，と説明されている。そのために，これまでの社会経済活動を見直し，新しい社会の枠組み（パラダイム）を探り，実現可能な社会経済システムを作っていくための諸方策を提案していこうとしている。また，活動方針には，①国際的な環境戦略研究の実施，②アジア太平洋地域の持続可能な開発の実現にフォーカス，③研究成果の積極的なアウトリーチと具現化，の３項目が掲げられている。（☞エコアクション21）〔HT〕

地球環境モニタリングシステム（GEMS）　Global Environment Monitoring System　国連環境計画（UNEP）が運営する“GEMS”と略称されるシステム。人の健康を保護し，生きていくうえで必要な天然資源を守るために世界の環境を監視する。気候，健康，再生資源，海洋汚染，越境汚染の５分野にわたっている。1975年にナイロビにある国連環境計画の本部内にGEMSの活動を調整するGEMSプログラム活動センターも設置された。２年に１度，この活動センターから世界の最新環境データをまとめた「UNEP環境データレポート」が発行されている。また，有名なものでは，GEMSがイギリスのケンブリッジに設立した「世界保全モニタリングセンター（WCMC）」との共同事業として，絶滅の危機にある動植物の生息地などに関するデータベースの作成・管理を行い，そのデータを基(もと)に「レッドデータブック」が発行されている。（☞国連環境計画，レッドデータブック）

〔MK〕

地球環境問題　地球環境に負荷がかかりすぎた結果発生した諸問題を指し，その典型例には地球温暖化，オゾン層の破壊，酸性雨，熱帯林の減少，砂漠化，野生生物種の減少，海洋汚染，有害廃棄物の越境移動などがある。しかし，これらの深刻な問題は一連の地球環境問題のメカニズムが非常に複雑であることから，高度な経済活動を行っている先進工業国と，いまだに貧困や人口増に悩む開発途上国（または発展途上国）との間に横たわる南北問題も考慮に入れてグローバルな視点からとらえていく必要がある。（☞公害，貧困問題，産業革命，人口爆発）

〔HT〕

地球サミット　1992年の6月3日から12日間にわたりブラジルのリオデジャネイロで開催された「環境と開発に関する国連会議（United Nations Conference on Environment and Development）」，すなわち「国連環境開発会議」は一般に「地球サミット」と呼ばれ，地球環境に関する歴史的な国際会議と高く評価されている。実際，このサミットには180以上におよぶ国や地域の代表，102人の首脳，さらに多数のNGO（非政府組織）が参加し，21世紀に向けて空前の画期的な大会議となった。

地球サミットでは地球環境問題が人類共通の課題と位置づけられ，「持続可能な開発」という理念のもとに環境と開発の両方を目指す方向，ならびに地球環境の保全に関する対策についての国際的な合意が示された。それが「環境と開発に関するリオ宣言（Rio Declaration on Environment and Development）」である。さらに，このリオ宣言を実現するために，各国および各国際機関が実行すべき行動計画を具体的に規定した「アジェンダ21」も同時に採択された。（☞地球環境問題，持続可能な開発，アジェンダ21）

〔HT〕

地球シミュレータ　Earth Simulator　科学技術庁が地球温暖化の影響などを調査するために1998年に開発を開始し2002年に運用を開始した，ピーク性能（論理的な最大性能）が40.96テラ FLOPS，達成性能35.86テラ FLOPS（ピーク性能の88％）といった世界最速の計算能力を持つコンピュータのこと。神奈川県横浜市金沢区にあり体育館ほどの大きさがある。開発コストは約400億円，建物代70億円とされており，365日24時間稼動している。このコンピュータは文字通り地球のシミュレーションを目的に稼動されており，従来のシミュレータでは見ることができなかった台風の発生など（従来は地球を100km セルに区切って計算していた）数十キロメートルぐらいの大きさも見ることができるようになった。従来の1,000倍以上の計算能力により，海水の循環や大気の循環や地震の振動などをはじめ，地球温暖化関連など今後100年間の環境変化についてのシミュレーション計算にも利用されている。（☞地球温暖化）〔JO〕

地球の日　⇒　アースデイ

地球白書　⇒　ワールドウォッチ研究所

地球有限主義　地球上の生態系という有限空間の下ではすべての行為は他者への危害を与える可能性を含んでいるので，その行為は倫理的統制の下に置かれなければならないとし，個人や国家の個別的な利益よりも地球全体の利益が優先するという原理を指す。この「地球有限主義」の下では地球は有限だから経済圏の外部への垂(た)れ流しや廃棄をしても無料で済(す)まされたものも，経済圏の内部にその処理費用が取り込まれて有料化される。例えば石油開発・使用の代償としての炭素税の徴収や大気汚染に対する公害対策費の支払いが求められて，いわゆる「外部不経済の内部化」が実現されることとなる。

この①宇宙船地球号上での生態系の保存を考える「地球有限主義」に，②現在の世代が加害者になり未来の世代が被害者となるという罪を犯すことなく，未来の世代の生存条件を保証するために現在の世代が環境問題に責任を持つという「世代間倫理」の原理と，③人間中心主義から脱却し，資源・環境・生物種・生態系などの未来世代の利害に関係する事物に関して人間は自分の現在の生活を犠牲にしてでもその保存の完全な義務を負うという「生物種保護」の原理の2つを合わせると，環境倫理学の主張する基本的な3つの原理となる。(☞宇宙船地球号，環境倫理，炭素税，エコロジー)　〔ST〕

蓄電池　⇒　リチウムイオン電池

地産地消　「地域生産，地域消費」の略語。地域で産出されるものを地域で消費するという意味で，主に農業において用いられてきた用語であるが，さまざまな生産物や資源にも使われることがある。以前，農業は地域で産物が循環しており，よそから流入することやよそへ流出することはまれであった。工業や商業が発達し大量に生産されたものが大量に流通する仕組みができあがると，それが農業にも影響を与え地域や国を越えて物資の移動が行われるようになる。ところが生産者の顔が見えない流通は，農薬の大量使用，不当表示，保存料の多用，農地のかたより，過疎などの問題を引き起こす。生産者と消費者とのお互いの信頼の上に成り立つ地産地消は，どのような生産を行うのか，どのようにそれを消費し廃棄するのかという問題を投げかけ，環境問題とも深くつながっている。(☞スローフード運動，エリア・マーケティング)　〔TI〕

治山治水　治山（erosion control）とは，健全な森林を整備し，土砂災害の防止，水資源の涵養(かんよう)，生活環境の保全などをはかる行為。林野庁が所管し，山腹崩壊の防止や渓流の土砂災害を防ぐための工事が実施される。他方，治水（soil and water conservation）とは洪水の防止をはかり，また発生した時は被害が最小となるようにさまざまな方法で川を治(おさ)め，国土や人々の暮らしを守ることを指す。国土交通省が所管し，ダムの建設，河川の改修，遊水池整備などを行う。

この2つの用語を合わせた「治山治水」とは，山を治(おさ)めて水を治めることである。適切に管理された森林をつくることは，森林の公益的機能，とくに水源涵養(かんよう)機能を最大限に引き出す。雨として降った水をゆっくりと川に流すことは川の流量を一定に保ち，洪水や渇水を緩和する。また，豊かな森林によって形成されるスポンジ状の土壌では水が地表を流れないために侵食を防ぎ，土砂災害の防止に有効である。(☞森林資源，水資源，水循環)　〔TT〕

地層処分　原子力発電の使用済み燃料を再処理する過程で発生する再処理できない成分を「高レベル放射性廃棄物」と称するが，この廃棄物はその放射能が十分に低くなるレベルに達するのに数万年を要することから人間の生活環境から長期間隔離することが求められる。このため宇宙・海・南極・深層地中処分等が考えられるが，国際的に見て人間生活，地球環境，現代世代の責任の観点から長期的安定性の維持が可能で最も実現性の高い手法として広く認識されている処分方法のこと。簡潔に言えば「深い安定した地層中に処分すること」を指し，地層処分を行う放射性廃棄物には上述の高レベル放射性廃棄物（ガラス固化体）に加え濃縮廃液等の地層処分低レベル放射性廃棄物も含まれる。この問題に先進的に取り組む国にはスウェーデン，フィンランド，スイス，フランス等があり，各国とも地域住民との間の信頼性や情報の透明性の確保に努（つと）めている。（☞原子力発電，原子力発電環境整備機構）〔ST〕

窒素（ちっそ）酸化物　nitrogen oxide　窒素と酸素の結合した物質で，略称をNOx（ノックス）と表示する。物が燃焼する時には大気中の酸素と窒素が結合する。酸化（oxidization）とは物質が酸素と結合する化学反応を指し，燃焼する時には必ず窒素酸化物が発生し酸性雨や光化学スモッグの発生する原因物質となる。発生源には自動車等の移動発生源と工場や事業所等の固定発生源がある。このため窒素酸化物は環境基本法や大気汚染防止法で環境基準が定められ排出規制が行われている。（☞環境基本法，大気汚染，大気汚染防止法，酸性雨）〔YK〕

地熱エネルギー　geothermal energy　地下で発生する熱をエネルギー源とし，そこから発生する蒸気や熱水，または両者の混合体を指す。もっぱら火山脈の熱をエネルギー源とする。火山近くの地中にはマグマがあり，岩盤を熱している。そこに雨水が入り込み，熱せられて高温の熱水や蒸気となる。地表に出ると熱水が噴出し，温泉や噴気地帯を形成する。地中に留まると地熱貯留槽ができる。地熱エネルギーは，温泉，入浴，冷暖房，園芸，発電などに利用されている。天候に左右されず，二酸化炭素も出さない利点がある。地熱は再生可能エネルギーであり，地球環境に負荷を与えない。（☞地熱発電，再生可能エネルギー）〔YK〕

地熱発電　geothermal power generation　地熱をエネルギー源として電気エネルギーに変換する発電。地熱から発生する蒸気を利用して蒸気タービンを回転させる機械的なエネルギーに転換し，この回転力を利用して発電する。火力発電と比較すると，地球温暖化につながる大気汚染は少ないが，地熱の探査や開発に長期間を要する。地熱発電は天候に左右されず，二酸化炭素を出さず，しかも限りない資源であるけれども，発電量が小さく，火山帯の地下水をくみ上げるため立地が限られることから，特定地域の発電に向いている。実際のところ，アメリカやフィリピンで利用が盛んである。

要するに，純国産のエネルギー資源であることや温室効果ガスの発生量が少ないこと，また原子力発電と同様の供給安定性を有するなどの特徴がある。さらに火山大国の日本は，インドネシアやアメリカと並ぶ世界最大級の地熱資源を有しているので，有望な再生可能エネルギーとなる。しかしながら，日本における地熱発電の新規開発は進んでいない。その理由として，①地熱資源量が豊富な地域の多くは国立公園や国定公園に指定されており，自然公園法によって開発できない，②温泉地に隣接している場合が多く，温泉組合からの反発が強い，③建設初期コストが他の発電に比べ高額である，などが指摘されている。

地熱エネルギーを利用する発電方式には，①井戸を掘って噴出する水蒸気でタービンを回す，②触媒にアンモニアなどを利用し，沸騰させた蒸気でタービンを回す，③熱伝導を利用し，地中深い高温の岩に水をかけて発生する蒸気を地上に誘引してタービンを回す，等の方式がある。火山層の近くなど立地上の困難や，観光地の温泉源と競合することもあるが，地熱発電は再生可能エネルギー利用の一形態として地球温暖化対策になる。(☞地熱エネルギー，再生可能エネルギー，自然公園)

〔YK〕

チャレンジ25キャンペーン　2009年の国連気候変動サミットにおいて当時の鳩山首相は温室効果ガス排出量を2020年までに1990年比で25%削減を目標とすることを表明し，これを受けて日本政府が2010年から実施したキャンペーン。京都議定書の目標を達成するために実施されたチームマイナス6%運動を発展させたものでもある。エコな生活スタイル，省エネ製品，自然を利用したエネルギー，ビル・住宅のエコ化，CO_2削減につながる取り組み，および地域で取り組む温暖化防止の6分野のチャレンジにおいて25の具体的なアクションが示された。なお，同キャンペーンは2014年3月に終了し，その後はFun to Shareに改称された。2030年度の温室効果ガス排出量を13年度比で26%削減するために温暖化対策に必要な「賢い選択」を促(うなが)すクールチョイスも提唱されている。(☞チームマイナス6%，京都議定書，クールチョイス，Fun to Share) 〔TN〕

中央環境審議会　環境基本法の第41条に基づき1993年11月に環境庁に設置され，2001年1月に環境省の新設にともない改めて設置された審議会。環境大臣が任命する学識経験者30人の委員に，必要に応じて臨時委員や専門委員が加わって構成される。審議会は，①環境基本計画の作成に当たって環境大臣からの求めに応じて意見を述べる。②環境大臣や関係大臣の諮問に応じ，環境保全に関する重要事項について調査審議する。③循環型社会形成推進基本法等の他の法令に関連する事項を処理し，関連事項に関し意見を具申する等を任務とする。部会は総合政策，廃棄物・リサイクル，循環型社会計画，環境保健，地球環境，大気環境，騒音振動，水環境，土壌農薬，瀬戸内海，自然環境，野生生物，動物愛護の13部会からなる。なお，1967年設置の中央公害対策審議会は環境基本法の施行にともない1993年11月に廃止された。(☞環境基本法，循環型社会形成推進基本法，環境基本計画) 〔ST〕

中間処理施設　⇒　廃棄物処理施設

長距離越境大気汚染条約　Convention on Long-range Transboundary Air Pollution　1979年に国連欧州経済委員会（UNECE）で採択され，1983年に発効した条約。加盟各国に対し大気汚染防止に関する政策を求めるとともに，硫黄(いおう)などの排出防止策，酸性雨の研究，モニタリングの実施，国際協力，情報交換の推進などについて規定している。この条約に基づいて1985年にはヘルシンキ議定書によって硫黄酸化物の排出削減，1988年にはソフィア議定書によって窒素酸化物の排出削減など具体的措置が実施されている。(☞大気汚染，硫黄酸化物，窒素酸化物) 〔ST〕

鳥獣保護区　wildlife protection area　鳥獣保護法（鳥獣の保護及

び狩猟の適正化に関する法律）に基づき，環境大臣または都道府県知事が鳥獣の保護繁殖をはかる必要があると認めた時に「鳥獣保護区」を設定する。しかし，一般の狩猟（しゅりょう）が禁止されるだけで，開発行為や住処（すみか）となる樹木の伐採（ばっさい）などは制限を受けない。そこで，とくに必要があると認める場合には鳥獣保護区のなかに「特別保護区」を設定することができる。特別保護区のなかでは，埋め立て，干拓，伐採，工作物の設置などが規制される。さらに，特別保護区のなかに「特別保護指定地域」を設けて植物の採取，たき火，写真の撮影までも制限することができる。〔TT〕

蝶（ちょう）の効果　Butterfly Effect　「蝶の効果」とは気象現象を説明する際に使われる用語で，小さな昆虫にすぎない蝶の羽根の微小な動きが，地球の反対側の天気にまで影響をおよぼすような一連の出来事の発端となることを指す。要するに，蝶の羽根の羽ばたきに例（たと）えられる人間のわずかな行動が，自然環境や生態系に対して不均衡なほど格段に大きな影響をおよぼす結果になることを示唆（しさ）しているわけである。

そうは言っても「蝶の効果」については必ずしも科学的な見地から原因と結果を明確に提示できるとは限らず，予測不可能な事態も想定されている。実際にも自然の生態系は微妙で複雑な共生関係やバランスのうえに成り立っているので，ささいな人間の行動から予想もしなかった悪影響を自然環境や生態系に無意識に与えることが多い点に注意しなければならない。（☞自然環境，共生）〔HT〕

潮力発電（ちょうりょくはつでん）　tide power generation　海洋における潮位（ちょうい）や潮流の変化をエネルギーとして電力に変える発電を指す。水力発電，風力発電，太陽光発電と同様に自然エネルギーを利用する発電方式で，発電の際に海水の動きを利用する。つまり，潮位発電は海水の上下運動，潮流発電は海水の流れを利用するのである。

潮力や潮流は海水の動きを利用するが，その原理は，地球の自転や月の公転によって海水に潮汐（ちょうせき）力が働き，時刻によって潮位が変動するからである。海岸は入り江の形状により潮の干満の差が大きい。そこで満潮時に堰（せき）を開け，湾に海水を導入して閉じる。干潮時には満水となった湾の海水を発電機のタービンに注入する。そのタービンの回転力を利用し発電機を回転させて発電するので，水力発電の一形態に当たる。

発電時に燃料を用いないため二酸化炭素の排出がなく，風力発電と異なり出力を予測して電力供給できる点で環境への負荷が小さい。ただし，設置場所に航路や漁業権などの制約があり，さらに施設の塩害対策などに維持費がかかる。(☞再生可能エネルギー)〔YK〕

沈黙の春　Silent Spring　1962年に米国で出版された海洋生物学者レイチェル・カーソンの代表作。この著書のなかでは殺虫剤として使われるDDTなどの化学物質が自然環境を汚染し，人間をはじめとする地球上の生物に対して悪影響をおよぼす危険なものであることが鋭く指摘された。実を言えば，それまで一般に化学物質（化学薬品）は人間の役に立つものと考えられており，恐ろしい毒性や有害性に対する認識が低かっただけに同書は社会に大きな衝撃(しょうげき)を与えた。とくにDDTのほかにもPCBなどの化学物質は残留性が強いため分解されにくく，それゆえ長期間にわたって自然界に蓄積されたり食物連鎖によって生物の間を循環し，最終的に人類にとって危険な物質になってしまうわけである。

『沈黙の春』は当初，化学薬品関係者から多くの非難を浴びた。しかし，化学物質が原因で発生する公害などの環境汚染が深刻化したため，そのような非難は鳴りをひそめ，このことが結局は米国において環境保護庁（EPA）設立に結びついたと言われている。(☞自然環境，DDT，PCB，化学物質，環境保護庁，食物連鎖)〔HT〕

〔つ〕

使い捨て　disposable　1回もしくは数回使用して廃棄すること。大量生産・大量消費の時代に，企業は消費者により利便性の高い1度で使い切る製品や使い捨て容器（パッケージ）を進んで開発してきた。その結果，ごみがますます増加していることから，循環型社会ではリサイクル・リデュース・リユースを心がけ，企業はできるだけ寿命が長い製品の開発や販売を行う一方で，消費者自身も地球に優しい製品の購入に努める必要がある。(☞循環型社会，3R，大量生産・大量消費・大量廃棄，グリーン・コンシューマー)　〔JO〕

津波　tsunami　海底地震などによる大きな地殻変動が生み出す上下動が巨大な波を引き起こし陸地に押し寄せる現象。英語でもTsunamiと表記される。日本を例にすると，日本列島はユーラシアプレート（プレートとは地球表層部を形成する厚さ100キロ前後の硬(かた)い岩板）というヨーロッパからつながる大きな岩板の東端上にあり，そこに西からの太平洋プレートが日本列島の東海上にある日本海溝でぶつかり沈(しず)み込んでいる。このようなプレートの動きをプレートテクトニクスというが，その沈み込みが起きた時に生み出す海底での地殻変動のエネルギーが津波を引き起こす。

そのメカニズムは，沈み込んだプレートが，ぶつかっているもう一方のプレートを引きずり込み，引きずられたほうが一瞬で元に戻ろうとする動きをする仕組み。このプレートの動きが，地震と津波を発生させる原因となる。日本海溝で起こるプレートの沈み込みは大地震を引き起こし，しばしば津波が発生する。とくに2011年3月に発生した東北地方太平洋沖地震（東日本大震災）はM9.0，プレート境界の最大滑(すべ)り量は約30m，福島県相馬では津波高9.3m以上が計測され，さらに最大遡上(そじょう)高は岩手県宮古市姉吉地区で38.9mが観測されている。この時の津波は太平洋の対岸であるカナダ，米国，中南米等でも観測され，チリでは最大2mの津波高が観測された。(☞東日本大震災，地震)　〔NK〕

ツバル　Tuvalu　南太平洋にある珊瑚(さんご)の小さな島国で，総人口は約１万人，首都はフナフチ（Funafuti）の共和国。①平均海抜２m，②温暖化による海面上昇により沈(しず)む国，③京都議定書に批准しない国を訴える，④環境難民，などの報道を通じて一躍脚光を浴びた。ツバルなどの離島の海岸侵食は激しく，島は刻々と姿を変えている。それに地球温暖化が拍車をかけ，将来的に島が沈んでしまったり，人々が住むことができなくなってしまう可能性がきわめて高い。ツバルでは現在，住宅や学校の庭に海水が押し寄せたり，土中から染み出したりして，海水溜(た)まりができる時期がすでにある。地球温暖化の影響を深刻に考えさせられる存在である。（☞地球温暖化，海面上昇，環境難民）〔TT〕

敦賀(つるが)原発２号機事故　1999年に福井県にある敦賀原発２号機で大量の１次冷却水が漏(も)れ出した事故。１次冷却水の補充される量が増えていたことから，１次冷却水が漏れていると判断され，発生後約40分後に手動で原子炉が停止された。原因は再生熱交換器配管の亀裂(きれつ)による破損だが，当初発見された亀裂以外にも多くの破損箇所が発見されたうえに，熱交換器内部にも亀裂が確認された。ただし，配管破損と同じような事故例は他の原発でもいくつか報告されている。また，この事故では大気中への放射能の放出はなかったが，事故後，付近の住民や小・中学校への報告が遅れるといった不備が指摘された。（☞原子力発電，放射能汚染）〔MK〕

〔て〕

DIY ⇒ 環境産業

ディーゼル車　1898年にドイツ人のディーゼルが発明した内燃機関のディーゼル・エンジンで動く自動車を指す。高温で圧縮された空気のなかへ気化した軽油を噴射して自然発火させ，爆発燃焼させることによって動力を得る仕組み。このディーゼル車は同じ内燃機関のガソリン・エンジンで動くガソリン車に比べて燃費が良いうえに二酸化炭素（CO_2）の排出量が少ないことから，ヨーロッパでは人気がある。ただし，窒素酸化物（NOx）や粒子状物質（PM）の排出量が多いのが難点で，これまで日本や米国ではイメージも悪かった。しかし低公害型のクリーンディーゼル・エンジンが研究開発されてきており，米国の燃費規制強化や排ガス規制にも対応できる自動車として見直されつつある。実際，ガソリン代替のバイオエタノールに対して軽油代替のバイオディーゼル燃料や，電気モーターとディーゼル・エンジンを組み合わせたディーゼル・ハイブリッド車などが開発されている。（☞低公害車，ディーゼル排気粒子，自動車排出ガス対策）〔HT〕

ディーゼル排気粒子（DEP）　Diesel Exhaust Particle　ディーゼル車の燃料の軽油が不完全燃焼して発生する浮遊粒子状物質を指す。肺ガン，アレルギー，気管支ぜんそくなどの原因となり人体に有害。このため東京都は2001年4月に「環境確保条例（都民の健康と安全を確保する環境に関する条例）」を施行し自治体として初めてディーゼル車に独自の規制を設け，2003年10月から排出基準に合わないディーゼル車（乗用車以外）の都内での運行を禁止することにした。（☞環境確保条例，微小粒子状物質，ディーゼル車）〔HT〕

DDT　Dichloro-Diphenyl-Trichloroethane（ジクロロ - ジフェニル - トリクロロエタン）　農薬として世界中で使用された化学物質“$C_{14}H_9C_{15}$”のこと。有機塩素系殺虫剤の一種で，合成された当時は人間や家畜には無害とされていた。しかし，微量ではあるが，人間や家畜に対する毒性が認められた。DDTを含む第一種特定化学物質は分解しにくいうえ，生物内に蓄積されやすく，長期間毒性があるとして現在は製造・使用が禁止されている。女性ホルモンのエストロジェンと同様な作用があると考えられ，そのため野生生物の生殖障害をもたらす原因物質とされている。(☞合成化学物質，環境ホルモン)　〔MK〕

低NOx燃焼技術　窒素酸化物（NOx）を抑制・除去し低減する技術とその実用化技術を指す用語。低硫黄重油の採用や天然ガスへの燃料転換により，原料からの発生を抑制するとともに排煙脱硝装置の導入により排ガスの大気放出を抑制する。乾式排煙脱硝法と湿式排煙脱硝法がある。最も良く用いられているものが乾式の選択接触還元法である。この方法では還元剤のアンモニアを200～400℃の温度にして一酸化窒素（NO）と水（H_2O）へ還元する。(☞大気汚染，環境技術，窒素酸化物)　〔YK〕

低公害車　low pollution vehicles　自動車排出ガスによる大気汚染や騒音を防止するため，従来のガソリン自動車やディーゼル自動車と比較して窒素酸化物や二酸化炭素の排出量が少ない自動車を指す。低公害車には電気自動車，天然ガス自動車，メタノール自動車，燃料電池車，ハイブリッド自動車，LPG車，希薄燃焼エンジン車があり，ソーラー自動車や水素自動車も開発中。日本では低公害車の普及のために，導入補助，自動車税のグリーン化等税制優遇策，高性能電気自動車等技術開発の推進，燃料等供給施設の整備，公用車への率先導入，低公害車フェアの開催，などの普及・啓発や情報提供が実施されている。これまで低公害車の普及が伸び悩んでいたのは価格が高いことや，走行距離の短さに原因があったが，近年はメーカー等における技術開発や量産化が進み，あわせて運輸業等のユーザー側における自主的な導入例が見られるなど，車両の特性に応じた実用化へ進みつつある。(☞大気汚染，騒音，グリーン税制，ディーゼル車，エコカー)　〔ST〕

低周波振動　low-frequency noise　周波数の低い振動を指す。20 Hz（Hzはヘルツと読む周波数の単位）以下の周波数は人の耳で聞き分けることが困難。この周波数帯で発生する振動は耳には聞こえないが，家庭のドアなどのような周囲の構造物を共振させてガタガタと騒音を出すことがある。その時の低い振動音に耳障り（みみざわ）りで不快感を持つ人がいる。生活環境において低周波振動が問題になるものとしてトンネルの風洞（ふうどう）から発生する振動音，通行車両による道路の地響き，家屋内の冷蔵庫や洗濯機などのモーターを音源にする音がある。これらは生活環境に不愉快な音（振動）であるが，完全な防止は難しい。なお，人の耳で聞こえる周波数である可聴周波数はおおむね20Hz～20kHz（20,000Hz）である。（☞振動，騒音）〔YK〕

低炭素技術 ⇒ **環境技術**

低炭素社会 low-carbon society 地球温暖化（気候変動）の主因とされる二酸化炭素（CO_2）の排出量が少ない社会を表す用語で，2005年ころから使われ始めた。日本では低炭素型社会とも呼ばれることがあり，2007年版（平成19年版）の環境白書で用いられてから普及した用語である。ちなみに2007年６月に閣議決定された21世紀環境立国戦略では，地球環境問題は21世紀に人類が直面する最大の課題であり，そのための持続可能な社会づくりとして，①地球温暖化の危機に対しては低炭素社会づくり，②資源浪費の危機に対しては循環型社会づくり，③生態系の危機に対しては自然共生社会づくりが唱えられた。この低炭素社会という用語を皮切りに，低炭素化，低炭素都市，低炭素ライフスタイル，低炭素経営，低炭素経済から，さらに脱炭素社会とか脱炭素文明といった用語まで使われるようになってきた。（☞21世紀環境立国戦略，地球温暖化，二酸化炭素，パリ協定）〔HT〕

豊島（てしま）事件 豊島総合観光開発株式会社による産業廃棄物の不法投棄事件。1970年代後半から産業廃棄物中間処理業者がシュレッダー・ダストや製紙のクズを野焼きし10年以上にわたって不法な埋め立てを続けたすえ，1990年に兵庫県警に摘発されて1991年には実質的な経営者が逮捕され有罪となった。しかし，大量の有害物質を含んだ50万トンの産業廃棄物はそのまま放置され，1995年に豊島住民は香川県・処理業者・排出業者の３者に対し産業廃棄物（産廃）の撤去などを求める公害調停を申し立てた。国は早急な対策を必要としたが，すべてを処理するには数十億円～200億円を要すると試算されている。なお，2000年５月には産廃撤去の方向で調停合意が成立した。（☞産業廃棄物，不法投棄，環境犯罪）〔MK〕

デポジット制度　deposit-refund system ／ deposit system　環境問題に対する経済的手法の1つで，預託金払戻制度（デポジット・リファンド・システム）の略称。商品販売の際に預り金（デポジット）を販売価格に上乗せして消費者が容器などを小売店に返却した（返却したことによりごみが減り環境汚染が避けられた）場合に，消費者は最初に払った上乗せ分を払い戻してもらえるという制度。消費者に経済的な負担（容器等を返却しなかった場合は上乗せ分が損となる）を負わせることによって環境保全と資源回収の意識を高めることを目的とする。現在，日本でデポジット制度が確立されているものには，ビールびん，一升（いっしょう）びんや清涼飲料びんなどのガラスびんがある。今後，ごみの減少や散乱防止，資源回収の目的で，空き缶・空きびん・乾電池などの回収制度として導入されることが期待されている。（☞経済的手法）〔MK〕

テレワーク　Telework　就労形態の1つのあり方。情報通信機器を使用することにより，勤務場所，あるいは勤務時間などに制約されずに業務を遂行できる。従事する仕事の内容と目的から在宅型とモバイル型に分類することができる。通勤における交通渋滞の解消および資源の節約，さらには大気汚染の減少など，都市の環境負荷を軽減する側面を有する。同時に，勤労者の時間の有効利用が，地域活性化や少子高齢化に代表される社会問題の解決に寄与する部分も見逃せない。他方，雇用者側にも経費節減のメリットが生じるが，従来型の雇用形態を基準として考えた場合，賃金体系，組織内での人的交流，業務遂行における能率面などが解決すべき問題点として指摘されている。（☞都市環境，ワーク・ライフ・バランス）〔MK〕

電気自動車　electric vehicle（EV）／ electric car　動力源に電気エネルギーを用いる自動車を指す。太陽エネルギーを電源とする自動車のうち，電動機（モーター：motor）を推進力に用いる自動車を総称することもある。利用環境において走行中に排気ガスが出ないこと，騒音が出ないことなどの利点がある。しかし，電池に充電する時に火力発電を利用している場合，発電源から二酸化炭素などが排出されるため，環境に優しいとは必ずしもいえない。ただし，太陽エネルギーを用いて充電をする場合は，クリーンといえる。電気自動車では電池

（バッテリー；battery）が走行持続性を左右するため，レアアース材などの利用と相まって高性能化を目指した先端技術開発が進められている。また，電池の充電についても充電設備のインフラ整備が積極的に展開されている。電気自動車は，ショッピングカート，電動車いす，乗用車，運搬車など幅広く用いられるようになってきた。なお，日本では2007年になって経済産業省が電気自動車の本格普及に向け，高性能電池の開発などで2015年をめどに現在の軽自動車とほぼ同じコストで電気自動車が利用できる技術について，自動車業界，電機業界，大学と協力し共同開発に乗り出した。（☞太陽エネルギー，エコカー，ソーラーカー，リチウムイオン電池，レアアース）〔YK〕

典型７公害　環境基本法の第２条第３項に記載されている７種類の公害を指す表現で，以下のように規定されている。つまり，「公害」とは環境の保全上の支障のうち，事業活動やその他の人の活動にともなって生ずる相当範囲にわたる①大気の汚染，②水質の汚濁，③土壌の汚染，④騒音，⑤振動，⑥地盤の沈下，および⑦悪臭によって，人の健康または生活環境にかかる被害が生ずることをいう，と。また，この場合の「生活環境」とは，人の生活に密接な関係のある財産ならびに人の生活に密接な関係のある動植物およびその生育環境を含む，と定められている。（☞公害，環境基本法）〔HT〕

電磁波（でんじは）　electromagnetic wave　電気製品や高圧配電線などにおいて電力を使用する際に発生する電磁気の流れを指す。X線やガンマ線などの放射線，あるいは紫外線，可視光線，赤外線などの光または電波などが身近な存在である。居住環境においては高圧配電線や電子レンジのような家電製品，あるいは携帯電話などからも発生している。参考までにWHO（World Health Organization：世界保健機関）では電磁波の発ガン可能性を認めており，自然環境や人体への影響が全くないとは言えない。（☞自然環境）〔YK〕

電池　⇒　リチウムイオン電池

天然ガス（てんねん）　natural gas　ガス田・油田・炭田など自然環境に存在するガス。主にメタンとエタンで構成される可燃性気体混合物を指す。

原油採油の際に同時に得られ，以前は焼却されていたが液化技術およびパイプラインの発達で輸送可能になった。エネルギーとして燃焼する時に煙が出ないので，石炭などと比較すると地球温暖化や大気汚染の原因となる二酸化炭素の排出量が約半分と少ない。硫黄分などの有害物質を簡単に取り除くこともできるうえに毒性も低いので，クリーン・エネルギーとして注目されている。また，爆発の危険性が少なく安全性にも優れているため，自動車の燃料や燃料電池に利用されるなど，代替エネルギーとしても注目されている。(☞液化天然ガス，クリーン，化石燃料，代替エネルギー，燃料電池，シェールガス)〔MK〕

天然記念物　natural monument　日本特有の動物，大きな樹木や原生林などの植物，あるいはこれらの生息地のなかで「学術上貴重で，わが国の自然を記念する」ものを国や地方公共団体が「天然記念物」として指定し保護する。天然記念物のなかでもとくに国家的または世界的に貴重なものは「特別天然記念物」として指定され保護される。特別天然記念物にはニホンカモシカや屋久杉原生林などが指定されている。(☞屋久島)〔TT〕

天然資源　natural resources　地球上，天然に存在する資源で生産や生活に利用されるものを指す。自然資源とも呼ばれ，水・埋蔵（まいぞう）鉱物・原生林・水産生物などがある。日本では石油，石炭，天然ガスなど電力を生み出す資源がほとんど産出されず，多くを海外に頼っている。天然資源は各国で売買が行われ，先進国が開発途上国から天然資源を極（きわ）めて安く購入し生産に活用しているのが実態である。天然資源は限りのあるものなので適切な使用と保全が必要になる。(☞枯渇性資源，水資源，生物資源)〔TI〕

電力自由化　2000年代になってから電力の小売りが自由化された動向を表している。かつて電気は各地域の電力会社（東京電力，関西電力，中部電力等）だけが販売しており，どの会社から電気を購入するかを自由に選択できなかった。それが2016年4月1日以降は電気の小売業への参入が全面自由化されたため，家庭や商店を含むすべての消費者がライフスタイルや価値観に合わせて電気の売り手となる電力会社とともに料金メニューなどのサービスを自由に選べるようになった。

この自由化によって電気の小売事業への参入が増えて競争が促進され，さまざまな新しい料金メニューやサービスが創出されるようになった。実際，電気とガスなどの組み合わせによるセット割引，ポイントサービス，省エネ診断サービスが行われるようになっただけでなく，太陽光発電や風力発電などによる再生可能エネルギーを中心に電気を供給する事業者から電気を買うことができるようになった。(☞再生可能エネルギー，ライフスタイル，コジェネレーション)　〔HT〕

〔と〕

東海村臨界事故　1999年9月に茨城県東海村にある核燃料製造会社のウラン加工施設で発生した臨界事故。地域住民を被曝(ひばく)させるなど，原子力の安全性に対する国民の信頼感を揺るがせた。下請け従業員の作業ミスが原因とされたが，会社が作業効率を重視するあまり安全性を軽視したことも問題視されている。放射能もれ対策として住民避難や屋内避難が行われたが，農産物や不動産などに風評被害が広がり，事故をめぐる会社の対応や国の危機管理体制に課題を残した。原子力安全委員会は1999年12月に臨時会議を開催し，事故の経緯や提言をまとめた報告書を公表した。(☞原子力発電，放射能汚染)〔TN〕

東京ごみ戦争　東京のごみが激増し，その処理にまつわる紛争を1971年当時の東京都知事が「東京ごみ戦争」と宣言。東京都の江東区は東京23区のごみの大半を持ち込まれていたため，「自区内処理と迷惑の公平負担の原則」を求めた。東京都は都内の何カ所かで焼却場の候補地を求めて交渉を行っていたが決まらず，杉並区の計画も地元の反対によって頓挫(とんざ)した。それに抗議するため，1973年に江東区側は杉並区のごみ搬入を拒否する事態となった。その後も増え続けるごみの処理問題は東京だけでなく全国的に拡大し深刻化した。(☞ごみ戦争)〔TI〕

東京大気汚染訴訟　東京都内の喘息(ぜんそく)患者らが自動車の排ガスによる健康被害を訴え，国や東京都，自動車メーカー7社（トヨタ自動車や日産自動車を含む）などに賠償と汚染物質の排出差し止めを求めた公害訴訟を指す。第1次は1996年5月に提訴され，2006年の第6次まで提訴が続き，原告総数は633人に達する。2002年10月に東京地裁で第1次提訴に対する判決が下され，国，東京都，首都高速道路公団（現在の首都高速道路会社）に賠償命令が出たものの，自動車メーカーの責任は認められなかった。2006年9月に東京高裁で控訴審が結審した際に事実上の和解勧告が行われ，提訴から11年後の2007年8月8日に和解によりようやく全面解決した。(☞大気汚染，自動車排出ガス対策，健康被害)〔HT〕

統合報告書　株主や投資家，従業員，顧客・取引先，地域社会などのステークホルダーに向けて発行される総合的なコミュニケーション・ツールで，事業概況や決算などの財務情報と社会・環境への対応を示す非財務情報の両方が掲載されている。従来のアニュアルレポートに加え社会・環境報告書やCSR報告書も兼ねている点が特徴といえる。統合報告書にするか否かは任意であるが，近年は自主的に発行する企業が上場企業を中心に増加傾向にある。なお，2013年12月に「国際統合報告フレームワーク」が公表されているが，その背景には①環境変化に対応できる国際的に一貫した枠組（わくぐ）みのもとで中長期視点での企業報告を実現する必要性が高まった，②企業の報告負担が増大する一方でさまざまな報告に重複が見られたり相互関連が明確ではなく情報利用者に対し企業の全体像を提供できていない状況に対処しなければならなくなった，という動向が指摘されている。（☞ステークホルダー，第三者意見，環境報告書）〔HT〕

動脈物流　⇒　静脈物流

道路交通騒音対策　自動車本体から発生する騒音に，交通量，運行車種，速度，道路構造，沿道の土地利用等の要因が複雑に絡（から）み合って発生する騒音に対する対策を指す。騒音は睡眠を妨げたり会話を妨害するなど生活環境を損なう。道路交通騒音はとくに大都市地域および主要幹線道路の沿道を中心に騒音の著しい地点が多数みられる。この対策には①自動車への規制強化，および電気自動車等の普及促進等の発生源対策，②交通管制システムの高度化，バイパス整備，物流拠点整備等の交通対策，③遮音壁，環境施設帯の設置等の道路構造対策，④緩衝（かんしょう）空間の設定および住宅防音工事等沿道対策の4つがある。騒音規制法（1968年制定）に基づき，2000年度から都道府県および同法第25条に定める政令市では自動車騒音の影響のある道路に面する地域で，「騒音に係る環境基準」の達成状況等を面的評価と点的評価によって常時監視している。（☞騒音，環境基準）〔ST〕

トータルコスト・アセスメント（TCA）　Total Cost Assessment　環境に配慮した設備投資の経済性計算を目的に，アメリカ環境保護庁が提唱した手法。従来の設備投資を環境配慮型に転換すれば，将来発生が予想される環境負荷が予防でき，負担が求められるさまざまなコストを回避できると主張されている。これまで設備投資の経済性計算では，人件費や原材料費などの通常コストと売上増加などの収益を対象としていた。これに対し，同手法では環境コストを，①隠れているコスト（主に環境保全に要するが集計していないもの），②負債コスト（現在の活動を原因として将来負担が予想されるもの），および③無形コスト（地域社会との良好な関係を維持するためのもの）に区分し，これらのコストを通常コストに加え順次拡張して考慮するトータルコストを評価対象としている。将来発生が予想される環境コストを事前に予防するほうが，事後的な対策を行うよりも経済性が高いという考え方に基づいている。（☞環境コスト，隠れたコスト，環境保護庁）
〔TN〕

特定汚染源　⇒　非特定汚染源

特定外来生物　⇒　外来生物法

特定フロン　特定フロンとは，モントリオール議定書に規定されている5種類のフロンを指す。フロンによる成層圏のオゾン層破壊現象は1974年に指摘された。その後，1985年に「オゾン層の保護のためのウィーン条約」，1987年に「オゾン層を破壊する物質に関するモントリオール議定書」が採択された。日本では1988年の「特定物質のオゾン層の保護に関する法律（オゾン層保護法）」により特定フロンの製造許可，排出抑制，使用の規制を行った。2001年4月に「特定家庭用機器再商品化法（家電リサイクル法）」で家庭用冷蔵庫やエアコンに用いられるフロンの回収が義務づけられ，2001年6月に「特定製品に係るフロン類の回収および破壊の実施確保に関する法律（フロン回収破壊法）」で自動車のカーエアコンや業務用空調冷凍機器のフロン回収が義務づけられた。（☞クロロフルオロカーボン，モントリオール議定書，オゾン層）
〔YK〕

特別天然記念物　⇒　天然記念物

都市環境　都市環境は①自然環境（土壌，水，空気，風景等），②人

工的環境（道路，公園，橋，公共建築物，エネルギー施設，商業施設などの建築物等），③人間環境（まちづくり，福祉等）などからなる。これらを個別に整備することが最初に必要である。さらに複合的な関係のもとで生じるヒートアイランド現象やごみ処理，大気汚染，騒音，交通渋滞などの問題を総合的に多岐（たき）にわたり解決・整備していくことが重要である。（☞ヒートアイランド現象，自然環境）〔TI〕

都市公害　都市の社会資本整備や機能充実の結果，人口や住宅の過密，産業の集積などによって生じる都市型の公害を指す。例えば大気汚染（ディーゼル車の排気ガス），水質汚濁（生活排水など），ごみ処理（悪臭やダイオキシンなど），土壌汚染，騒音，振動，交通渋滞などの環境汚染が問題になっている。さらに大都市ではヒートアイランド現象や光化学スモッグなどが夏をピークに発生し，健康への影響が深刻になっている。（☞ヒートアイランド現象，光化学スモッグ，光害，都市環境）〔TI〕

都市ごみ　都市に発生するごみは都市特有のさまざまな問題を引き起こす。ごみの種類が多く多岐にわたるために特別の焼却炉を必要とし，例えばダイオキシンの除去を可能な限り行える高水準な設備や，騒音をなるべく出さないような防音・防振設計などが必要になる。また，ごみから発生する汚水（おすい）やごみ処分のための下水の再処理が求められる。さらに焼却後の灰や下水汚泥等であるが，これらを原料にしてリサイクルし，新種のセメント（エコセメント）として再利用する研究開発などが進んでいる。（☞ごみ，都市公害）〔TI〕

都市再生　都市を環境整備・国際化・防災・土地有効利用の観点から見直し，それらを強力に推進するために都市再生プロジェクトが計画され，2001年に内閣に都市再生本部が設置された。行政側はごみゼロ型都市や都市環境インフラの再生を行い，さらに民間の力を借りて緊急整備地域の都市経済再生などに取り組む。都市再生緊急整備地域は東京・大阪・名古屋・横浜の４つの都市圏の17地域がまず指定された。その後，地域が追加され，2018年10月までに55地域が指定されている。（☞都市環境，ごみゼロ作戦）〔TI〕

土壌汚染　soil pollution　地球の地表をおおっている土壌が有害物質や人間活動によって汚染される現象。その原因には①産業廃棄物に含まれる重金属，②廃棄物を埋め立てる際の不適切な処理，③過度な農薬や化学肥料の散布，④酸性雨などの酸性降下物，などを挙(あ)げることができる。とくに最近では発ガン性のあるトリクロロエチレンやダイオキシン，あるいは重い中毒症状を引き起こす重金属による土壌汚染が社会問題になっており，なかには工場跡地(あとち)から土壌汚染が発見されるケースすら見られるようになった。なお，1971年に施行された「土壌汚染防止法（農用地の土壌の汚染防止等に関する法律）」はカドミウム，銅，ヒ素などによる農用地の汚染が対象で，市街地は含まれていない。さらに近年になり有害物質による土壌汚染事例の増加が著しく，土壌汚染による健康影響の懸念や土壌汚染対策確立への社会的要請が強まっている状況を踏まえ，国民の安全と安心の確保を図(はか)るために土壌汚染の状況把握や土壌汚染による健康被害の防止に関する「土壌汚染対策法」が2002年に成立し改正されている。（☞重金属，ダイオキシン，カドミウム）〔HT〕

土壌汚染対策法　⇒　土壌汚染

土壌汚染防止法　⇒　土壌汚染

土壌浸食　soil erosion　土が風や雨の作用で流されたり，吹き飛ばされたりして削(けず)られていくこと。砂漠化(さばくか)の一因で土壌流失とも呼ばれる。人口の増加を原因とした乾燥地での過度の放牧による牧草の減少，木が生長するより早いペースで木を伐採する森林破壊，休耕期間を無視した過度な耕作などが土壌浸食の原因とされる。その結果，多くの栄養分を含んだ表土が流されて作物の栽培に向かない土地になってしまう。他方，下流では流された土が水路や貯水池にたまり，取水が妨げられて洪水(こうずい)を引き起こし，土と一緒に流出した農薬が水質を悪化させる原因になっている。（☞砂漠化，食糧危機，塩害）〔MK〕

土壌劣化　土壌の質が悪くなること。原因としては水に浸食(しんしょく)される「水食」，表土が風に飛ばされてしまう「風食」，干ばつ時に地下からの海水侵入による「塩害」や重金属による汚染，大型の機械による農耕で土壌が固まってしまう「圧密」がある。これらの分類のほかに化学的劣化および物理的劣化，気候に起因するもの，そして森林伐採など人為的に起きる「砂漠化」などに分けられる。土壌の質が落ちることは直接農業に影響するので食糧危機などの危険性が大きいうえに，不毛の地域が増えるので植物が減少し地球環境にも大きく影響すると考えられる。（☞砂漠化，食糧危機，塩害） 〔MK〕

都市緑化　大気汚染やヒートアイランド現象が人々の心身の健康を害し都市の居住空間の悪化を招いていることから，潤(うるお)いのある緑を都市に増やし空気浄化に取り組もうという主旨で始まった活動。具体的には公園・街路樹等の整備，屋上などの緑化，住民と共同での緑豊かなまちづくり運動を展開している。国および地方公共団体では「都市緑化月間」（1975年から毎年10月），「全国都市緑化フェア」（1983年から各地持ち回りで行う）といった都市緑化普及のための啓蒙運動やイベントなどを催したり，（公財）都市緑化機構の拡充，花とみどりの相談所の整備等を推進している。（☞ヒートアイランド現象，屋上緑化，壁面緑化，都市環境） 〔TI〕

トップランナー方式　エネルギーの使用の合理化に関する法律（昭和54年法律第49号，以下省エネ法）で指定する特定機器の基準となるエネルギー消費効率を，各機器ごとに商品化されている製品のうち最も優れている機器の性能以上にするという考え方を指す。1997年に開催された地球温暖化防止京都会議（COP 3）を受け，98年の省エネ法改正により99年に特定機器の製造段階でのエネルギー消費効率の向上を目指してトップランナー方式が採用され，順次対象品目が追加されてきた。特定機器は省エネ法第77条～第81条，同施行令第21条～第24条に規定されており，乗用自動車，エアコンディショナー，蛍光ランプのみを主光源とする照明器具，テレビジョン受信機，複写機，電子計算機，磁気ディスク装置，貨物自動車，ビデオテープレコーダー，電気冷蔵庫，電気冷凍庫，ストーブ，ガス調理機器，ガス温水機器，石油温水器，電気便座，自動販売機，変圧器，ジャー炊飯器，電子レンジ，DVD レコーダー，ルーティング機器，スイッチング機器，複合機，プリンター，ヒートポンプ給湯器，三相誘導電動機，電球型 LED ランプの28品目が指定されている。（☞省エネルギー，京都議定

書)〔ST〕

鳥インフルエンザ　Avian influenza　人のインフルエンザウイルスとは異なるA型インフルエンザウイルスによる鳥類の感染症。水鳥類が多く持つとされるこのウイルスは，通常は弱い病原性がある。他方，感染した鳥が死亡したりするなどの強い病原性を示すものは「高病原性鳥インフルエンザ」と呼ばれ，このインフルエンザに感染した場合を高病原性鳥インフルエンザとしている。近年，世界各国から毒性の強い鳥インフルエンザウイルスの蔓延が報告されるなど世界的な問題となっている。なお，人への感染については，体内に大量のウイルスが入ってしまった場合，ごく希に感染することが知られている。これまで，オランダ，香港，ベトナム，タイで人への感染例が見つかっているが，日常生活で鳥インフルエンザに感染する可能性は極めて低く，人から人への感染例は確認されていない。しかし，ウイルスは変異しやすく，人に感染するタイプに変異する可能性があることから注意が必要である。〔JO〕

トリプルボトムライン　Triple Bottom Line　環境，経済および社会の3側面に関する持続可能性を考慮しながら企業経営を進めていく考え方。ここに「ボトムライン」とは企業の決算で示される最終的な損益を指す。英国サステナビリティ社のエルキントン氏が提唱した。環境会計の発展により環境および経済の両立可能性を考慮する企業経営が推進されてきたが，同時に社会性を考慮することも必要とされる。これまで雇用や地域貢献など企業経営の社会性に関するさまざまな指標が開発されてきたけれども，これからは環境，経済および社会に対する取り組みが相互に与える影響を明らかにすることが重要になるであろう。(☞ GRIガイドライン，企業経営の社会性，サステナビリティ，環境会計)〔TN〕

トレーサビリティー　traceability　本来は英語のTrace（追跡する）とAbility（できること）の合成語。通例は製品の生産，処理・加工，流通・販売などの供給連鎖（サプライチェーン）のあらゆる段階において逐一記録を保存することで個々の製品の行き先把握や出所確認を可能にすること，または遡って出所確認することで国際標準や国家基準に準拠できることを指す。

最近では，牛肉のBSE（狂牛病）や無登録農薬・偽装表示など食品の安全性が損（そこ）なわれる問題の発生により食品の安全性確保に関心が高まっている。食品のトレーサビリティーは「農畜産物の生産者や生産過程，食品加工，流通に関する情報を各食料品に添付（てんぷ）し，食料品の履歴を遡って確認可能なものにしようとすること」を意味する。食品のトレーサビリティーの実現には効率性確保から電子タグやインターネットなどの情報技術（IT）を利用した仕組みが有効とされ，そのような仕組みが実現すれば，消費者側はインターネットで生産者や流通経路の把握ができるうえ，業者側もトラブル発生時における調査・対応・回収が迅速かつ円滑に遂行できる。（☞健康被害，無農薬栽培，ISO22000）

〔ST〕

〔な〕

内分泌かく乱化学物質　⇒　環境ホルモン

長良川河口堰　利水と治水を目的として水資源開発公団が長良川の河口から5.4キロメートル上流（三重県長島町と桑名市間）に建設した可動式の堰。堰をつくることで海水が川に逆流することを防ぎ，川底を掘り下げることにより洪水時には水が流れやすいようにした。毎秒22.5トンの水を取水することが可能だが，産業構造の変化で利用計画のある水は４トン足らずとなっている。また，プランクトンの大量発生やヘドロ化が進むという問題も発生している。1994年に完成し翌95年から運用（水門閉鎖）が開始されたが，この河口堰建設をきっかけに長期的な大規模公共事業のあり方が問われるようになった。
〔MK〕

名古屋議定書　Nagoya Protocol　2010年10月に愛知県名古屋市で開催されたCOP10の際，遺伝資源の提供国（主に発展途上国）の微生物に含まれる遺伝資源を利用して利用国（主に先進国）の製薬企業等が新しい医薬品を開発した場合，その利益を提供国にも配分する「ABS」と呼ばれる仕組みに関する国際的な枠組み（議定書）のこと。開催当初は資源提供国である発展途上国と資源利用国である先進国との間にある意見の溝が埋まらなかったが，各締約国が譲歩と妥協を積み重ねた結果，最終日にようやく採択にいたった経緯がある。なお，そのポイントとして次の３点が指摘されている。つまり，①遡及適用を認める条項を規定しない，②各国の裁量によって遵守を支援するチェックポイントを指定できる，そして③派生物を利益配分の直接の対象とすることを義務とせず，当事者間の合意に委ねる，である。
（☞ COP10，生物資源，愛知目標）
〔HT〕

ナショナル・トラスト活動　national trust activities　歴史的・文化的建造物や自然環境などを乱開発による環境破壊から守るため，市民活動が中心となり，買い上げたり自治体に買い取りを求めたりして，保全・修復を行う活動。この活動を始めたのは1895年に英国で設立された「ナショナル・トラスト」である。公益的な活動を行う非営利団体で，正式名称はNational Trust for Places of Historic Interest or Natural Beauty。設立当時，英国では産業革命によって貴重な建築物や自然などが経済性優先のために損失・破壊されており，それを保護する目的で市民が保全・維持・管理・公開などを行った。

その後，20世紀中ごろには貴族などが，経済的理由で維持が不可能になり荒れた邸宅などを保護するようになった。必要に応じて観光開発や，関連商品を販売するなどして活動資金を集めるため事業化することもある。これらの活動は会員やボランティアによって行われ，現在では世界各国に拡大している。日本では1964年に鎌倉で活動が始まったとされ，当初は自然保護運動が主流であったが，建造物保全も重要視されるようになり，今日ではさまざまな団体が各地で活動を展開している。(☞産業革命，自然環境，環境破壊)〔TI〕

菜の花プロジェクト　資源やエネルギーを地域の中で循環させて無駄を避け，地域に無理を強いず循環型社会を築こうとする計画（プロジェクト）のこと。それは以下のような循環をモデルとする。休耕田や転作田に菜の花を栽培する。菜の花が開花中は養蜂や観光などで活用し，その後なたねを収穫してなたね油にする。そのなたね油を地域の中で使用し，搾油時に出た油かすは肥料や飼料とする。廃油は地域で回収し軽油の代替燃料や石けんなどに再利用する。地域にある菜の花のような自然資源を生かして守りつつも，それを有効活用しエネルギーを循環させて環境にやさしい地域社会を目指す。(☞循環型社会)〔TI〕

ナホトカ号　造船されてから25年の老朽化したロシア船籍のタンカー。1997年1月に1万9,000キロリットルの重油を積んで上海からの航行中に島根県隠岐島沖で事故が発生し船体が分断された。沈没した船体からは積んであった重油約6,240キロリットルが流出した。船体は沈没したが，船体に残っている大量の重油がその後も流出を続け，船首部分は沈没せずに季節風に流された。

福井県に座礁した船首に残った重油は海上と陸地から渡した仮設の道を使って回収作業が行われた。しかし福井県沿岸を中心に1府8県の海岸を汚染し，水生生物や海鳥の生態系および漁業に大きな悪影響がおよんだ。なお，福井県三国町（現在の福井県坂井市三国町）などは沿岸に漂着した重油を早期に回収または除去するために，地域住民だけでなく全国から多数のボランティアが参加したことでも有名になった。(☞原油流出事故)　〔MK〕

生ごみ　⇒　コンポスト

な

〔に〕

新潟水俣病　⇒　水俣病

二酸化硫黄(いおう)　sulfur dioxide　硫黄成分を含んだ物質が燃焼する時に発生する化合物を指し，"SO_2" と表記する。硫黄酸化物（略称SOx）の大半を占める硫黄と酸素の化合物で，人体の健康に悪影響をおよぼしたり，降雨の酸性化（酸性雨）により農作物や家畜に影響を与えることなどで生活環境に悪影響をおよぼしたりする。そのため，環境基本法や大気汚染防止法によって排出基準や総量規制を行っている。（☞環境基本法，大気汚染，総量規制，酸性雨，硫黄酸化物）

〔YK〕

二酸化炭素　carbon dioxide　炭素と酸素の成分からなる物資で"CO_2" と表記し，通称「炭酸ガス」のことをいう。他の化学物質を加えて化学反応を発生させ，有機化合物などの資源としても再利用できる。燃焼による二酸化炭素の発生や森林破壊による二酸化炭素吸収力の低下にともない大気中の二酸化炭素濃度が上昇すると，二酸化炭素は赤外線を吸収するために地球温暖化を促進し氷河等が解けて海洋の水面上昇をもたらす。なお，二酸化炭素は高圧力，低温度下で液体化する。この性質を利用して地中深く（岩盤層により異なるが1,000メートル程度の帯水層）に貯留する研究や深海（4,000メートル程度）へ分離貯留して大気から分離するなど，多方面で解決のための取り組みが進められている。（☞地球温暖化，温室効果ガス）　〔YK〕

二酸化炭素の回収・貯留　地球温暖化防止を目的に発電所や天然ガス鉱山のような大規模な排出源から発生する二酸化炭素を他のガス（気体）から分離・回収し，それを大気から長時間隔離するために安定した地層に貯留(ちょりゅう)したり海洋に隔離(かくり)することを指す。その技術開発が現在続けられているが，大気から分離する貯留の形態は，分離・回収された二酸化炭素を①地中に貯留する地中貯留と，②深海底の窪地(くぼち)に貯留する海洋隔離の２種類に分けられ，前者の地中貯留はノルウェーですでに実施されている。日本では環境省が2012年度に，後者のような海底への二酸化炭素の回収・貯留計画に関する環境影響評価（環境アセスメント）指針を作成することになっている。（☞地球温暖化，二酸化炭素，温室効果ガス）〔HT〕

二次エネルギー ⇒ 一次エネルギー

二次電池 ⇒ リチウムイオン電池

西日本豪雨 2018年（平成30年）の6月28日から7月8日にかけ，暖かい空気と冷たい空気の気団が接触する前線が停滞し梅雨前線となって活発化し，それに台風7号の影響が加わって日本付近に暖かく非常に湿った空気が供給され続けたため，近畿や四国などの西日本を中心に全国的に広い範囲で記録的な大雨となった。この影響で河川の氾濫，浸水害，土砂災害等が発生し，多くの被災者が避難所での生活を余儀なくされただけでなく窒息死や溺死による犠牲者が200名を大きく超える，平成になり最悪の甚大な豪雨災害となった。この集中豪雨を気象庁は西日本豪雨と命名し，政府は特定非常災害に指定して被災者の生活支援を充実させた。また，全国各地で断水や電話の不通などのライフライン（lifeline：命綱）に被害が発生したほか，鉄道の運休等の交通障害も多数発生した。なお，西日本豪雨では被災地域で廃棄される災害ごみの処理が問題視されたことも付言しておきたい。（☞災害ごみ，異常気象，ゲリラ豪雨）〔HT〕

21世紀環境立国戦略 21世紀に国内外が取り組むべき環境政策の方向性を明示し，世界の枠組（わくぐ）みづくりに向けて日本が貢献するうえでの指針となる戦略のことで，2007年6月に閣議決定された。地球規模で環境問題が深刻化している折（おり），目指すべき持続可能な社会のあり方として「低炭素社会」「循環型社会」「自然共生社会」の3つの具体像が提示された。また，自然共生の伝統と先進的な環境・エネルギー技術によって「環境立国」としての日本モデルを提案すべきだとし，例えば今後1～2年で着手する8つの戦略，ならびに京都議定書後の国際的な枠組みにおいて「世界全体の二酸化炭素排出量を2050年までに半減する」などの長期目標も示されている。（☞環境立国宣言，ポスト京都議定書，循環型社会）〔HT〕

二次林 ⇒ 里地里山

日本環境協会（JEA） Japan Environment Association 1977年3月に設立された環境問題の調査と解決を目標としている環境省の外郭団体（公益財団法人)。環境省や関係行政機関，学校，団体，企業などと連携し活動を行っている。環境保全を意識した商品にエコマークを付け，その商品を推奨するエコマーク事業（環境保全型商品事業）などが広く知られている。そのほかに出版事業，国際協力事業，地球温暖化防止活動推進事業，環境修復・創造支援利子助成事業などの各種環境保全活動も行っている。2011年からは「こどもエコクラブ」の事業も行っている。(☞エコマーク，こどもエコクラブ) 〔MK〕

日本環境認証機構（JACO） Japan Audit and Certification Organization for Environment and Quality 1994年11月に電気・電子業界の有力企業と業界団体の支援により日本で初めて誕生した企業の環境活動に関する国際的な環境規格（ISO14000シリーズ）ならびに企業の品質保証規格（ISO9000シリーズ）の審査登録機関。組織的には株式会社の形態をとり，本社は東京で支社が関西にある。日本を代表する総合的な審査登録機関としてISOにかかわる審査登録事業に加え，これからの企業に必須な環境マネジメントに従事する専門家（公式環境審査員など）を育成する教育事業にも力を注いでいる。(☞ ISO, ISO14000シリーズ) 〔HT〕

日本の重要湿地500 ⇒ 湿地

日本版レッドデータブック ⇒ レッドデータブック

日本野鳥の会 Wild Bird Society of Japan 1934年3月に創立し，1970年11月に財団法人に改組されて現在にいたる。「野鳥を中心とする自然環境の保護」「野鳥保護思想の普及教育」「野鳥に関する調査研究」の3つの目的を持つ自然保護団体。2017年4月末現在，会員数約3.5万人，サポーター数約1.5万人，全国に89の支部がある。最大の特徴は「野鳥を愛する人々の集い」という側面と公共事業などへの提言を行う「自然保護団体」の側面をともに大切にしながら活動している

点にある。〔TT〕

人間環境　⇒　都市環境

人間環境宣言　Declaration of the United Nations Conference of the Human Environment　ストックホルム宣言とも呼ばれ，1972年6月にストックホルムで開催された「国連人間環境会議」で採択された宣言。26項目にわたる原則から構成されており，自然のままの環境と人につくられた環境は人間の生存権そのものに対して重要な役割を果たしているなど，7項目の共通の見解が示されている。さらに①人間が自由・平等・十分な生活水準を享受し，②現在または将来の世代に対して環境を保全し，改善する責任を負わなければならないこと，③地球上の天然資源は適切に管理される必要があること，などが提唱されている。(☞国連人間環境会議，天然資源)〔JO〕

認証された削減量　⇒　クリーン開発メカニズム

〔ね〕

ネガティブリスト　negative list　残留農薬の規制で，農薬について残留基準を設定する場合，原則自由で残留してはいけないもののみ表記する方式を指す。農作物とは，人が栽培する植物を総称するものであり，観賞用花卉（かき）類，山林樹木を含む。農薬とは，農作物を害する菌，虫，動植物，ウイルスの防除に用いられる殺菌剤，薬剤および農作物の成長増進や抑制をする薬剤を指すが，国際的に安全が認められたもの，特定農薬，生物農薬やアミノ酸などのように自然界に存在するものと同じものは対象外とされている。（☞無認可農薬，ポジティブリスト，農薬汚染）　〔YK〕

熱回収　⇒　サーマル・リサイクル

熱帯雨林　⇒　熱帯林

熱帯林　一年じゅう多雨で湿度の高い熱帯気候のもとで育つ森林を「熱帯雨林（または熱帯多雨林）」と呼び，それを中心とする熱帯地方の森林植物帯を「熱帯林」と呼んでいる。世界の野生生物種の約半数が生息していることから，熱帯林の減少は野生生物種の絶滅といった生態系への悪影響をもたらす。例えば熱帯地域の天然林（熱帯林）については1990年から2000年までの10年間で年平均1,420万ヘクタールが減少したと推測されているが，これは日本の本州の約3分の2に相当する熱帯林の面積が毎年消失したことになる。このように熱帯林が減少する要因には，①農地や牧場への転用，②過度な焼畑農業，③燃料として利用するための伐採（ばっさい），④先進国による木材の輸入増，などが指摘されている。（☞森林減少，野生生物種の減少）　〔HT〕

熱帯林の減少　⇒　熱帯林

熱中症　環境省によれば，熱中症は体温を平熱に保つために汗をかき，体内の水分や塩分（ナトリウムなど）の減少や血液の流れが滞（とどこお）るなどして体温が上昇し，重要な臓器（ぞうき）が高温にさらされたりすることにより発症する障害の総称と説明されている。死にいたる病態ではあるけれども，予防法を知って実践すれば完全に防ぐことができるという。実際にも2018年の夏は記録的な猛暑が続くなかで最高気温が40度を超す地点が相次ぎ，猛暑日を観測した地点数は過去最多となり，熱中症による健康被害が深刻化し多数が救急搬送されただけでなく死亡者も増加した。

環境省は「熱中症環境保健マニュアル」を作成してきたが，お祭りや花火大会，音楽・スポーツイベント等の夏季イベントにおける熱中症対策を追加した改定版「熱中症環境保健マニュアル2018」を2018年4月に作成した。そのなかには次のような記述があり，熱中症も地球環境問題に関連していることをうかがわせる。つまり，熱中症は従来，高温環境下での労働や運動活動で多く発生しているが，ヒートアイランド現象や地球温暖化による影響によって一般環境における熱ストレスが増大し，最近では日常生活においても発生が増加していると指摘されている，と。（☞健康被害，ヒートアイランド現象，地球環境問題，地球温暖化）〔HT〕

熱中症環境保健マニュアル　⇒　熱中症

燃費課税　⇒　エコカー減税，グリーン化税制，自動車税制のグリーン化

燃費基準　エネルギー消費を抑（おさ）える目的で，省エネ法に基づき1998年に日本が本格的に導入した燃料消費基準（施行は1999年）。当初，2010年度を目標とする改善数値を掲げ，ガソリン乗用車には1995年度実績に比べ23％の燃費向上を義務づけた。2006年に経済産業省と国土交通省は合同審議会を開き，ガソリン車で1リットル当たり13キロとした乗用車の燃費基準を16.8キロと約29％引き上げる方針を固めた。2007年度に導入し，メーカーに2015年度までの達成を義務づけている。世界で最も厳しい目標基準値（トップランナー基準）を課し，京都議定書の達成が危ぶまれる運輸部門での温暖化ガス削減を前進させることを目標とする。

省エネ法に基づく現行の燃費規制（1998年導入）は，2010年度までに13キロの燃費改善を規定したが，すでに8割の車種が基準を達成し，平均燃費も約22％改善して13.6キロと目標を達成している。このため，初の改訂となる新基準は，これまでの実績を23.5％上回る水準に設定。米国の11.7キロ，欧州の16.6キロを上回る厳格な基準となった。加重平均で評価されるため，ハイブリッド車のラインアップ充実や，燃料電池自動車の開発促進など，メーカー側の対応強化も予想される。なお，2011年に経済産業省と国土交通省は，目標年度を2020年度とする乗用自動車の新たな燃費基準案を発表した。（☞省エネルギー，京都議定書，ハイブリッド車，燃料電池，ディーゼル車）〔MK〕

燃料電池　fuel cell　天然ガスなどの燃料から抽出した「水素」と大気中の「酸素」を活物質として電気化学反応させ直接電気エネルギーをつくり出す装置をいう。電解質にはアルカリ水溶液，リン酸水溶液，個体電解質などがある。内部抵抗が高い燃料電池は利用する機器によって数個を直列に接続し，さらに補助電源を設けるなどの工夫もされている。発電時には化石燃料のような窒素酸化物や硫黄酸化物の排出が少なく騒音も小さいなど，環境面でも優れている。また，発電効率が高く出力規模のコントロールが比較的容易にできるので用途が幅広く，小規模分散型発電設備としても適している。発電効率は現在のところ水酸化カリウム水溶液で約40％程度である。（☞水素エネルギー，エコカー，低公害車，化石燃料，燃料電池車）〔YK〕

燃料電池車（FCV）　fuel cell vehicle　車載した燃料電池で発電し電動力で走行する車を指し，主に水素燃料電池車が該当する。燃料電池車の燃料には水素が用いられる。水素はエネルギー密度を高めるために300～700気圧という高圧で貯蔵される（1気圧は1013.25ヘクトパスカル（hectopascal：hPa））。燃料電池は，水素と空気中の酸素とを化学反応させて電気を作る。電池構造は電解質および正極（+プラス）と陰極（ マイナス）で構成されている。排気ガスで大気汚染を引き起こさないので，ガソリンエンジン車やハイブリッド車に比べ地球環境への負荷は格段に小さい。なお，2014年12月にトヨタ自動車は，水素で作った電気で走りガソリンを使わないため走行時に排気ガスを出さない燃料電池自動車「MIRAI（ミライ）」を発売した。（☞燃料電池，水素エネルギー，ハイブリッド車）〔YK〕

〔の〕

農薬汚染　農薬を基準以上に用いることによって農作物が汚染されることを指す。米や野菜あるいは果実の栽培において農薬の過剰投与が行われると，残留性農薬（residue-prone agricultural chemicals）が食物を介して人体に明らかな悪影響を与える。同時に土壌が汚染され長期にわたり同じ土地における栽培が制約を受ける。とくに土壌汚染では他の化学薬品や化合物と反応することによって複合汚染や環境破壊が発生しやすい。他方，食物は口から摂取されて人体に入る。したがって，食料から摂取しても内分泌かく乱化学物質（環境ホルモン）の心配がなく，人体にとって安全であり安心して食べられることが生産者や流通業者によって保障されなければならない。なお，農薬には使用を認可された認可農薬と，まだ認可されていない無認可農薬がある。（☞環境ホルモン，食物連鎖，土壌汚染，ネガティブリスト，ポジティブリスト）　〔YK〕

乗鞍（のりくら）環境保全税　中部山岳国立公園内の乗鞍地域の環境保全施策に充（あ）てる目的のもとに岐阜県で創設された法定外目的税（条例で定める特定の費用に充てるために課す税）のこと。2003年から導入されることになったが，その経緯は以下のように説明されている。

中部山岳国立公園内にある乗鞍岳周辺はライチョウなどの希少生物が生息し，また貴重な高山植物の自生などが見られる。このため特別保護地区に指定されているが，岐阜県側からも長野県側からも車で直接入り込むことができることから気軽に貴重な自然を楽しめる場として人気を集め，自然環境におよぼす悪影響が懸念されていた。ところが，2003年度に岐阜県側の乗鞍スカイラインが無料化されることから自動車流入量の激増が予想され，マイカー規制が実施されることとなった。このマイカー規制を契機（けいき）に乗鞍地域において積極的な環境保全施策が実施されることになり，その財源を原因者（具体的には乗鞍スカイライン山頂駐車場へ入り込む自動車を運転する者）に求める方法として乗鞍環境保全税が徴収されることとなった。　〔HT〕

〔は〕

パーク・アンド・ライド　park and ride　交通渋滞の解消，および地球温暖化などの環境問題対策の１つとして考えられているシステム。具体的には自宅に最も近い駅やバス停まで自家用車で行き，駅にある駐車場に車を止め（パーク），そこから公共交通機関に乗り換える（ライド）というシステムである。自家用車の利用を郊外の公共交通機関の駅までに制限することで，都市部での渋滞の解消や車による環境汚染を減少させることができる。ただし，このシステムが普及するためには乗り換えの回数を減らすなど，公共交通機関の総合連携システムの整備などが重要になる。最近では各地の観光地（京都や長野など）で自動車などの混雑を減少させるために「パーク・アンド・ライド」を実施する動きが出てきた。(☞カー・プール)　〔MK〕

バージン原料　virgin material　製品を製造する際に天然資源をもとにつくられる原料で，使用されていない未利用原材料を指す。バージン原料には，バージンプラスチック（新材と呼ばれ，石油製品のナフサからつくられたプラスチック），バージンパルプ（木材や非木材から直接つくられた製紙に用いられる繊維），バージンメタル（鉱物からつくられた鉄，アルミニウム，銅，レアメタルなど）等があるが，すべてのバージン原料にバージンを冠（かん）して呼ぶわけではない。リサイクルされた製品から生まれる原料を「再生（リサイクル）原料」といい，それと対比して使われる。

バージン原料は，プラスチック，パルプ，金属以外にも，ガラス，木材（建材），コンクリート，石油製品（アスファルトなど）がある。バージン原料が注目されている理由には，資源循環型社会において，資源枯渇の予防と廃棄物削減のためのリサイクル推進が指摘されていることがある。また，バージン原料利用は気候変動対策にもかかわる問題で，バージン原料をできるだけ使わずに再生原料の利用を促進しなければならないという背景もある。

日本のグリーン購入法では，国等の公的機関が率先して環境負荷低減に資する製品の調達を推進するとしており，これには再生資源の利用も含まれている。バージン原料はさらに採取地における土地改変による環境問題，生物多様性を侵（おか）す問題，労働安全衛生にかかわる問題，少数民族への配慮の問題など多くの課題を抱えている。ただし，再生原料だけを利用して製造した製品は，品質の低下，ライフサイクルにおける環境負荷の増大，コスト増などの問題があり，紙やプラスチックでは，バージン原料に再生原料をブレンドし利用しているが，最近ではストローの脱プラスチック化など代替原料が模索され始めている。（☞天然資源，再生利用，リサイクル，グリーン購入法，プラスチックごみ）〔NK〕

バーゼル条約　正式名称は「有害物質等の国境を越える移動およびその処分の規制に関するバーゼル条約」で，1989年に国連環境計画（UNEP）を中心にスイスのバーゼルで採択され1992年に発効。日本は1993年に批准した。その目的は，有害廃棄物の越境移動を適正に管理することによって開発途上国における環境汚染を未然に防ぐことにある。このバーゼル条約の的確かつ円滑な実施を確保するため，日本国内では「バーゼル法（特定有害廃棄物等の輸出入等の規制に関する法律）」が1993年に施行された。もっとも，有害廃棄物が輸出されなくても，有害廃棄物を排出する工場自体が海外へ移転された場合には同じような環境汚染が発生することになる。2018年5月末現在で186カ国・機関がバーゼル条約に加盟している。（☞国連環境計画，有害廃棄物の越境移動，カリンB号事件，ボパール事件）〔HT〕

バーゼル法　⇒　バーゼル条約

バーチャル・ウォーター　⇒　仮想水

ハードエネルギー　⇒　太陽エネルギー

ばい煙　smoke and soot　健康または生活環境に害が生じるおそれのある「すす」や「ばいじん」を含んだ燃焼排ガスのこと。大気汚染防止法における「煤煙（ばいえん）」とは，燃料やその他の物質を燃やすことによって発生するSOx（硫黄酸化物）や電気を熱源として使用したときに発生する「ばいじん」および燃焼や合成・分解などの処理にともない発生する物質のうち，政令により有害物質と定められたものを指す。これらは燃焼や合成・分解などの処理にともない発生する物質で，政令によって有害物質に定められている。(☞有害物質，大気汚染防止法，硫黄酸化物，ばいじん)　〔MK〕

バイオエタノール　bio-ethanol　化学合成燃料ではなく，サトウキビ，とうもろこし等のでんぷん質やセルロース等を糖化し，アルコール発酵させ，蒸留して製造されるエタノールを指す。原料が植物資源であるところに特色がある。ブラジル，米国は二大生産国にあたる。石油の代替燃料として，自動車用燃料にも用いることができる。したがってバイオエタノールの利用が進めば，石油消費の抑制が可能となり，地球温暖化の防止に貢献する。(☞代替エネルギー，エタノール)　〔YK〕

バイオスフィア　biosphere　バイオは生命，スフィアは範囲を意味し，19世紀初めにフランスの哲学者が大気圏・水圏・岩石圏に対してつくった造語である。今日では地球上の全生物および生物が住む場所全体を意味するようになった。すなわち，地球上で生命が存在する範囲は地球表面から内部に向かって約10キロ，上空へ約10キロと言われている。このバイオスフィアのなかで全生命と自然とが影響しあいながら生き続けているのである。(☞宇宙船地球号)　〔TT〕

バイオパイラシー　⇒　生物資源

バイオプラスチック　⇒　プラスチックごみ

バイオマス・エネルギー　biomass energy　有機物系廃棄物から得られるエネルギー。つまり，海藻や廃棄物・糞尿を発酵させた燃料，あるいは生物による石油成分の抽出，水素発生菌の培養など，動植物の生物体（バイオマス）が生成・排出する有機物から得るエネルギーのこと。生物体（バイオマス）には炭素や水素が含まれるので，燃やすとエネルギー源となる。身近な例では木炭・薪も生物体（バイオマス）の一種である。また，糞尿を発酵させてメタンガスを取り出したものや，おがクズなどの廃棄物をペレット燃料化したものなどは，代替エネルギーとして注目を浴びるとともに，廃棄物処理にも役立つと

されている。(☞代替エネルギー，新エネルギー，メタンガス)〔MK〕

排ガス規制　大気汚染防止のため，自動車が排出する有害物質を規制する制度。1966年に一酸化炭素を規制する当時の運輸省の行政指導で始まった。現在では一酸化炭素，炭化水素，窒素酸化物，粒子状物質，ディーゼル黒煙が規制されており，それらの規制値は大気汚染防止法に基づいて「自動車排出ガス量の許容限度」として定められ，規制値は年々強化される傾向にある。この規制により道路沿道の一酸化炭素濃度は1960年～70年代に大きく低下したが，窒素酸化物についてはディーゼル車の増加などによって今でも厳しい状況のため，2001年に「自動車NOx・PM法」が制定されて対策が強化されることになった。2006年4月にはオフロード法（特定特殊自動車排出ガスの規制等に関する法律）が施行され，すでに規制がかけられているオンロード（公道）を走行する特殊自動車とともに，公道を走行しないオフロードの特殊自動車からの排ガスも規制された。

なお，2010年3月に国土交通省は「道路運送車両の保安基準の細目を定める告示」（平成14年国土交通省告示第619号）等を改正し，公道を走行する大型特殊自動車および小型特殊自動車の排ガス規制（ディーゼル車）の強化等を行った。これによりディーゼル特殊自動車の排ガス規制は世界で最も厳しいレベルになった。(☞大気汚染防止法，自動車NOx・PM法，自動車排出ガス対策)〔MK〕

廃棄物　⇒　ごみ

廃棄物会計　自治体が企業の原価計算の考え方を参考にして廃棄物処理やリサイクル事業に要するコストを明らかにするための会計手法。「容器包装リサイクル法の改正を求めるごみ研究会」が2002年に提唱し，広く知られるようになった。容器包装リサイクル法では拡大生産者責任を重視しているが，その適用は一部にとどまるため，結果として自治体のコスト負担が増加している。そこで自治体による業務の効率化や企業による公正なコスト負担が課題となる。コストの算定方法を明確化したうえで数値を公表すれば廃棄物問題に対する政策の透明性が向上するため，情報開示手段としての役割も期待されている。なお，環境省は2007年に3Rを重視する廃棄物処理の視点から「一般廃棄物会計基準」を公表し，自治体が採用する標準的な会計手法を明らかにしている。(☞容器包装リサイクル法，拡大生産者責任)〔TN〕

廃棄物処理施設 廃棄物処理施設は「中間処理施設」と「最終処分場」に分類される。「中間処理施設」は廃棄物の最終処分に先だって焼却，中和，溶融，脱水，破砕（はさい），圧縮など，廃棄物の安全化，安定化，無害化，資源化の目的で処理する施設である。他方，「最終処分場」は廃棄物を最終的に埋め立て処分する施設で，廃棄物の種類によって安定型，管理型，遮断（しゃだん）型の3つに分けられる。近年，ダイオキシン問題が発生したり，あるいは地域住民による処理施設反対などの声が高まるなかで1997年12月に廃棄物処理法が全面改正され，構造基準や維持管理基準が強化された。1998年6月からはすべての申請施設について生活環境影響調査に基づき設置許可が出されるようになり，処理施設の建設はますます厳しくなっている。(☞廃棄物処理法，最終処分場)〔JO〕

廃棄物処理法 Waste Disposal and Public Cleaning Law 正式名称は，「廃棄物の処理および清掃に関する法律」。1970年に制定され，廃棄物の処理責任，適正な処理方法，処理施設，処理業者を規制する法律として制定された。その後，数回の改正を経て，2000年に循環型社会を形成していくうえで廃棄物の適正処理をはかる観点から，廃棄物の処理対策の強化，廃棄物処理施設の整備促進，廃棄物のリサイクルの促進等が盛り込まれた。(☞廃棄物処理施設，マニフェスト，最終処分場，リサイクル，資源有効利用促進法)〔JO〕

排出権取引 emission trading 排出権取引（または排出量取引）とは，環境汚染物質の総排出量を決め，その排出権（量）を排出者に割り当て，それを市場で取引させること。環境問題に対する経済的手法の1つで，京都議定書において導入が決まった。国や企業が温暖化ガス削減目標を達成するための補助的な役割を果たす。すでに米国には2003年10月に世界初のシカゴ排出権取引所が開設され，EU（欧州連合）には2005年1月に排出権取引制度が創設された。

京都議定書では国別に削減目標が割り当てられたが，削減目標を達成できる国と達成できない国がある。そこで目標達成が厳しい国が他の国で余った削減分を「排出権」という形で購入し，不足分を穴埋めするシステムが考案された。

経済の低迷などが原因で二酸化炭素の排出量が大幅に減少し，その結果，削減目標値を達成している国も存在する。日本国内の動きは，東京都で2007年12月に事業所に対して排出削減義務を求める東京都版の排出量取引を答申。2008年２月には政府も具体的検討を各省に指示するにいたり，経済産業省が検討会を発足させた。(☞経済的手法，京都議定書，地球温暖化，二酸化炭素，温室効果ガス)　〔MK〕

排出者責任　循環型社会を形成するには第一に廃棄物等を排出する者が，その適正なリサイクルや処分に関して自ら責任を負うべきであるという考え方で，事業者や国民の責務を指す。具体例として国民が廃棄物等を的確に分別することや，事業者がその廃棄物等のリサイクルや処理を自ら行うほか，廃棄物処理法に基づき産業廃棄物処理業の許可を受けている事業者に委託して処理することなどが挙(あ)げられる。

2000年５月成立の循環型社会形成推進基本法では廃棄物等の処理の優先順位として発生抑制・再利用・再生利用・熱回収・適正処分の順位を初めて法定化するとともに，国・地方公共団体・事業者および国民の役割分担を明確化している。とくに①事業者・国民の「排出者責任」の明確化とともに，②生産者が自ら生産する製品等について，使用され廃棄物となった後まで一定の責任を負う「拡大生産者責任」の一般原則を確立している。(☞循環型社会，循環型社会形成推進基本法，拡大生産者責任，廃棄物処理法，事業系ごみ)　〔ST〕

排出量取引　⇒　排出権取引

ばいじん（煤塵）　大気中に浮遊する粒子状物質のなかで，石炭や石油系燃料の燃焼や電気炉などの熱源として電気を使用した際に発生するすす，その他の粉じんなどを指す。「ばいじん」は特別管理一般廃棄物に該当しており，集じん装置で収集または分離され，燃焼以外から発生する固体粒子は「粉(ふん)じん」として区別されている。大気汚染防止法では，ばいじんによる公害を防止するための排出基準が定められている。「ばいじん」のうち「降下ばいじん」は大気中に排出されたばいじんや風の作用により地面から舞い上がった土壌粒子のなかで，比較的粒径が大きく重いために大気中で浮かんでいられずに落下したり，あるいは雨や雪などに取り込まれて降下するものを指す。（☞大気汚染防止法，粉じん，ばい煙） 〔JO〕

ハイテク汚染　ハイテク産業製品（IT 機器など）の製造過程において発生する環境汚染のこと。例えばIC（集積回路）を洗浄する時に使用される有毒物質トリクロロエチレンやテトラクロロエチレンなどのように，土に溶けにくく地中に浸透しやすいものは地下水汚染を引き起こす。産業の拡大にともなって汚染も進み，各地で高濃度の汚染が報告されており，人への健康被害が懸念されている。（☞地下水汚染，健康被害） 〔TI〕

廃プラスチック　waste plastics　使用後に廃棄されたプラスチック製品と，その製造過程で生じたプラスチックくず・かす，廃タイヤを含む合成ゴムなどのプラスチックを主成分とする廃棄物のことで，「プラスチックごみ」と呼ばれることもある。プラスチックは，熱可塑性プラスチックと熱硬化性プラスチックの２つに分類される。このうちメラミン樹脂，ポリウレタン，シリコン樹脂などの熱硬化性プラスチックは焼却した場合に化学反応を起こして硬くなり，一度硬化させると再加熱しても軟化溶融しない。

一方，ポリ塩化ビニルやポリ塩化ビニリデンを含む熱可塑性プラスチックの場合，熱を加えると軟らかくなり再利用が可能である。しかし，焼却時に発熱量が高く，塩化水素ガスを発生するために炉壁の損傷やダイオキシン生成の危険性が大きいことや，分別作業に手間がかかることから引取業者の数が足りないのが現状である。このため大半の自治体ではリサイクルせず，不燃ごみ，あるいは焼却不適ごみに分類し埋め立てているが，埋め立て効率が悪いため処分場の確保に苦慮している。しかも埋め立て時にも自然分解されず，半永久的に残るので地盤が安定せず，跡地利用が妨げられてしまう。そのうえ廃塗料や廃インクなどからは安定剤や重金属が溶出し，土壌や地下水を汚染することが懸念されている。（☞プラスチックごみ，不燃ゴミ，海洋プラスチック憲章） 〔JO〕

ハイブリッド車　hybrid car（HV）　電気モーターとガソリン・エ

ンジンを組み合わせた装置を動力源とする自動車。発進時と低速走行時はモーターで駆動し，通常走行ではモーターの補助を得ながらエンジンで駆動する。加速する時はバッテリーから電力が供給され，モーターの出力が増大するので，エンジンの負担はそれほど増えない。このシステムにより排ガス量も燃料も少なくてすむため，低公害車としてグリーン税制の対象となり自動車関連税の軽減措置が適用される。なお，電力を家庭用電源から取り込んで充電するプラグイン・ハイブリッド車の開発により，さらに利便性が向上した。(☞エコカー減税，自動車税制のグリーン化，グリーン化税制，低公害車，電気自動車，プラグイン，燃料電池車) 〔MK〕

白化現象（はくかげんしょう） albinism　サンゴが色あせて白色に変色し死滅してしまう現象で，地球温暖化によって世界各地のサンゴ礁（しょう）で発生している。日本では沖縄や鹿児島を中心に広がりつつある。原因にはエル・ニーニョ現象にともなう海水温度の上昇が考えられる。サンゴの中には藻（も）が生息して光合成を行っており，この藻はサンゴの生息に適した温度（25～29℃）から水温が２℃ほど上昇するといなくなってしまう。その結果，サンゴが白くなり，そのまま藻がいない状態が続くとサンゴは死滅してしまうと考えられている。(☞地球温暖化，エル・ニーニョ現象) 〔MK〕

は

ハザードマップ hazard map　台風，地震，津波，洪水，噴火などの自然災害の種類ごとに，特定の災害がどの地域にどの程度の被害を及ぼすかを予測するとともに，災害発生時の避難場所などを示した地図を指す。通常は自治体ごとに作成されて種類が多く，防災マップと呼ばれることもある。その目的は，地域住民の防災意識を高め，被害を軽減することにあるが，従来は必ずしも認知度が高かったわけではない。それが2011年３月の東日本大震災の教訓を契機に，ハザードマップの活用法に対する関心が急速に高まった。なお，ハザードマップは自治体の広報物として家庭や職場に配布されるのが一般的であるが，今日では各自治体のホームページ（またはウェブサイト）からインターネット上で閲覧できることが多い。(☞自然災害，東日本大震災，防災用品) 〔HT〕

バタフライ・イフェクト ⇒ **蝶の効果**

発光ダイオード ⇒ **LED**

発泡（はっぽう）スチロール　polystyrene form　発泡ポリスチレンとも呼ばれる。組成の98％が空気で，細かな気泡を含んだポリスチレン樹脂から生成されており，ポリスチレン樹脂に炭化水素やブタンなどの発泡剤を入れて発泡させたもの。その製法や用途によって，①ビーズ発泡，②押し出し発泡，③ポリスチレンペーパーの３種類に分けられる。軽量，断熱性，耐水性，緩衝（かんしょう）に優れた特性を持つため，各種製品用の包装材，緩衝材，保温性・保冷性を活（い）かした生鮮品を保持するためのトレイ，建築用の断熱材，使い捨てコップなどに幅広く用いられ，その他のプラスチックとは分別収集できる。（☞分別収集）　〔JO〕

浜岡原発事故　Hamaoka Nuclear Power Station Accident　2001年11月に静岡県にある中部電力の浜岡原子力発電所１号機で発生した配管破断事故，原子炉下部からの水漏（も）れ事故，および2002年５月に２号機で発生した配管からの水漏れなどの一連の事故を指す。また，2002年９月にも４号機で炉心隔壁（かくへき）の溶接部にひび割れが発見された。原子力発電所内の事故は放射能漏れのおそれがあり，近隣地域への重大な影響，あるいは広範囲における大気汚染の危険をはらんでいる。なお，浜岡原子力発電所は2011年３月に勃発した東日本大震災後の５月に政府の要請を受けて全面停止された。（☞原子力発電，大気汚染，東日本大震災，放射能汚染）　〔MK〕

バラスト水　ballast water　船体を安定させるために船底の重しとして積まれる海水を指す。船舶は荷物を搭載していない時は船体が揺れて操縦が不安定になりやすいからである。このため，船底に海水を注入し，この海水を到着した港で排出する。注入する海水域と排出する海水域の港が異なるために，バラスト水に含まれる水生生物が地域間で往来し，地球規模で生態系がかく乱され，生態系の破壊，漁業活動，人体への病原菌被害等の問題点が指摘されている。例えば，①日本で注入されてオーストラリアで排出されたバラスト水が原因で，タスマニア島近海でマヒトデがホタテやカキなどの養殖魚貝類を食い荒らした，②メキシコ湾にもたらされたコレラ菌により南米で100万人が感染し１万人が死亡した例などが報道されている。

IMO（International Marine Organization：国際海事機関）によれば，年間に約120億トンのバラスト水が世界中を移動しているとされる。日本には年間で約1,700万トンが持ち込まれ，約３億トンが持ち出されると言われている。このため，各国でバラスト水の水処理装置が開発されようとしている。その方式では，物理的除去，機械的殺滅，熱処理，化学的処理，複合的技術処理などが取り組まれている。例えばドイツでは，ろ過や活性化物質で殺菌する装置を開発し，試験を行っている。（☞エコロジー，外来生物，外来生物法）〔YK〕

パリ協定　Paris Agreement　地球温暖化対策として気候変動を抑止するための多国間にわたる国際的な枠組み（わくぐ）みを指し，この新しい法的拘束力をともなう協定（合意）は京都議定書採択以来18年ぶりの2015年12月にフランスのパリで開催された気候変動枠組み条約第21回締約国会議（COP21）で採択され，翌16年11月に発効した。同協定では地球の平均気温の上昇を産業革命以前に比べ２℃より十分下方に抑えるとともに1.5℃に抑える努力を追求することにより，今世紀後半に人為的な温室効果ガスの排出と吸収とのバランス達成を目指している。つまり，同協定は先進国や途上国の区別なく温室効果ガス削減に向けて自国の決定する目標を提出し，目標達成に向けて取り組みを実施することを規定した歴史的に初めての国際的な枠組みであり，今世紀後半に温室効果ガスの人為的な排出量と吸収源による除去量との均衡，すなわち世界全体でのカーボンニュートラルを達成し脱炭素社会を実現する転換点になると期待されている。

この脱炭素社会を実現するには世界各国が①省エネルギーの徹底，②再生可能エネルギー導入の拡大，③地球温暖化対策と経済成長の両立だけでなく，企業も気候変動をビジネスリスクと認識したうえでビジネスチャンスと捉（とら）え先進的に取り組むこと，などが指摘されている。なお，日本は2016年11月にパリ協定を締結したが，米国のトランプ政権は米国に不利益をもたらすとして翌17年６月にパリ協定離脱を表明した。

なお，2018年12月にポーランドで開催された第24回気候変動枠組み条約締約国会議（COP24）で2020年以降の地球温暖化対策の国際的な枠組みとなるパリ協定の実施指針を採択。パリ協定の前身となる京都議定書では先進国のみに温暖化ガス削減の義務を課したのとは異なり，パリ協定では温暖化防止の実効性を高めるために先進国だけでなく排出が急増している途上国をも含めたすべての国が削減目標を公表する仕組みが採用された。それでも17年６月に米国のトランプ政権がパリ協定からの離脱を表明しているため，パリ協定の実効性に疑問が持たれている。(☞京都議定書，気候変動枠組み条約)〔HT〕

バルディーズ原則　⇒　セリーズ原則

バルディーズ号　1989年３月にアラスカ沖で原油流出事故を起こした大手石油会社エクソン（現在のエクソンモービル）の大型タンカーの名称。この事故では大量に流出した原油がラッコや海鳥などの生物を死滅させ，地元漁業に莫大（ばくだい）な被害を与えた。このため，エクソンは浄化費用や損害賠償に巨額の支出をしたけれども，環境保護団体から事故後の対応の遅さを厳しく批判され，エクソンのクレジットカードを破る運動にまでエスカレートしていった。その結果，エクソンの企業イメージが大きく傷ついたと言われている。(☞セリーズ原則，環境保護団体，原油流出事故)〔HT〕

ハロン　halon　有機分子中に１つあるいはそれ以上の臭素原子をもつフッ化炭素分子のことで，オゾン層破壊につながる規制物質の塩素酸化物（ClOx）を指す。ハロンによるオゾン層の破壊効果はフロンよりも高い。ハロンは消火剤に使用されているが，モントリオール議定書（1987年採択）で規制された。なお，特定ハロン（ハロンのなかで特定の３種がこのように呼ばれる）は2000年に全廃するよう規制された。(☞フロン，オゾン層，モントリオール議定書)〔YK〕

阪神・淡路大震災　1995年１月17日に起きた阪神・淡路大震災は，兵庫県南部地震（M7.3）によって引き起こされた大規模災害で，海底のプレート境界で起きた地震ではなく，六甲‐淡路断層帯の深さ16 km という浅い場所で活断層が動いたことによって起きた直下型地震である。住宅地が密集する神戸市，芦屋市，西宮市の市街地で震度７を記録し，全半壊家屋249,180棟，焼失家屋約7,500棟で，建物の倒壊と大規模な火災が起きた。日本では1923年の関東大震災以来の大規模な地震災害で，世界的に見ても都市災害としては最大クラス。6,434人が死亡，重軽傷者は4万人を超え，避難者は約35万人におよんだ。死因は建物の倒壊，家具などの下敷きによる圧死などで83.9%，火災等で15.4%となり，過半数が65歳以上の高齢者であった。

この震災により，同年に耐震改修促進法が施行され，2000年には建築基準法改正がなされた。また，災害復旧のボランティア活動が顕著となり，1997年に特定非営利活動促進法（通称，NPO法）が成立した。その目的は，ボランティア活動をはじめとする市民が行う自由な社会貢献活動としての特定非営利活動の健全な発展を促進し，公益の増進に寄与することとなっている。（☞地震，自然災害，環境ボランティア，東日本大震災）〔NK〕

〔ひ〕

PRTR ⇒ 化学物質排出移動量届出制度

PEV ⇒ プラグイン

PHV ⇒ プラグイン

PSR モデル　この場合の "PSR" は 'Pressure（負荷）' 'State（状態）' 'Response（対策）' という3つの英単語の頭文字をとった略語で，人間の活動と環境との関係を「環境への負荷」「それによる環境の状態」「これに対する社会的な対策」という一連の流れのなかで包括的に捉（とら）えようとするモデルを指している。環境情報を体系的に整理し，指標化するための概念的枠組（わくぐ）み（フレームワーク）として，OECD（経済協力開発機構）によって開発され2003年に発表されたが，他の国際機関や各国等が環境指標を開発する際の基礎として広く用いられているという。

例えばPSR モデルに基づく環境指標に関し，①環境への負荷を表す指標は，人間活動によって天然資源を含めた環境への負荷を示し，これには直接的な負荷と間接的な負荷が含まれる，②環境の状態を表す指標は，環境の質および天然資源の質と量に関係し，環境政策の究極的な目的を反映するとともに，環境の全体的な状況と時間の経過にともなう変化を示すよう策定されている，そして③社会による対策を表す指標は，社会が環境面の課題事項に対して対策をとる程度を示しており，具体的には環境への支出，環境に関する税および補助金，環境に配慮した製品やサービスの価格および市場占有率，廃棄物のリサイクル率などが掲げられている。（☞環境負荷，環境コミュニケーション）〔HT〕

BSE ⇒ ISO22000，トレーサビリティー

BOD（生物化学的酸素要求量）　Biochemical Oxygen Demand　河川などにおいて水中の水質汚染度を調査する際に用いられる指標。

水中の有機物質である生物が酸化や分解される際に溶けている酸素がどれくらい消費されるかを調べることによって，水中の汚濁の程度を測定することができる。通常は試水を20℃で5日間放置した時に消費された酸素量（mg／ℓ）で表し，BODの数値が高ければ高いほど汚濁が進んでいることを示す。(☞ COD)　〔JO〕

BOPビジネス　BOP business　BOPとはBase of the Pyramidの略で，世界的な経済社会構成のなかでの経済的最下層を意味する。かつてはBaseでなくBottomと書かれていた。1日2ドル以下で生活する経済的最貧困層は世界に40億人もいるといわれ，その層を新たな市場と捉えてビジネスを行うというもの。つまり，最終的には貧困層が中間層へと移行するよう経済社会の構造転換を目指すものである。BOPビジネスの概念は1998年にC.K.プラハラッドとスチュワートL.ハートによって提示され，2004年ころから世界的に注目されるようになった。この2人は，貧困者への慈善や援助，または搾取をするというビジネスではなく，BOPは今後急速に成長する魅力的な市場だと指摘し，ビジネス対象層として重視すべきである，と主張した。

BOPビジネスには特徴がある。これまでの企業の収益重視だけでなく，社会貢献をうたう点である。マイクロ・ファイナンスが，その好例。BOP層への少額融資であるが，これによりBOP層のエンパワーメントと自立の機会が与えられることになった。この事業を行ったバングラデシュのグラミン銀行創設者であるM.ユヌス氏はノーベル平和賞を受賞している。他方，ノキアの携帯電話普及プロジェクトでは，アフリカやアジアで誰にでも買える低価格のシンプルな携帯電話を普及させ，情報化社会におけるデジタルデバイドの解消と市場の拡大を同時に達成している。今後，多国籍企業における本業での市場展開と地域に特化したCSR戦略により，NGOとのエンゲージメントや政府との協働も行われ，BOPビジネスは本格化すると予想される。これまでの市場と違い，とりわけBOPビジネスにおいては新たな技術，製品・サービス，ビジネスモデルのイノベーションが必要となるであろう。最近では国連のSDGsにおける開発途上国でのビジネス展開に発展している。(☞貧困問題，社会貢献，コミュニティ・ビジネス，ソーシャル・マーケティング，持続可能な開発目標)　〔NK〕

ひ

PCB　Polychlorinated Biphenyls　ポリ塩化ビフェニルのことを指す。有機塩素系の化学物質で水に溶けにくいが脂(あぶら)には溶けやすい性質をもつ。燃焼させるとダイオキシンが発生する。地底土壌では分解されにくいために，外因性の内分泌かく乱化学物質（環境ホルモン）に指定されて水質や土壌の汚染調査の対象になっている。かつて産業界では工場の受電設備などに使われる大型コンデンサや変圧器の絶縁材として用いられたが，現在は製造されていない。しかし，過去に大量に製造されているため，その処理に費用と期間がかかる。ポリ塩化ビフェニル類（PCBs）の使用規制に関する特別措置が法律で定められている。(☞ダイオキシン，水質汚濁，土壌汚染，PCB廃棄物処理特別措置法，環境ホルモン)〔YK〕

PCB廃棄物処理特別措置法　PCB（ポリ塩化ビフェニル）廃棄物の確実かつ適正な処理を行うことを目的に2001年6月に成立した法律で，正式名称は「ポリ塩化ビフェニル廃棄物の適正な処理の推進に関する特別措置法」。内分泌かく乱化学物質（環境ホルモン）による農水産物の汚染が発見され，とくに魚介類の汚染が著しかった。また，母乳からも高濃度のPCBが検出されるにいたり，健康障害との因果関係が明確となって1972年にPCBの生産中止措置がとられた。現在，PCBは特定化学物質に指定されて，限られた用途以外には使用を禁止されている。(☞水質汚濁，土壌汚染，PCB，環境ホルモン)〔YK〕

ヒートアイランド現象　大都市の中心部で局地的に大気の温度（気温）が上昇する異常現象を指す。等温線を描くと都市にこもった熱（ヒート：heat）が島（アイランド：island）のように見えることから命名された。この発生原因には都市において，①コンクリート建造物が増えて熱をためやすくなった，②自動車や空調施設から出る排熱が増加した，③緑地や水辺が減った，などが指摘されている。要するに，都市において自然環境のバランスが崩れたことに起因する一種の環境問題と言えるわけである。

すでに日本では東京，大阪，名古屋，仙台などの主要都市で夏季の気温上昇が目立ち，熱帯夜の発生日数が1990年代になってから急増。局地的豪雨や光化学スモッグもヒートアイランド現象の影響によるとの説が唱えられ，さらに熱中症などの健康被害の増加も報告されるなど，ヒートアイランド現象は全国的に深刻化している。とくに気温上昇はエアコンによる電力需要を押し上げ，その排熱がさらに気温を上昇させるという悪循環に陥るおそれすらある。このため政府も風の通りやすい都市づくり，緑地帯の確保，交通システムの見直しといった総合的な対策に乗り出している。他方，自治体ではヒートアイランド現象の緩和に効果があるとされる屋上緑化事業や壁面緑化事業を助成する動きが見られる。（☞自然環境，健康被害，都市環境，都市公害，屋上緑化，壁面緑化，光化学スモッグ，熱中症）〔HT〕

非エネルギー起源二酸化炭素　⇒　エネルギー起源二酸化炭素

ビオトープ　biotope　ビオトープはギリシャ語の「bios（生き物）」と「topos（場所）」という意味の合成語。ドイツの生物学者ヘッケルによって提唱された。自然環境を保全あるいは創造する際の基本となる単位，または野生動植物や微生物が生息し自然の生態系がうまく機能する空間を指す。ビオトープ事業は公共事業や民間の開発活動において野生生物が生息可能な環境条件を積極的に復元・創造する事業で，自然環境保全と開発の調和をはかることを目的としている。近年，都市，地域，学校等において自然環境の保全・復元・再生活動が活発に行われるようになった。（☞自然環境，環境保護）〔ST〕

東日本大震災　2011年3月11日に勃発した東日本大震災（「3.11」と略称されることがある）は，東北地方太平洋沖地震（M9.0）によって引き起こされた大規模災害で，地震そのものの揺れによる被害もさることながら，東北沿岸部に押し寄せた津波による被害が甚大（じんだい）であった。死亡者・行方不明者は2万人を超え，30万人以上が住居を離れ避難生活をおくった。この震災では公共インフラ（電気，上水道，下水道，ガス，運輸，通信など）のストップにより東日本においては社会生活に大きな影響がおよんだ。さらに東京や千葉の湾岸埋立地帯では地面の液状化現象が見られた。この地震は1900年以降に世界で発生した地震のなかで4番目の大きさの規模で，日本では観測史上最大の地震である。

この震災により，直後の2011年4－6月の国内総生産（実質GDP）は前期比0.3%減となった。その大きな原因はサプライチェーンの寸断にともなう供給活動の制約から，輸出が4.9%減となったからである。また，この地震と津波により福島第一原子力発電所の原子炉の冷却系統が停止して核燃料棒が溶けるメルトダウンが起き，大規模な放射性物質の環境への放出が発生した。発電所から半径20km圏内の住民に避難指示が出され，避難生活が強いられた。

この事故は国際原子力事象評価尺度でレベル7（深刻な事故）とされ，1986年の旧ソビエト連邦のチェルノブイリ原子力発電所の事故に次ぐ規模であると認識されている。自然災害ではあるものの，不作為による人為的な大規模公害であるといえ，原子力発電の存続や再生可能エネルギーへの転換など多くの議論を呼ぶ大きな社会問題となった。（☞地震，津波，液状化現象，自然災害，原子力発電，国際原子力事象評価尺度，阪神・淡路大震災）〔NK〕

干潟（ひがた）　遠浅の海岸部に潮（しお）が引いてから現れる，細かい砂や泥がある程度の面積で堆積（たいせき）した場所。河川や沿岸流によって運ばれた砂が海岸や河口部に堆積して形成されることが多い。かつては不毛の地と考えられ干拓（かんたく）や埋め立てが盛んに行われたが，①多様な生物が生息している，②自然の浄化作用がある，③野鳥のえさ場になっている，などの観点から近年見直され保護されるようになった。（☞藤前干潟，湿地）〔HT〕

光害（ひかりがい）　都市では健康を害する騒音，下水やし尿処理の不備による土壌や河川の汚染，ごみ（廃棄物）の増加やごみ処分場の不足といった都市型の環境問題が発生するが，光害は過度な夜間照明によって発生する新しい都市公害と言われている。実際，光害によって夜に星が見えなくなるだけでなく，日照時間の人工的な変化によって動植物などの生態系に悪影響がおよぶようになる。夜間の照明は防犯に不可欠だが，過度な照明は環境悪化につながることを忘れてはならない。（☞都市公害，都市環境）〔HT〕

微小粒子状物質（びしょうりゅうしじょうぶっしつ）　大気中にある粒子状物質（PM：Particulate Matter）の粒子の直径が10μm（ミクロン）以下の小さい浮遊粒子状物質（SPM：Suspended Particulate Matter）のなかで，とくに粒径が2.5μm以下の小さな粒子状物質を指す。“PM2.5”と呼ばれる微小粒子状物質のほとんどがディーゼル車から排出されると言われている。とりわけ"SPM"は長時間空気中に滞留し，人間が呼吸によって吸い込んでしまうと鼻腔(びこう)や気管などで取り除くことができないため，気管支喘息(ぜんそく)や肺ガンを引き起こす可能性がある。(☞ディーゼル排気粒子)

〔JO〕

ヒ素（砒素）　arsenic　非金属元素の1つで，元素記号はAs，原子番号は33。金属のような，つやのあるもろい固体。化学的・物理的性質が異なる灰色砒素，黄色砒素，黒色砒素の3種類が存在する。人体には非常に危険で有毒。消化器から急速に吸収されると中毒となり，場合によっては死に至る。慢性障害になると，皮膚，神経，内臓などに障害が出る。実際，1955年に森永ヒ素ミルク中毒事件が発生している。その化合物は生物への強い毒性を持つため，逆に毒性の強いことを利用して，医薬品，農薬，または木材の防腐剤として利用されている。砒素化合物の鉱脈があるところでは河川や水源が高度に汚染される危険があり，安易に地下水や井戸水などの流水を飲むと生命に危険をおよぼすことがある。(☞地下水汚染，井戸水汚染)　〔YK〕

日立煙害事件　⇒　足尾鉱毒事件

非特定汚染源　河川や湖沼(こしょう)の汚濁(おだく)は家庭排水や工場排水などによる特定汚染源が原因とされ，下水道の整備により徐々に解決されつつある。これに対して市街地，農地，山林は汚濁が広範囲にわたり，発生場所や原因を特定することが困難な非特定汚染源として注目されている。現在では透水性舗装(ほそう)，肥料の適正化や排水対策，森林の荒廃対策が実施され汚濁の削減が試みられている。　〔TN〕

漂着ごみ　海上を漂流して各地の海岸に漂着するごみのこと。包装・容器類など側溝(そっこう)や河川(かせん)などを経由して海に流出した生活ごみ，魚網(ぎょもう)や浮きなどの漁業活動にともなって流出したごみをはじめ，国内外の陸上，河川，海上（船舶等）など発生源は多岐(たき)にわたっている。これらのごみは海岸に漂着し，港湾などの海岸機能の低下や景観の悪化を引き起こしたり，海鳥や海洋生物などが漂流・漂着したプラスチック類を誤食・誤飲したり，廃棄された漁網などに絡(から)まるなど，生態系への悪影響が懸念される。現行では都道府県等の海岸管理者に責任があるとされるが，処理しきれない場合も多く，行政と民間団体・研究者との連携，あるいは国際的な対応を含む発生源対策や処理が急がれている。（☞海洋汚染，プラスチックごみ）〔JO〕

漂流ごみ ⇒ 漂着ごみ

貧困問題（ひんこん）　2002年の環境・開発サミットでは「共通だが差異ある責任」という地球サミットの時に確認された原則をめぐり，先進国と開発途上国との対立の構図が鮮明になった。この背景には，地球サミット以降も先進国と開発途上国との間に横たわる貧富の格差が拡大し続け，開発途上国の貧困問題が結局は地球環境の破壊や劣化に歯止めがかからない大きな要因になっている，との基本認識がある。

一般に「貧困」とは経済的な貧（まず）しさのために生計が苦しくなり，精神的および肉体的に正常な生活を送ることができない状態を指す。したがって，開発途上国の貧困な人々は身近な自然資源を将来の状況，すなわち「持続可能性（サステナビリティ：sustainability）」を考えず収奪的・略奪的に利用する傾向が強くなり，結果的に一層貧困な状態に陥（おちい）るという悪循環を繰り返すことになる。（☞環境・開発サミット，共通だが差異ある責任，持続可能な開発，サステナビリティ）

〔HT〕

貧酸素水塊（ひんさんそすいかい）　oxygen-deficient water　生物に影響が及ぶほど酸素濃度の低い水塊。水産用水基準（2000年）では酸素濃度4.3mg／ℓを「底生生物の生息状況に変化を引き起こす臨界濃度」と定めている。通常，富（ふ）栄養化によって異常に増殖したプランクトンが死滅・沈降し，それをバクテリアが活発に分解する。この時，バクテリアが大量の酸素を消費するために溶存酸素濃度が低下する。けれども，海水は潮汐（ちょうせき）や風によってかき回されるので，表層から酸素が供給され海底の酸素濃度が生物に影響を及ぼすほどには低下しない。ところが夏になると，表層付近で温められた海水が冷たい深層水の上に安定的に積み重なった状態になってしまう。このため深層水に酸素が供給されなくなり，貧酸素水塊が発生する。東京湾，三河湾，浜名湖などでよく出現する。なお，近年の調査によって内湾では夏にしか発生しないと考えられて

きた貧酸素水塊が，東京湾では冬にも毎年発生していることが判明した。(☞赤潮，青潮，富栄養化)　〔TT〕

〔ふ〕

ファクター10　Factor10　地球全体の持続可能な経済発展を目指すために先進国において資源生産性を10倍以上に向上させるべきという考え方。1991年にドイツのフリードリヒ・シュミット・ブレークが提唱し，1994年には各国の研究者や企業経営者などをメンバーとするファクター10クラブが設立された。今後50年間に製品やサービスを生産するために必要な物質フローを地球全体で50％削減することが必要であり，地球人口の約20％を占める先進国ではその約80％を消費しているため物質フローを10分の１以下に削減することを主張。脱物質化（サービス化）を有力な手段としている。(☞ファクター４，資源生産性)
〔TN〕

ファクター４　Factor 4　1995年にエルンスト・フォン・ワイツゼッカー等が「持続可能な社会」の実現を目指してローマ・クラブに提出した報告書。ヨーロッパで大きな反響を呼び，日本でも翻訳されている。持続可能な社会のためには，50年間で豊かさを２倍にして資源の消費を半分に減らすことが必要であり，この手段として資源生産性（この場合は資源投入量当たりの財やサービスの生産量を指す）を４倍に向上させるべきであると主張。エネルギー，物質，輸送の各分野において資源の効率的利用が実現された事例を数多く示している。(☞資源生産性，ローマ・クラブ，ファクター10)
〔TN〕

Fun to Share（ファン・トゥ・シェア）　環境省が2014年から着手した低炭素社会の実現に向けた気候変動のためのキャンペーンの名称。2010年から実施してきた「チャレンジ25キャンペーン」を継承し，15年から開始された国民運動「クールチョイス」の一環としても実施されている。これまで企業や団体における温暖化防止の取り組みは個別に実施され，たとえ優れたものであっても外部からは分かりにくかった。そこで最新の取り組みをみんなで楽しくシェアすれば，取り組みが広範囲に普及しライフスタイルのイノベーションも期待できる。賛同する組織は登録して自主宣言を公表すればロゴマークを使用できるが，定期的な活動報告としてアンケートへの回答が求められる。環境省にある事務局のウェブサイトでは，賛同組織の宣言と取り組み内容が紹介されている。これらは①革新的な技術や製品・サービス，②魅力あふれる街（まち）・地域づくり，③業務における制度や取り決め，④これからの暮らし方やライフサイクル，⑤海外での活動展開，⑥ファイナンスによる支援の仕組み，および⑦その他のカテゴリーに区分し，組織の種類，業種，および所在地ごとに表示されている。（☞チャレンジ25キャンペーン，クールチョイス）〔TN〕

VOC　⇒　揮発性有機化合物

フィランソロピー　⇒　社会貢献

フードシェア　⇒　食品ロス

フードチェーン　⇒　ISO22000

フードバンク　⇒　食品ロス

フード・マイレージ　food mileage　英国で1994年に考え出された指標で，当初はフードマイル（food miles）と呼ばれていた。食料輸入による環境負荷をできるだけ減らそうという趣旨で数値化が行われた。輸入食料品が生産された場所から消費される場所まで運ばれるあいだには，移動のためにさまざまな交通機関や施設などを使用することになり，石油燃料などが使われCO_2（二酸化炭素）を排出し環境に負荷をかけるが，CO_2が環境にどれくらい負荷をかけるのかを計算して出した指標。実際には輸入農産物などが生産国から外国に輸出される際の〔農産物の総量×輸送距離〕で計算され，数字が高いほど環境に負荷をかけていることになる。食料自給率が低い日本では輸入食料が多く，このフード・マイレージは諸外国と比較するとかなり高い数値になる。（☞地産地消，二酸化炭素，環境負荷）〔TI〕

風力発電　wind power generation　風車によって風の運動エネルギーを電気に変換する発電方式。風力発電にはプロペラ型（水平軸）とダリウス型（垂直軸）の２方式がある。風力発電は非枯渇性エネル

ふ

ギーで環境汚染物質やCO_2の排出がないため地球温暖化防止対策の手段として期待され，風力エネルギー開発は世界各地で進んでいる。その結果，風力発電設備容量の増加量は著しく伸び，発電コストが低下している。2017年12月時点の世界の風力発電設備容量は5億3,958万kWで，このうち中国1億8,823万kW，アメリカ8,907万kW，ドイツ5,613万kW，インド3,284万kW，スペイン2,317kWの順に多く，この5カ国で全体の72%を占める。日本の累積風力発電設備容量は340万kWで世界第19位である。(☞地球温暖化対策推進大綱，枯渇性資源，再生可能エネルギー)　〔ST〕

フェアトレード　fair trade　貿易（トレード：trade）はややもすると，先進諸国や力のある国をさらに富のある国にし，発展途上国などに不公平（アンフェア：unfair）な状況を強いて貧困を増大させる結果になる。それを是正するための1つの方策として，弱い立場にある国の生産者に対し，公平な条件での貿易を推進すること。劣悪な条件下での労働の防止，環境の乱開発などを防ぐこと，発展途上国における生産者の自立支援などを目標にしている。フェアトレードの産品としては，食料品，加工食品，衣料，雑貨，手工芸品などが多く見られる。なお，国際フェアトレード認証ラベルや認定フェアトレード団体マークなどを認証する団体が，それぞれの基準で認証活動を普及させているものの，欧米に比較すると日本における認知度はまだ低い。(☞貧困問題)　〔TI〕

富(ふ)栄養化　eutrophication　湖沼(こしょう)や内海(うちうみ)などの閉鎖性水域に流れ込む窒素やリンなどの栄養塩類の濃度が高まると，それらをとりこんで成長するプランクトンや水生植物の活動が活発化し異常増殖を起こす。こうして増殖したプランクトンなどが死んで栄養塩類を放出する現象を指す。霞ヶ浦・諏訪湖・琵琶湖・瀬戸内海をはじめ日本中で多発。富栄養化が進行すると，赤潮やアオコの発生などの水質障害や酸素濃度低下による魚介類の死滅，水域の水質値の悪化などを引き起こす。上水道に利用されている場合には健康への被害も懸念される。富栄養化は人間活動に起因するものが多く，下水・生活廃水・工場廃水・肥料などが流入した場合に起こる。(☞赤潮，青潮，アオコ)　〔TT〕

ふ

フェロシルト　石原産業が商標登録（2000年）し，土壌補強材・土壌埋(う)め戻(もど)し材として子会社を通じて販売を開始（2001年）して2005年に生産・販売を中止した商品。三重県がリサイクル商品として認定（2003年）し，多くが三重県，岐阜県，愛知県，京都府などに販売され，埋め立てなどに使用された。販売量は72万トンあまりと言われるが，その販売に逆有償性などが見られたため産業廃棄物と判断された。2007年6月にフェロシルトの不法投棄事件における津地裁判決では，廃棄物処理法違反（不法投棄）で実刑判決が言い渡され，悪質な環境犯罪として厳しく断罪された。

フェロシルトは，チタン鉱石から酸化チタンを抽出したあとの排出物を中和・脱水して廃棄された。赤い土に見えるが，酸化鉄（約38%），石膏(せっこう)（約35%）が主成分とされ，さらに酸化チタン，シリカ，酸化マンガン，クロムなどが含まれている。発生する廃棄物の量は，酸化チタンの製品に対して約2倍といわれる。

チタン鉱石には，ウランやトリウムが含まれており，チタンの廃棄物は放射性廃棄物とも言われる。ただし，フェロシルトの微量放射線被爆の健康への影響については，宇宙から降り注ぐ宇宙線，大地からの放射線など生活の場における環境放射線量から，重大な人体への健康被害を与えるとは限らない，とする説もある。チタンは白色顔料として紙の白色，洗濯機，冷蔵庫，車の塗料，ゴルフクラブなどに用いられている。チタンの廃棄物は，放射線の半減期が長い（ウランは約45億年，トリウムは約140億年とされる）。また，廃棄物の毒性が続くため，長い間に地下水汚染の可能性もある。さらに廃棄物が乾燥し，粉じんとなって飛散し，体内に取り込まれることによる健康の心配もある。（☞放射性廃棄物，粉じん，不法投棄，環境犯罪，健康被害，地下水汚染）〔YK〕

4R ⇒ **3R**

複合汚染　complex pollution　複数の有害汚染物質が個々に人体や動植物に影響を与えるばかりではなく，人間や動植物に対して相乗的かつ複合的に，しかも予測できないような環境汚染を引き起こすこと。具体的には「ばいじん」による大気汚染と，硫黄酸化物（SOx）や自動車排出ガス（一酸化炭素，鉛等）などが重なりあい，相乗的な問題

を引き起こしているような場合を指す。(☞ばいじん，大気汚染，硫黄酸化物，自動車排出ガス対策) 〔JO〕

福島第一原発事故 ⇒ 東日本大震災

藤前干潟(ふじまえひがた) Fujimae Tidal Flat 愛知県名古屋市の西南，庄内川・新川・日光川の河口部にある干潟。過去30年間の臨海工業開発のために9割を越す干潟が埋め立てられた。そのなかで奇跡的に残った伊勢湾最後の藤前干潟には埋め立てで追われた鳥たちが集まり，日本最大級の渡り鳥の飛来地となっている。とくにシギやチドリの飛来地として世界的に有名。

名古屋市は市内で発生する廃棄物の最終処分場が不足する見通しのもとに，1990年から10年間で藤前干潟を埋め立てる計画を1984年に発表した。しかし，自然保護団体がこれに反対し，また干潟に関する社会的な関心や環境アセスメントの「環境に与える影響は非常に大きく明らかである」という結果を受け，名古屋市は1999年1月に計画を最終的に中止した。なお，藤前干潟は国際的に見ても重要な湿地であり，2002年11月にスペインで開かれた第8回ラムサール条約締約国会議で北海道美唄市(びばいし)の宮島沼(みやじま)とともに「国際的に重要な湿地」として登録された。(☞干潟，湿地，ラムサール条約，環境アセスメント) 〔TT〕

不都合な真実 An Incovenient Truth 環境問題に積極的に取り組んできた元アメリカ合衆国副大統領（1993-2001年）のアル・ゴア（Al Gore）が出演し，同氏の地球温暖化対策を追った衝撃的なドキュメンタリー映画の名称。同氏の講演とともに談話や研究が具体的なデータとともに紹介されており，そのなかで「地球温暖化はまだ止めることができる」と訴えている。映画は2006年5月に米国の限られた映画館で公開されたが，数日後には好評を得て全米で公開されるようになり，ドキュメンタリー映画として記録的なヒットを達成。07年2月にはアカデミー賞を2部門（最優秀長編ドキュメンタリー賞と最優秀オリジナル歌曲賞）で受賞した。また，同名の著書も出版されている。なお，映画は日本でも公開され，著書の翻訳も日本で出版されている。さらに17年には第2弾として「不都合な真実2：放置された地球」が製作され劇場公開された。(☞環境問題，地球温暖化) 〔HT〕

物質循環　物質の自然な循環を表す用語。この循環機能が人間による社会経済活動の拡大にともなう環境への負荷増大によって弱められ自然の浄化能力を超えると，自然破壊などのさまざまな環境問題を引き起こす。したがって，循環型社会を形成する際にも「大量生産・大量消費・大量廃棄」型の社会経済のあり方やライフスタイルを見直し，廃棄物等の発生抑制（リデュース），再使用（リユース），ならびに再生利用（リサイクル）を促進して最後は適正に処分するという物質循環を維持・増進しなければならない。（☞循環型社会，浄化能力，大量生産・大量消費・大量廃棄，ライフスタイル，３R）　〔HT〕

物質文明　material civilization　産業革命によって誕生した物質的な価値を重視し物質的繁栄を追求する文明のこと。産業革命は機械化によって大量生産を可能にし物質文明を誕生させる契機になった。とくに20世紀初頭の1908年にヘンリー・フォードが流れ作業の導入に成功して成し遂げた大衆自動車の大量生産体制は物質文明の象徴となり，物質文明は20世紀に最も栄える文明となった。しかし，21世紀という「環境の世紀」における明るいビジョンは，人類が20世紀にたどった地球環境の消耗と引き替えに繁栄する物質文明の単純な延長線上にはない，と主張されている。（☞産業革命，環境の世紀）　〔HT〕

プッシュ型支援　⇒　熊本地震

物流共同化　⇒　共同物流

不燃ごみ　燃やすことのできないごみや燃えないごみ。ガラス，小型家電用品（テレビ，冷蔵庫，洗濯機，エアコンなどを除いたもの），スプレー缶，容器以外のプラスチック製品，食器類，アルミホイルおよびアルミ製品，割れたびん，化粧品のびん，金属製品，かさ，ガラス類，金属類，瀬戸物などが該当。プラスチック類を可燃ごみとして扱う市町村や，びん・缶類を資源ごみとして分別収集する市町村もあり，対象物は市町村によって若干異なる。その廃棄方法は，破砕し鉄分を取り除いて埋め立てる場合が多いが，破砕後に直接埋め立てる市町村もある。（☞可燃ごみ，家電リサイクル法，分別収集）　〔JO〕

ふ

不法投棄　illegal dumping　廃棄物を法律に従って適正に廃棄せず，違法に山林や原野などに投棄すること。廃棄物処理にかかる費用は年々増大していることから，不法投棄は跡を絶たない。日本では建築廃棄物が不法投棄されるケースが最も多いとされているが，有害物質を含んだ廃棄物の不法投棄も増加しており，廃棄物に含まれる有害物質が周囲の土壌や地下水，河川などに漏出（ろうしゅつ）して汚染を引き起こし環境に悪影響をおよぼす場合もある。（☞有害物質，フェロシルト）〔JO〕

浮遊（ふゆう）粒子状物質（SPM）　⇒　微小粒子状物質

プラグイン　plug-in　交流100Vの家庭用コンセントに接続して充電を可能にする機能。従来のハイブリッド車や電気自動車では，自宅の家庭用電源から充電することができなかったが，それを可能にした。つまり，プラグイン機能を持つ自動車であれば，充電のために専用スタンドまでわざわざ出向く必要がなくなるだけでなく，発電のためにエンジンを始動することも不要になるわけである。なお，プラグイン・ハイブリッド車（PHV）の具体例としては2009年発売の新型プリウス（トヨタ自動車）などがあり，電気自動車（EV）にはリーフ（日産自動車）などがある。（☞エコカー減税，低公害車，ハイブリッド車，電気自動車）〔MK〕

プラスチックごみ　plastic waste ／ plastic trash　人間生活によって「ごみ」として廃棄されるプラスチック製の使い捨てレジ袋，ペットボトル，ストロー，食品包装容器などを指し，「プラごみ」とか「廃プラスチック」とも呼ばれる。こうしたプラスチックごみが河川などから海に流出した場合には海洋プラスチックとなり，近年，その海洋汚染が世界中で深刻化し新たな地球環境問題として関心を集めるようになった。そこで国内外の外食企業ではプラスチック削減に向けてプラスチック製ストローの使用を廃止するなどの対応を行うようになってきた。

一方，日本では①分解しやすい代替品として生分解性プラスチックやバイオプラスチック（またはバイオマスプラスチック）の開発・普及，②使用済みプラスチックの効果的な回収や再利用の方法，③プラスチック削減に向けた実効性のある規制の導入などが検討されている。

とくに植物に由来する原料を使用して造(つく)られるバイオプラスチックは,分解された後は水と二酸化炭素だけが残るため回収や処理の必要がなく,環境に負荷をかけないプラスチック素材として注目され,環境省も補助金などによって供給体制の整備に着手した。

なお,欧州連合(EU)などではプラスチックごみ削減に向けた規制が進んでいる反面,日本では例えば現在でもレジ袋の利便性を重視する消費者が少なくなく,スーパーなどのレジ袋削減に対する取り組みはマイバッグを持参する来店客が増加しているものの遅れており,プラスチックごみの削減対策が懸念されている。さらに2017年末から中国がプラスチックごみを含む資源ごみの輸入禁止を表明し,世界各国のごみ処理問題やリサイクル事業に少なからぬ影響がおよぶため国際的に大きな波紋が広がっている。(☞廃プラスチック,海洋プラスチック憲章,漂着ごみ,生分解性プラスチック,レジ袋有料化)〔HT〕

ブラントラント委員会 ⇒ 持続可能な開発

プランB Plan B ワールドウォッチ研究所(1974年創立)およびアースポリシー研究所(2001年創立)の創立者で著名な米国人の環境学者レスター・ブラウンによって提唱された新しい経済の仕組みを表す概念。2001年に同氏によって『プランB』という著書が出版され,その最新版として2006年には『プランB2.0』が出版されている。従来のような自然資源を過剰に使用することによって経済を拡大してきた持続不可能なバブル経済を「プランA」とするのに対し,「プランB」では経済のバブル体質を改め持続可能な経済を実現するための方策が示されている。つまり,そのためには人口を安定化し,貧困を根絶し,気候を安定化させることが必要であり,世界は破壊を回避するために環境革命によって早急にプランAからプランBにシフトすべきである,と主張されている。

例えばプランAでは化石燃料に依存した車社会や使い捨て社会が想定されているのに対し,プランBでは地球環境に負担をかけない再生可能エネルギーを重視した循環型の経済システム,すなわちエコ・エコノミー(eco-economy)の構築が目指されている。実際,地下水の枯渇(こかつ)を回避するには,まず需要を減らす必要があり,それには水利用の効率を高めることや出生率を下げることなどが有効であると

提案されている。(☞環境革命，化石燃料，ワールドウォッチ研究所)
〔HT〕

フリーマーケット　語源はflea market（蚤の市）で，ヨーロッパにおいて主に古着や骨董品などを扱う市場の名称であったが，日本ではfree market（誰でも参加できる自由な市場）という解釈で使われることも多く，「フリマ」と略称されることがある。公園，広場，スタジアムなどに出品者がさまざまな物品（衣料，雑貨，食品，玩具など）を出品し，そこに訪れた人々に出品者が自由に価格を提示して取引が行われる。リサイクルを目的として中古品や不用品などが取引されることが中心ではあるが，中古品や不用品以外にも近年では手作り品やアート品の販売，あるいは業者からの出店（コレクター品，新品など）も増加している。また，インターネット上のフリーマーケットは拡大傾向にある。(☞リサイクル)
〔TI〕

ブルーカーボン　blue carbon　陸上における森林などの樹木が光合成によって吸収する二酸化炭素をグリーンカーボン（green carbon）と呼ぶのに対し，ブルーカーボンとは海藻や植物プランクトンなどの海の生物が吸収し，大気中に放出せず海中に蓄えている二酸化炭素を意味する。こうした二酸化炭素を蓄える機能は炭素固定と呼ばれ，この機能を利用すれば大気中の二酸化炭素を削減できるため技術開発が進められている。

パリ協定では温暖化ガスの削減目標に森林による二酸化炭素の吸収を含めているが，藻場やマングローブも重要な二酸化炭素の吸収源と考えられるようになってきた。とくに日本やオーストラリアなど海に囲まれた国にとってブルーカーボンは大きな二酸化炭素の吸収源となる可能生が高く，日本では藻場の再生を通じてブルーカーボン事業に取り組む自治体が現れている。ただし，ブルーカーボンは地球温暖化によって水温が上昇すると大気中に放出されやすくなるため，森林が吸収するグリーンカーボンに比べると二酸化炭素の吸収量を正確に把握できない，といった課題が指摘されている。(☞二酸化炭素，藻場，マングローブ)
〔HT〕

プル型支援　⇒　熊本地震

プルサーマル　plutonium use in thermal neutron reactor　原子力発電において核分裂の減速材・冷却材に軽水を利用している原子炉（軽水炉）で使用された核燃料（使用済み核燃料）を再処理し，そこから取り出したプルトニウムとウランをまぜて加工した混合酸化物（MOx）を再びウラン燃料として軽水炉で利用することを指す。日本では2009年12月に九州電力の玄海原発３号機で初めて導入された。プルトニウムの有効利用をはかろうとするもので，軽水炉で発生するエネルギーの約３分の１をプルトニウムが占めると言われている。日本では現在プルトニウムの優れた利用方法とされているが，MOx 燃料のデータ偽造問題や原子力発電所の立地や稼動に関する住民投票などの結果から，官民の理解が不可欠となりつつある。なお，この場合の「軽水」とは，特殊な水を「重水」と呼ぶのに対し，普通の水を指している。（☞核燃料リサイクル，核燃料廃棄物）〔YK〕

プルトニウム　⇒　**核燃料リサイクル，プルサーマル**

風呂敷　⇒　**もったいない**

プロダクト・ライフサイクル（PLC）　Product Life Cycle　「製品ライフサイクル」とも呼ばれ，一般的には新製品のライフサイクル（寿命）が売上高と利益の観点から導入期・成長期・成熟期・衰退期に分類される。しかし，環境問題との関連ではプロダクト（製品）の研究開発から原材料調達，製造，包装，流通・販売，製品利用・消費，最終処理というあらゆる段階を通して土地，水，大気などの自然環境に悪影響をおよぼす潜在性を備えていることが問題視されている。このため，研究開発段階から製品のライフサイクルを通して環境汚染や環境破壊を防止することが求められる。その結果，企業のイメージや評判が良くなり，コストが削減され，マーケット・シェア（市場占有率）が確保されることになる。（☞環境問題，自然環境）〔HT〕

フロン　Flon　クロロフルオロカーボン類の総称。メタンとエタンの水素原子がフッ素，塩素で置換してできた化合物である。冷媒や発泡剤，溶剤，エッチング剤などに用いられているが，オゾン層を破壊して皮膚ガンの発生を高める原因となる。このために代替フロンの

研究が進められている。(☞オゾン層，代替フロン，特定フロン)

〔YK〕

文化遺産 ⇒ 世界遺産

粉じん（ふん） 物の破砕（はさい）・選別や機械的処理等にともなって発生し，飛散する物質。大気を汚染することから「大気汚染防止法」(1968年制定)により粉じんを発生する作業や施設の管理を定めている。この法律では粉じんは「特定粉じん」と「一般粉じん」に分けられ，それぞれに規制がある。「特定粉じん」はアスベストに関するもので，とくに人々の健康を害するおそれのある深刻なものである。(☞アスベスト，大気汚染防止法，健康被害)

〔TI〕

分別基準適合物 ⇒ 再商品化

分別収集（ぶんべつ） ごみ（廃棄物）をリサイクルまたは処理しやすいように種類ごとに分けて収集すること。ごみ処理は地方自治法によって市町村が行うことと定められているけれども，現実問題として市町村ごとに事情がかなり異なるため，全国的に統一された分別収集方式を実施することが困難な状況にある。一般に分別収集する際の分け方としては，①可燃ごみ（燃やすごみ），②不燃ごみ（燃やさないごみ），③混合ごみ（可燃・不燃を区分しないごみ），④粗大ごみ（大型ごみ），⑤有害ごみ（焼却等の処理をした時に有害物質を発生するおそれのあるごみ），⑥資源ごみ（リサイクルするごみ）などに大きく分類されている。ところが，名称は同じであっても，その内容は市町村によって必ずしも一様ではない。なお，日本ではリサイクル社会の構築を目指して1997年４月に容器包装リサイクル法が「ガラスびん」と「ペットボトル（PET ボトル）」を対象に施行され，分別収集を多様化するきっかけになった。(☞ごみ，リサイクル，容器包装リサイクル法，ペットボトル，有害物質)

〔HT〕

〔へ〕

閉鎖性水域　⇒　青潮，赤潮，貧酸素水塊，富栄養化

ベースライン・アンド・クレジット
⇒　キャップ・アンド・トレード

ペーパーレス・オフィス　paperless office　コンピュータが発達し，ビジネスで使用される紙媒体情報はデジタル処理され，ペーパーレス（紙がない）オフィス（事務所）ができ上がるものと予測されていた。しかし，現在はあまり変化はない，あるいは以前より多量になっているオフィスもある。紙を製造するには多大なコストと森林伐採をともない，その紙情報を保存するためにオフィスにはスペースが必要となり，さらにその紙を処分する際に環境汚染が進むことになる。このために改めてペーパーレス・オフィスへの取り組みが叫ばれ，イントラネット（企業内でのネットワーク化），電子ファイリングシステム（文書の電子化），ペーパーレス会議などが推進されつつある。〔TI〕

壁面緑化　建造物の壁面や高速道路の防音壁を緑化すること。近年，大都市では地球の温暖化を上回る速度で気温が上昇するヒートアイランド現象が環境問題の1つとなっているが，ビルなどの壁面に樹木や草花を植え緑化することによってヒートアイランド現象を改善する効果が認められることから，この対策に有効な手段とされている。条例や助成などの推進策によって大企業や官公庁などに普及しつつあるものの，初期コストや維持管理について問題を抱えていることや，屋上緑化と比較して効果検証が少ないことから，一般の雑居ビルや集合住宅にはまだ普及していないのが現状。（☞屋上緑化，ヒートアイランド現象，緑のカーテン）〔JO〕

別子煙害事件　⇒　足尾鉱毒事件

ペットボトル（PET ボトル）　PET ボトルはポリエチレン・テレフタレート（polyethylene terephthalate）と呼ばれる樹脂からできた

物質で，清涼飲料，調味料，酒類，洗剤，医薬品などの容器として幅広く使用されている。ただし，PET ボトルの特性として，軽い，安全，透明性，取り扱いが容易，などのメリット（長所）も多いが，一度使用された後には廃棄物となるワンウェイ容器のため，他のリターナブル容器やびんなどと比較してリサイクルしにくいというデメリット（欠点）がある。

PET ボトルのリサイクル方法は，PET ボトルの異物を除去し，粉砕・洗浄して約 8 ミリ角のフレーク状の再生樹脂とした後に，このフレークを使って繊維製品や日用雑貨などに再利用されている。また，新しい再生利用法として，再生過程で異物が入る問題を解消した化学分解法と呼ばれる，PET ボトルを化学的に分解して原料物質に戻し，再び PET 樹脂をつくる方法が注目されている。（☞マテリアル・リサイクル）

〔JO〕

ヘドロ　bottom sludge　一般的には河口・湖沼・湾などの流れの悪い水底などに堆積した非常に軟らかい汚泥を指すが，廃棄物・工場廃水などの影響で多量に堆積したドロドロで不溶性の有機物・無機物を含むことがある。船舶の通航の妨げや水質の劣化を招くだけでなく，生態系にも大きな影響をおよぼす。例えば長良川河口堰付近では多いところでヘドロが 2 メートル以上も堆積しており，魚介類が激減。とくに貝類の多くは死滅していることが近年の調査で明らかになった。さらに，ヘドロに含まれる硫化水素などは人体に有害。こうした問題への対策は堆積したヘドロを浚渫し，埋め立てなどに利用する方法しかなかった。しかし，現在では研究も進みコンクリートやブロックなどに加工する技術が開発されている。（☞長良川河口堰）

〔TT〕

ヘルシンキ議定書　⇒　長距離越境大気汚染条約

〔ほ〕

保安林　protection forest　保安林は水源の涵養，土砂の崩壊，その他の災害防備，生活環境の保全・形成等，特定の公共目的を達成するため，農林水産大臣または都道府県知事によって形成される森林を指す。保安林制度は1897年の森林法制定を機に確立され，1954年には森林の保全を抜本的に推進するため「保安林整備臨時措置法」が制定された。この法律に基づき「保安林整備計画」が定められてきた。

保安林の種類には水源涵養，土砂流出防備，土砂崩壊防備，飛砂防備，防風，水害防備，潮害防備，干害防備，防雪，防霧，なだれ防止，落石防止，防火，魚つき，航行目標，保健，風致保安林の17種類がある。環境保全等の諸効果が発揮できるよう保安林ごとに取り扱いが制限されており，民有林での保安林の制限に関しては所有者に対する国の損失補償や税制上の優遇措置が採られている。保安林の指定実面積は2017年３月現在1,293万 ha で，全森林面積の約48％を占めている。この保安林の整備保全により山地災害等の防止をはじめ CO_2削減のための森林による吸収量確保等，保安林・森林の持つ多面的機能の発揮が求められている。（☞植林，森林減少，自然環境保全法）　〔ST〕

ポイ捨て禁止条例　各都道府県や市町村が快適な都市環境確保のために，空き缶，たばこの吸い殻などの散乱防止を定めた条例。ポイ捨て禁止条例は1981年に京都市が「飲料容器の散乱防止条例」を制定したのが先駆けとされるが，さらにこの条例をたばこやチラシのポイ捨てにまで適用範囲を広げた「美化推進条例」に変更し，３万円以下の罰則を設けた。さらに東京都千代田区のように2002年度よりたばこのポイ捨て禁止条例よりも厳しい禁煙条例を課した地域もある。しかし，現実には条例による効果はあまりなく，疑問視する声もある。（☞都市環境）　〔JO〕

包括的環境対処補償責任法　⇒　スーパーファンド法

防災の日　⇒　防災用品

防災マップ ⇒ **ハザードマップ**

🍃 **防災用品**　災害には台風，地震，津波，豪雨，噴火などによって起こる自然災害（天災）だけでなく，事故，火事，テロなどに起因する人為的な災害（人災）もある。これらのいつどこで発生するか分からない災害に備え，あるいは災害時に使用するために，自治体や企業などの組織，家庭，または個人で用意しておく物品のこと。防災グッズとも呼ばれ，その種類は多様で，例えば飲料水，缶詰などの保存食，常備薬・救急用品，懐中電灯，携帯ラジオ，乾電池などの定番品から，使い捨てカイロや軍手，家具の転倒防止グッズ，ガラス飛散防止シート，さらに女性ではスキンケア用品まで防災の必需品にあげられるようになってきた。とりわけ東日本大震災後は防災意識が高まり，防災用品への関心と需要が高まっている。

ちなみに9月1日が「防災の日」と定められている関係で，毎年8月になると防災用品が展示されることが多くなり，9月1日には全国各地で防災訓練が行われる。また，最近では災害を未然に防ぐための「防災」に加え，自然災害の発生を防ぐのが難しいため，災害時の被害を最小限に食い止めるための「減災」にも関心が集まっている。なお，災害対策基本法に基づいて毎年『防災白書』（内閣府編）が発行されている。（☞自然災害，ハザードマップ）〔HT〕

🍃🍃 **放射性廃棄物**　原子炉，放射性同位体使用施設，加速器施設などで発生する廃棄物で，放射性物質および放射性物質で汚染されたものの総称。放射性物質は核分裂などの放射性崩壊を起こし，その際に放射線を放出する。生体に放射線が照射された場合には，臨床的に認められる傷害が発生する可能性があるので，取り扱いには十分注意を要する。したがって放射性物質の環境への放出を限りなく低減し，安全に処理・処分がなされるよう技術開発を行うことが重要な課題。

放射性廃棄物の処理方法は，形態（気体・液体・固体）によって大別され，さらに濃度レベル（低レベル・中レベル・高レベル）の区分によってその詳細が決まる。気体・液体廃棄物は化学操作によって処理後，固体化する。固体廃棄物は低・中レベルのものはアスファルト固化などによって安定化したうえで，地中埋蔵や海洋投棄処分をする。高レベルのものはガラス固化体に封じ込め，放射性物質が環境に漏（も）れ出さないよう安全障壁を設け，長期にわたって隔離される。具体的には，地下深い岩盤中に処分することが考えられている。(☞核燃料廃棄物，放射能汚染)
〔TI〕

放射性物質　⇒　放射能汚染

放射線　⇒　放射性廃棄物，放射能汚染

放射能汚染　radioactive contamination　放射性物質から生じた放射線（radiation）による汚染のこと。狭義には，環境に放出された放射性物質による汚染をいう。放射性物質が環境に放出される要因としては，原子力発電（原発）にかかわる原子炉・核燃料再処理工場の事故や核実験などさまざまなものが想定される。放射能とは本来，原子核が崩壊して「放射線を出す能力」のことであるが，放射性物質（放射能をもつ物質）と同じ意味にとられることも多く，「放射能汚染」という用語が一般的に使用されている。放射線が生体に照射されると，電離作用によって細胞膜やDNAを傷つけ細胞の突然変異やガン発生の原因になる。また，人体が短時間に大量の放射線を全身に受けた場合には放射性傷害を生じ，多くは死にいたる。なお，原発事故などにより放射能汚染が発生し生体または人体が放射線の影響を受けて被曝（ひばく）した場合，その汚染の度合いや大きさは1時間当たりの放射線量を示すシーベルト（Sv）という単位で表されることが多い。

ちなみに放射性物質のなかには強い放射能を数千～数十億年と長い時間持ち続けるものがあり，このような長寿命の放射性物質が放出されると，長期にわたり地域が汚染される。実際，偏西風などに乗って拡散された場合に，汚染は地球規模で広がっていく。放射能汚染の防止対策のポイントは，放射性物質を封じ込め，放射線を外部に放出しないよう技術開発と管理を徹底することにある。(☞放射性廃棄物，国際原子力事象評価尺度)
〔HT〕

ほ

保護林　⇒　緑の回廊

ポジティブリスト　positive list　食品への農薬残留は，食品衛生法により残留基準が設定されている。そこでは原則使用を禁止とし，表記されているもののみ許可するとする方式を指す。2003年の食品衛生法の改正で導入された。規制の対象は，生鮮品，畜産品，水産品，加工食品を含むすべてとなり，食品添加物でも一般に食品として使用されるものはこの対象に含まれる。残留基準の設定されている農薬は，その基準内で作物への残留を認めている。残留基準の定められていない農薬の残留は，人の健康を損なう恐れのない量である一律基準値を設定し，これを超える場合は流通が禁止される。天敵農薬と特定農薬は現在のところ，ポジティブリスト制からは対象外とされている。（☞無認可農薬，ネガティブリスト，農薬汚染）〔YK〕

保水効果　⇒　屋上緑化

ポスト京都議定書　2006年11月17日にケニアのナイロビで開催された地球温暖化防止条約（または気候変動枠組み条約）締約国会議（COP12）が閉幕し，京都議定書が定めていない2013年以降の地球温暖化対策の枠組みづくり作業，すなわち「ポスト京都議定書」へ向け，先進国だけでなく発展途上国も巻き込んで地球温暖化対策を空白期間なく継続できるか否かが焦点になった。

そもそも「京都議定書」とは1997年12月に日本の京都で開催された地球温暖化防止京都会議（COP３）において採択された国際的な合意文書。これにより先進国全体で2008～12年の５年間で二酸化炭素（CO_2）などの温室効果ガス（温暖化ガス）の排出量平均を1990年水準から5.2％削減するという具体的な目標値が示された。ところが2001年３月に当時最大の二酸化炭素排出国であった米国がブッシュ政権の下で京都議定書からの離脱（すなわち不支持）を表明した。

その後，京都議定書は2005年２月16日に発効したが，環境省作成の資料によれば，2008年における二酸化炭素の国別排出量の全世界に対する割合は，中国22.3％，米国19.0％，ロシア5.4％，インド4.9％，日本3.9％となっており，第１位の中国と第２位の米国を合わせると40％を超えている。ところが中国と米国は京都議定書の第一約束期間（2008年～12年）では削減義務を負っていないために温暖化対策の効果が疑問視されてきた。

その結果，2013年以降における温暖化対策の枠組みが2010年にメキシコのカンクンで開催された第16回気候変動枠組み条約（COP16）

で話し合われ「カンクン合意」が採択された。しかしながら先進国だけに温暖化ガスの削減目標を課した京都議定書の延長，すなわち2013年以降の第二約束期間の設定を求める途上国側に対し，先進国側は途上国の温暖化対策を含めた新しい枠組みの構築を主張し，対立が続いた。

結局，11年12月に南アフリカのダーバンで開催された第17回気候変動枠組み条約締約国会議（COP17）において，2013年以降（第二約束期間）は京都議定書を延長するものの，日本は京都議定書の削減義務延長には参加せずに自主的な取り組みを行うこととなった。それと同時に京都議定書から離脱した米国，および京都議定書のもとで温暖化ガスの削減義務を負っていない新興国の中国やインドなどを含む新枠組みを15年までに合意し，20年に開始することで決着した。しかし，新枠組みの中身が明確に決められておらず本質的な問題が先送りされている，との批判もある。

こうした現実は地球温暖化対策には先進国と発展途上国の立場や考え方の違い，ひいては経済発展と環境保護の両立に向けた取り組み姿勢の違いが反映されており，解決の難しさが浮き彫りになったといえよう。なお，京都議定書は2015年の第21回気候変動枠組み条約締約国会議（COP21）で採択され2020年以降の地球温暖化防止対策を定めた「パリ協定」へと引き継がれることになる。（☞京都議定書，気候変動枠組み条約，地球温暖化，温室効果ガス，パリ協定）〔HT〕

北海道洞爺湖サミット　北海道虻田郡洞爺湖町において2008年７月に開催された第34回主要国首脳会議。主要議題の一つに気候変動問題があり，低炭素社会の実現に向けて，世界全体の温室効果ガス排出量を2050年までに少なくとも50％削減するという長期目標を気候変動枠組み条約の締約国と共有し，採択することで合意が得られた。中期目標については野心的な中期の国別総量目標を設定することで合意が得られたが，具体的な実施方法までは明確でなく，今後の主要経済国会合において決定していく予定。なお，サミット開催に伴い発生するCO_2を削減するためにカーボン・オフセットも実施された。（☞低炭素社会，カーボン・オフセット，気候変動枠組み条約）〔TN〕

北極海航路　北極海を通ってアジアと欧州を結ぶ船舶の航路を指し，

カナダ北岸を通るルートとロシア沿岸を通るルートの2つに大別される。この北極海航路は地球温暖化の影響で氷が融解し北極海の海氷や流氷の範囲が縮小したため夏の短期間だけ船舶の航行が可能となり，さらに北極海では台風や海賊による被害の心配もないことから近年注目されるようになった。例えば日本から欧州へ行く場合に北極海航路を通ればスエズ運河やマラッカ海峡を通る従来の航路の約3分の2の航海距離とともに航海日数も大幅に短縮されるため船舶の燃費が節約され，タンカー，液化天然ガス（LNG）船，コンテナ船などを運航する海運会社にとってビジネスの観点からコスト的なメリットが発生する。2030年ごろには氷の融解が進んで通年で航海が可能になるとの見方もあり，航路開発が進められている。（☞地球温暖化）〔HT〕

ボパール事件　1984年にインドのボパールという地方都市に設立された米国企業ユニオン・カーバイド社の農薬工場で起きた大爆発事故を指す。この爆発によって工場から猛毒ガスが漏（も）れ出した結果，ボパールは逃げまどう人々で大混乱になり2,500人以上が死亡し50万人が被災したと報じられている。こうして，この環境汚染事故は化学工業史上最悪の惨事（さんじ）を招いてしまった。また，多国籍企業による公害輸出の典型事例と指摘されている。（☞バーゼル条約，公害輸出）〔HT〕

ポリ塩化ビフェニル　⇒　PCB

〔ま〕

マイクロプラスチック　⇒　海洋プラスチック憲章

マイバッグ運動　⇒　買い物袋

マグニチュード　⇒　地震

マスキー法　Muskie Law　アメリカで1970年に大気清浄法（Clean Air Amendment Act of 1970）を改正し，自動車排出ガスの削減を目指した法律。上院議員マスキーが提案したことから通称「マスキー法」と呼ばれる。この法律によって自動車の排出ガス規制が大幅に強化された。自動車の排気ガスに含まれるHC（炭化水素），CO（一酸化炭素），NOx（窒素酸化物）の排出を5年間で90％以上削減しようという内容であったが，自動車メーカーの反対にあい達成期限が延期された。

一方，日本でもアメリカの「マスキー法」の成立を受け，ガソリン乗用車から排出されるNOx（窒素酸化物）の量を90％以上削減するという排ガス規制が導入された。1976年からの実施予定が自動車業界の強い反発もあり，2年遅れではあったが世論の後押しを受けて1978年に実施された。その結果「マスキー法」の実施に関して延期および緩和措置がとられたアメリカに比べ，日本では1978年度までに国内のすべての自動車メーカーでエンジン技術の進歩によって新しい排出ガス基準をクリアする自動車が生産可能になり，世界市場への日本製自動車躍進の一因となった。（☞排ガス規制，自動車排出ガス対策，窒素酸化物）　〔MK〕

マテリアリティ　materiality　CSR（企業の社会的責任）の対象は広範囲にわたるため，すべてを実施することは企業にとって不可能であり，ステークホルダーも企業のCSR報告から必要な情報を必ずしも入手できるとは限らない。そこで，企業はステークホルダーの意思決定に影響を与える重要性の高い分野から着手して報告すべきであるという考え方を示す用語である。日本語訳すれば，重要性または重点分野となる。GRIの持続可能性報告ガイドラインでは報告原則として採用されている。さらに企業とステークホルダーでは重視すべき分野について認識が異なることもあり，双方の認識が一致する分野を明らかにしたうえで着手する分野を決定することが試みられている。(☞社会的責任，GRIガイドライン，ステークホルダー)〔TN〕

マテリアルフローコスト会計　material flow cost accounting　製品の製造活動に投入した原材料を物量的な流れ（マテリアルフロー）として直接把握(はあく)し，最終完成品とともに廃棄物などの無駄(むだ)になった部分（マテリアルロス）を原材料の種類と発生場所ごとに記録して貨幣評価を行う技法。通常の原価計算では，原材料の投入から完成品までのマテリアルフローを貨幣によってのみ評価し完成品原価を算定する。また，若干のマテリアルロスは不可避とみなして単独には集計せず，結果として完成品原価の一部を構成している。しかし，製造活動にともなう物質収支（マテリアルバランス）を明らかにしたうえでマテリアルロスの削減を試みれば，資源生産性が向上し環境負荷と製造コストの同時削減が可能であるため，環境管理会計の有力な技法として注目されている。なお，2011年にはISO14051として国際標準化されている。(☞環境管理会計，資源生産性)〔TN〕

マテリアル・リサイクル　material recycle　再生利用方法の1つ。本来，廃棄物として処分されるべき使用後の製品や，製品の生産にともなって発生した副産物を回収し，新しい原材料の代わりに製品の原料として再利用すること。他のリサイクル方法には，焼却熱を回収しエネルギーとして再生利用するサーマル・リサイクルや，使用後の製品に化学的作用を施し再生利用するケミカル・リサイクルなどがある。このうちマテリアル・リサイクルは最も優先して行うべきリサイクルの方法と考えられている。(☞ペットボトル，リサイクル，サーマル・リサイクル)〔JO〕

マニフェスト　manifest　産業廃棄物管理票のこと。廃棄物は増加するとともに多様化してきており，不法投棄や処分場の確保など廃棄物処理に関する問題が一層深刻になってきた。マニフェストは産業廃棄物を誰が排出から処分まで適切かつ確実に行うかを明確化するために制定された伝票制度である。産業廃棄物を排出する事業者は，事業者氏名，廃棄物の性質，量，運搬先などを記入し，収集・運搬事業者および処分事業者名が署名された4枚の複写用紙のそれぞれ1枚を廃棄物に関係する排出事業者，収集・運搬事業者，処分事業者に保管させ，最終的に処分事業者から排出事業者に戻すことによって適正な処理が行われたか否かを管理する。(☞産業廃棄物，不法投棄)　〔JO〕

マングローブ　mangrove　熱帯・亜熱帯地方の河口・海岸付近や湖の干満のある遠浅の砂泥地に茂(しげ)る常緑樹。オヒルギ・メヒルギ・ニッパヤシなどで構成されるマングローブは，地上の茎(くき)・幹(みき)から出て空気中に露出した根である気根(きこん)がお互いに絡(から)みあい発達する特殊な植生を形成。この絡み合った気根は水生生物の重要な住処(すみか)となり，マングローブ林には豊かな生態系がつくられる。しかし，近年は紙の原材料として伐採(ばっさい)されたり，エビ養殖地の造成のために破壊が進んでいる。(☞熱帯林)　〔TT〕

マンション環境性能表示　⇒　**環境性能**

〔み〕

見えないフロー ⇒ 家電リサイクル法

見える化　各構成員が持っている情報の非対象性に起因する行為によって引き起こされる企業経営や社会運営の歪(ゆが)みを解消し，各構成員に課題解決への意識を明確に持たせてコミュニケーションを高め，正常な管理運営のための「可視化」を促す手法や経営思想を指す。各構成員間の不完全情報は，不公正な市場取引や企業経営の最適化・効率化の障害になるが，地球環境問題の観点からの「見える化」施策は，温室効果ガスの排出量や地球生態系の生物生産力などの算定と表示により低炭素社会に向けた情報提供を促進する。例えば商品・サービスの原材料調達，生産，流通・販売，使用・維持管理，廃棄・リサイクルにいたるまでのライフサイクル全体を通じての温室効果ガスの排出量を二酸化炭素に換算して表示するカーボンフットプリント制度をはじめ，カーボンラベルの場合は消費者が商品・サービスを購入する際の意思決定支援情報として機能し，カーボンオフセット認証ラベルの場合は「見える化」された情報の活用例といえる。また，エコロジカル・フットプリント指標は「地球1個分の経済」への達成状況を可視化し，地球環境と経済成長との関係を問い続けており，さらにフード・マイレージの場合は食糧の輸送量に輸送距離を乗ずる簡単な指標であるが，人々の食生活と地球環境問題を関連づけて考えるヒントとして有用である。(☞カーボンフットプリント，カーボンオフセット，エコロジカル・フットプリント，フード・マイレージ，低炭素社会)

〔ST〕

水環境　water environment　人間を取り巻くさまざまな環境条件のなかで重要な要素である水に着目し，河川・湖沼(こしょう)・海など水に関係するすべてのものを総体的にとらえる概念。われわれの生活は水と密接に結びついており，水を中心に環境問題を取り扱うことは環境問題をより一層身近に感じることに役立ち，環境問題に取り組むきっかけになると期待されている。(☞環境問題，水危機，水資源，水循環)

〔TT〕

水危機　water crisis　地球は「水の惑星」と呼ばれているように水が動植物の生命を支えており，水がなければいかなる生物も生存することは不可能である。実際，昔から食糧生産に使う灌漑用水や生活用水の供給をめぐって民族間や地域間で紛争が発生している。しかし，最近では経済発展によって引き起こされた環境問題が原因で農業用や工業用だけでなく飲料水に利用できる安全な水までが不足するようになり，農業や工業のような産業活動に加え人間の日常生活にも深刻な影響をおよぼすようになってきた。こうして1970年代に石油危機が2度にわたって勃発したと同じように，21世紀に「水危機」が発生するのではないかと懸念されている。

石油も水も有限な資源である点で共通しているが，「有限」であるからこそ経済活動における競争原理をそのまま導入することはできない。有限で貴重な水資源の確保に市場経済に基づく競争原理を導入するようなことがあれば必ず資源の偏在が起こり，水供給に支障が生じるであろう。(☞水資源，石油危機，世界水会議，食糧危機)　〔HT〕

水資源　water resources　地球上に広く存在する自然資源の一種で，農業用・工業用・発電用・生活用に幅広く使われている。21世紀は「水の世紀」と呼ばれ，このままでは水資源が過剰使用や汚染によって不足する「水不足」という危機的状態に陥ると予想される。実際，2002年に開催された環境・開発サミットでは貧困とともに水不足が大きなテーマになった。

世界人口の急増や地球の温暖化，さらに地下水の枯渇や水質汚濁を背景に資源としての水が不足し，水の問題が深刻化している。例えば2025年ころまでに世界人口の半数近くが水不足に直面するという予測まで発表されている。水は地球上に無限に存在すると考えられがちであるが，地球上のほとんどの水は海水で，残りの淡水のなかでも資源として利用できる水―例えば飲料用の良質な真水―は非常に限られていることを銘記しなければならない。なお，環境技術で蓄積のある日本企業のなかには水資源分野を成長市場と位置づけ，海外で飲料・工業用水などをつくり出す水資源事業を拡大する動きが見られるようになった。

また，2018年の夏は日本だけでなく世界各地で記録的な猛暑となったことから，渇水などの水資源の減少により生産活動が滞る可能性が浮上し水不足への危機感を募(つの)らせることとなった。このため地震や豪雨などの災害対策とは別に，リスク管理の一環として水使用量の削減目標を設定するなどして水不足対策を強化する企業が世界中で増加している。(☞水危機，世界水会議，水源税，天然資源，水循環)〔HT〕

水循環　water cycle　地球上の水が太陽エネルギーや重力の影響を受け，液体，気体，固体へと形を変えて循環する現象を指す。例えば海洋にある液体の水（海水）は太陽熱で温められ気体となって蒸発し，その水蒸気が大気中で雲になり，それが冷やされて雨や雪に変化し，重力の影響で地表に降り注ぐ。さらに地表では冷やされて個体の氷に変化したり，河川で液体の水に戻って海や湖に流れ込んだり，地下に染みこんで液体の地下水になったりする。ただし，地球上に存在する水の約97%は海水であると言われているが，実は水循環は地表の温度を一定に保つうえで重要な役割を果たしている。この地球環境を保つうえで必要な水循環が近年，ダム建設，森林伐採，農業用水や工業用水としての利用など人間活動により支障を受けている点が懸念され，日本では水循環計画を策定している自治体が多い。(☞水環境，水資源)〔HT〕

水ストレス　⇒　水分(すいぶん)ストレス

水の世紀　⇒　水資源

水の惑星　⇒　水危機，水質汚濁

水ビジネス　人間が飲むための飲料水，排水を処理するための下水，農業に利用するための農業用水，工業に利用するための工業用水など，さまざまな用途の水利用に関連する事業の総称。水資源は地球上のあらゆる生物にとって不可欠なものであるが，日本では水道水が飲めるのが通常であるため，従来は飲料水に対する関心がそれほど強くなかったかもしれない。ところが最近では2011年の東日本大震災の際に飲料水の供給不足の問題が浮上した。また，世界的には人口急増や地球温暖化の影響により，人間が飲める良質な水の確保が深刻な問題となりつつあり，水争奪戦とまで形容されるようになってきている。実際にも上下水道をはじめとする水ビジネスの市場規模は世界的に急拡大しつつあり，水メジャーと呼ばれる欧州系の巨大企業が上下水道の民営化を契機に急成長を遂げている。他方，経済発展の著しい新興国では上下水道の整備が急務となっており，水ビジネスは日本でも成長産業と考えられるようになってきた。(☞水危機，水資源)　〔HT〕

水不足　⇒　水資源

緑のカーテン　夏場に有効な節電対策として室内に差し込む日差し（太陽光）を遮(さえぎ)るため，ゴーヤー，アサガオ，ヘチマ，キュウリ，ヒョウタンなどのつる性植物を育てて窓の外側をカーテンのように覆(おお)うこと。室内の温度を下げる効果とともに，果実を食用にできる楽しみがあったり観賞用として癒(いや)し効果も期待できることから，一般家庭や工場・オフィスといった職場だけでなく，保育園や小中学校などの学校においても緑のカーテンづくりへの取り組みが活発化している。とくに2011年３月に勃発した東日本大震災後は夏場の電力不足が懸念されるようになり，緑のカーテンに対する関心が急速に高まっている。(☞東日本大震災，壁面緑化，節電)　〔HT〕

緑の回廊(かいろう)　green corridor　「グリーン・コリドー」とも呼ばれる。従来から国有林野事業では森林生態系保護地域などの保護林を設定することにより，原生的な天然林や貴重な野生動植物の生息・生育地の保護をはかってきた。これらの保護林は比較的規模の大きなものもあるが，孤立・分散しているものも多くある。分断された保護林でも特定の生物種の保護・保全には有効である。しかし，森林生態系の構成者である野生動植物の多様性を保全するには保護林を指定・拡充するとともに，野生動物の移動経路を確保し，その生息・生育地の拡大と相互交流を促すことが必要とされている。このため保護林を相互に連結して野生動物の移動経路として「緑の回廊」をつくり，保護林のはたらきを高度に発揮させて広範で効果的な森林生態系を保護・保全しなければならない。(☞生物多様性)　〔TT〕

緑の革命　Green Revolution　第２次世界大戦後，各国で食糧不足や凶作の問題が相次いで起こり，将来的に世界的な食糧危機が懸念され，食糧大増産の計画が必要とされるようになった。このような動向を背景に，メキシコで研究が始まった品種改良小麦が成功し大幅な増産が達成された。その品種がインドやパキスタンなどに移入され，さらに改良された新品種ができ，イネの改良も進み飛躍的な増産が可能となった。このような穀物の飛躍的増産を飢餓からの解放という意味で「緑の革命」という。これによって量の拡大は実現されたが，少しずつ環境への悪影響も出始めた。この改良品種は大量の水，化学肥料，農薬を必要とするため，生態系に悪影響を与えることになってしまったという批判もある。（☞食糧危機，遺伝子組み換え食品）〔TI〕

緑の国勢調査　⇒　自然環境保全基礎調査

緑の雇用事業　都会からの移住者や失業者を山間部に呼び込んで間伐や植林などの森林整備，あるいは林道整備などに従事してもらい，森林の再生をはかる事業。環境保護に加えて雇用対策や過疎対策にもつながることから注目されており，とくに過疎対策については都会から地方への人口移動が期待されている。2001年９月に和歌山県で提唱され，最初は国の緊急地域雇用創出特別基金を活用し同県において事業が開始されている。ただし，2003年からは未経験者でも林業に就き必要な技術を学べるよう林業事業体に採用された人に対し講習や研修を行うことでキャリアアップを支援する制度に内容が変わっている。その背景は次のように説明されている。つまり，森の恵みの１つである木材は，再生産が可能な循環型資源であることから，それを生産する林業は持続可能な低炭素社会や自然共生社会を実現していく際の基幹産業と位置付けることができる。さらに，森を手入れすることは，豊かな水を育み，憩いの場を提供し，さらには自然災害も抑制するため，林業は森づくりを通して日本の国土や国民の暮らしを支えている。したがって林業に就業し森で働くことは，地域，日本，そして地球の豊かな環境を育むこと，ひいては地域の未来，日本の未来，そして地球の未来を拓くことにもつながるからである，と。（☞森林資源，低炭素社会）〔HT〕

緑の党　Green Parties　エコロジー的な社会を目指し環境保全を活動目的とする政党の総称。1980年１月に創立された西ドイツの政党

「緑の人々」は基本的な立場として「エコロジー的，社会的，底辺主義的，非暴力主義的」の4つを掲げ，1983年の連邦議会で初議席を獲得。さらに1989年の欧州議会選挙では各国の「緑」を名乗る政党のグループが「虹(にじ)グループ」として結集し活動している。2001年4月には世界各国の環境政党が所属する国際的組織としてグローバル・グリーンズ（緑の地球連盟）がオーストラリアのキャンベラで設立された。このような環境政党の躍進が環境問題の認識を高める要因となっている。(☞エコロジー，環境問題)　〔ST〕

水俣条約　Minamata Convention on Mercury　正式名称は「水銀に関する水俣条約」。国連環境計画（UNEP）は2001年に地球規模の水銀汚染に関する活動を開始し，翌02年には人への影響や汚染実態をまとめた世界水銀アセスメントと題する報告書を公表したが，水銀に関する水俣条約は13年10月に日本の熊本市および水俣市で開催された国連環境計画の外交会議において全会一致で採択され，EU（欧州連合）を含む92カ国が署名した。この条約の意義として，先進国と途上国が協力して水銀の供給，使用，排出，廃棄等の各段階で総合的な対策を世界的に取り組むことにより水銀の人為的な排出を削減し，越境汚染をはじめとする地球規模の水銀汚染の防止を目指すとともに，水俣病と同様の健康被害や環境破壊を繰り返さないために水俣病の教訓や経験を世界に伝えることが示されている。(☞水俣病，国連環境計画，有機水銀)　〔HT〕

水俣病(みなまたびょう)　Minamata disease　熊本県水俣地域の工場排水に有機水銀が含まれていたことが原因で水俣湾が汚染され，魚介類に有機水銀が蓄積し，地元の漁民を中心に重大な健康被害が生じた公害。企業が有機水銀が原因であると知りながら排出を続けたために被害が拡大した。1956年に公式に確認され，1959年には熊本大学医学部・研究班が工場の「有機水銀説」を発表したが，戦前の軍による「爆薬説」とか，腐(くさ)った魚介類を食べたことに起因すると説く「アミン説」に基づく反論も唱えられた。政府は1968年になって公害認定を行い，翌年，患者とその家族は汚染原因となった企業を熊本地裁に提訴し，その結果として補償が行われている（熊本水俣病）。

他方，新潟県阿賀野川流域でも1965年に工場排水を原因とする健康被害が確認されたが，企業は水銀説を否定し，新潟地震によって農薬倉庫から農薬が漏(も)れ出したことが原因であると主張した。しかし，その後の裁判を通じて因果関係が明らかにされ，被告企業は補償を行うにいたっている（新潟水俣病）。

なお，2006年は環境問題の原点ともいえる水俣病を行政が公式に確認してから50年目の節目(ふしめ)の年に当たることから，同年5月1日に新しく建立(こんりゅう)された「水俣病慰霊の碑」の前で水俣病犠牲者慰霊式が行われた。（☞公害，有機水銀，水質汚濁防止法，水俣条約）〔TN〕

水俣病犠牲者慰霊式 ⇒ 水俣病

美浜原発事故 1991年，福井県の関西電力美浜原子力発電所2号機で起こった蒸気発生器の細管破断事故。多量の1次冷却水が2次冷却水側に漏れ出したため，日本では初めて緊急炉心冷却装置（ECCS）が作動した。原因は，蒸気細管に取り付けられた「振れ止め金具」の施工ミスとされている。環境中への放射能の放出は比較的軽微だったが，地元住民等への連絡が遅れ大きな問題になった。（☞原子力発電，放射能汚染）〔MK〕

未利用魚 ⇒ もったいない

〔む〕

無認可農薬　使用を認められていない農薬をいう。農薬取締法（1948年制定，1971年改正）により農薬を登録制とし販売および使用の規制が行われる一方で，輸入や販売面で規制しても使用者が知らずに利用していることがある。強い毒性を持つ無認可農薬を用いて農作物が汚染された場合は廃棄処分される。食料・農業・農村基本法（1999年制定）において農業の多面的機能の発揮や自然循環機能の維持・増進が重視され，環境とのかかわりがより深くなった。（☞食物連鎖，ポジティブリスト，ネガティブリスト）〔YK〕

無農薬栽培　農業栽培において人体に有害な農薬を栽培期間中に全く使用しない農法を指す。また，無農薬栽培では害虫の被害を受けやすいので，虫害を最少限にとどめ人体の健康への影響を少なくするために減農薬栽培が行われる。減農薬栽培では人体に有害な水銀系などの化学薬品を用いた農薬の使用を抑制する。収穫を確保するために無農薬栽培と減農薬栽培を隔年で行うこともある。さらに農薬の使用履歴管理（トレーサビリティー：traceability）などの対策を行うことで，食の安全と信頼の確保に取り組むようになってきた。（☞食物連鎖，無認可農薬，有機農業，トレーサビリティー）〔YK〕

〔め〕

め

メタノール　methanol　メチルアルコールのこと。ホルムアルデヒドの製造，化学合成，自動車不凍溶液剤などに用いられる。最近ではメタノール燃料電池車の燃料として注目されている。この燃料は効率の面から見るとディーゼル車（軽油車）の6割程度の距離しか走らないという短所がある。しかし，価格が軽油の半額程度で済み経済性が悪くないことや，発電に必要な水素も取り出しやすいなどの長所がある。（☞代替エネルギー，燃料電池，ディーゼル車）〔MK〕

メタンガス　methane gas　炭素数1の炭化水素を指す。天然ガスの主成分で，工業用の水素，メタノール，化学肥料の原料になり，燃料としても用いられる。沼地などに堆積（たいせき）した腐食物から発生する成分にも多く含まれる。メタンガスは炭酸ガスと比較して約20倍以上の温室効果があり，地球温暖化の一因となっている。（☞地球環境，地球温暖化，温室効果ガス，天然ガス）〔YK〕

メタンハイドレート　methane hydrate　理論化学式 $CH_4 \cdot 5.75H_2O$ で表され，低温高圧の条件下で水分子の結晶構造にメタン分子が取り込まれた白い氷状またはゼリー状の固体物質。水深500m 程度の海底下部，ツンドラ凍土の下部など低温高圧の地層から産出され，石油・天然ガスよりも浅部に存在している。その埋蔵量や分解生成特性などについては解明されていないところがある。

メタンハイドレートは，地中に固体で存在し，井戸を掘っても自噴しないため，採取技術の開発が必要。日本近海にも多量に存在が確認され，石油に代わる次世代のエネルギーとして期待されており，別名「燃える水」とも呼ばれる。他方で採掘における気中放出ガスの影響による層は地球温暖化に影響を及ぼすとも考えられ，安全な採掘技術の開発が急がれる。（☞天然ガス，メタンガス）〔YK〕

メチルアルコール　⇒　メタノール

〔も〕

燃えるごみ ⇒ 古紙回収

モータリゼーション motorization 日常生活のなかで自動車の利用が一般化していく過程，あるいは自動車の大衆化を指し，「車社会化」と呼ばれることもある。旅客輸送では自家用自動車（マイカー）が普及し，貨物輸送では鉄道中心からトラック輸送に移行した。自動車の利用は従来の徒歩，自転車，鉄道などに比較して移動の速さや小回り性の点で大変便利であり，自動車によって生活様式が一変した。しかし，今日では便利な暮らしと引き換えに道路の交通渋滞，自動車排出ガスによる大気汚染，騒音，振動および地球温暖化などの環境問題が深刻化している。(☞自動車排出ガス対策) 〔ST〕

モーダルシフト modal shift 物流に際して環境の保全と輸送の効率化をはかるために，貨物の主要な輸送手段をトラック（貨物自動車）や航空機から鉄道や船舶に切り替えること。とくに環境対策としては大量輸送が可能なことから環境負荷の小さい鉄道や船舶への転換は二酸化炭素（CO_2）や窒素酸化物（NOx）の排出削減効果が期待され，例えば地球温暖化の要因となる二酸化炭素の排出量はトラックや航空機を使った場合に比べ大幅に削減できる。そればかりでなく省エネによってコスト削減にもなるため，企業ではモーダルシフトによって物流を再編する動きが活発になっている。ただし，モーダルシフトによって鉄道や船舶を使った場合には，①貨物の積み下ろし場所が貨物駅や港湾に限られる，②トラックのように貨物量の増減に臨機応変に対応できない，などの課題が残されている。(☞地球温暖化，二酸化炭素，環境ロジスティクス，総合物流施策大綱) 〔HT〕

もったいない MOTTAINAI 日本で使われている「もったいない」という言葉が「MOTTAINAI」とローマ字表記されて環境問題を説くために世界で広められつつある。この日本語を環境問題と関連づけ世界に提唱したのは，2004年に環境分野で初めてノーベル平和賞を受賞したケニアの女性環境活動家ワンガリ・マータイである。マータイは2005年に地球温暖化防止京都会議関連行事に来日した時にこの言葉を知り，その概念を伝えようとした。3Rの Reduce（廃棄物等の発生抑制），Reuse（再使用），Recycle（再生利用）を一言で表し，さらには Repair（修理）や Respect（大切に思う）ということも表現するこの言葉を他の語句に置き換えることはなかなか難しく，日本語のまま紹介した。

なお，風呂敷（ふろしき）は「MOTTAINAI」の素晴らしい知恵の品の1つとして環境省も広く紹介した。また，最近の日本では規格より小さかったり知名度がなかったりして従来は「やっかいもの」扱いされたり廃棄されたりした雑魚，すなわち未利用魚の有効活用が「もったいない」という観点から関心を集めるようになってきた動向も付言しておきたい。(☞3R)〔TI〕

藻場（もば）　水底または海底に藻（も）などの水生植物が群生（ぐんせい）している場所を指すが，もともとは漁師が内湾でアマモ類が繁茂（はんも）する場所を指して呼んでいた。藻場を形成する植物の種類により「海草藻場」や「ホンダワラ藻場」，あるいはコンブ類が生育する「海中林（かいちゅうりん）」などに分類される。「海のゆりかご」とも呼ばれる藻場は，産卵場，幼魚の保育場，餌場（えさば）として重要な役割を果たし，生物の多様性を育（はぐく）むだけでなく水質浄化などの環境保全機能を備えている。(☞生物多様性，浄化能力)〔HT〕

もんじゅ　福井県敦賀（つるが）市白木に立地する発電設備を備えた日本原子力研究開発機構の高速増殖原型炉を指す。原子力発電の燃料はウランであるが，天然ウランには燃えるウラン（ウラン235，天然ウランの0.7%）と燃えないウラン（ウラン238，天然ウランの99.3%）があり，ウラン238は中性子を吸収すると燃えるプルトニウムに変わり新たな燃料となる。軽水炉ではウラン235を濃縮して使い，高速増殖炉ではプルトニウムを燃料として利用しながらウラン238を効率よくプルトニウムに変えて燃やす。天然ウラン資源では現在の利用状況で80年から100年程度しか利用できないが，高速増殖炉はこの限界を超えて数千年にわたって有効利用できるという。

もんじゅの目的は，高速増殖炉の原型炉として実用化・商用化に向けた技術開発に寄与することであったが，1991年5月の完成後，1995年12月の冷却材ナトリウムの漏洩（ろうえい）事故，2010年8月の原子炉容器内への筒型炉内中継装置の落下事故等々があり，2016年12月に国はもんじゅの廃炉を決定した。もんじゅの稼働日数は250日であった。(☞原子力発電，核燃料サイクル，プルサーマル，東日本大震災)　〔ST〕

モントリオール議定書　Montreal Protocol of Substances that Deplete the Ozone Layer　1985年のウィーン条約に基づきオゾン層保護のため1987年に採択され1989年に発効された議定書。正式名称は「オゾン層を破壊する物質に関するモントリオール議定書」。日本においても同議定書を受け，1988年に制定された「特定物質の規制等によるオゾン層の保護に関する法律」に基づいて，オゾン層破壊物質の生産等の規制を行っている。５種類のフロンガス，３種類のハロンガスを規制対象に使用削減スケジュールが定められたが，その後数回にわたって見直され，規制対象物質の追加や規制スケジュールの前倒しを内容とする改正と調整が行われた。その結果，特定フロンなどは先進国で1996年に全廃され，発展途上国でも2010年での全廃スケジュールが確定していることから，先進国に対しては途上国への経済的・技術的協力が求められている。(☞オゾン層，ウィーン条約)　〔ST〕

〔や〕

屋久島（やくしま）　Yakushima（Island）　九州最南端の鹿児島県佐多岬から南に60キロメートルほどの位置に浮かぶ，周囲約130キロメートルのほぼ円形の小さな島。1993年に白神山地とともに世界遺産に登録された屋久島は，樹齢7,200年といわれる縄文（じょうもん）杉をはじめとする屋久杉で有名な自然遺産の島である。九州最高峰の1,935メートルある宮之浦岳をはじめ1,000メートルを超す山々が46ある。さらに九州の高い山の上位7位までがこの島に集中しており「洋上のアルプス」と呼ばれている。

こうした地形がつくり出す気候には亜熱帯から亜寒帯までが含まれる。つまり，九州から北海道までの気候が1つの島で見られることになるわけである。また，島の9割を占める森には日本の動植物の7割以上に当たる1,500種が生存する。さらに屋久島だけに自生する固有種が約40種，屋久島を南限とする植物が約140種，北限とする植物が約20種も見られる。こうした特性から「東洋のガラパゴス」（ガラパゴス諸島は南米赤道直下の島々で，多くの野生生物の宝庫として有名）とも呼ばれる。（☞世界遺産，固有種，白神山地，エコツーリズム）

〔TT〕

野生生物種の減少　野生生物の「生息数の減少」と「絶滅による種の減少」の両方を含む概念。地球上には巨大な生物から，目には見えないような小さな微生物まで非常に多くの生物が存在している。それら多くの生物は多様な環境のなかで相互にかかわり合いを持ちながら複雑な生態系をつくりあげている。一方，生命の誕生以来，自然のプロセスのなかでは絶えず種（しゅ）の絶滅が繰り返されてきた。しかし，現在進行している野生生物種の減少および絶滅は自然状態で起こり得るスピードをはるかに上回っており，人類の活動が主たる原因と考えられる。具体的には開発にともなう環境破壊，乱獲，外来種の導入などが挙（あ）げられる。

野生生物種の減少が最も進行しているのは，アフリカ，中南米，東南アジアなどの熱帯雨林である。これらの地域では過度な放牧，無秩序な用材の伐採などが直接の原因となって野生生物を死にいたらしめている。しかし，貧困や社会制度などの一連の問題が背景に存在しており，非常に解決が困難といえる。(☞レッドデータブック，ラムサール条約，熱帯林，生物多様性，貧困問題)　〔TT〕

〔ゆ〕

有害廃棄物の越境移動　有害な廃棄物が国境を越えて移動することを指すが，これは国際的な環境汚染を引き起こす原因になる。実際のところ，1980年代になると先進諸国では自国内で処理しきれなくなった産業廃棄物を開発途上国へ持ち出し，不適切に処理したり不法に投棄する問題が多発するようになった。開発途上国では廃棄物に対する規制が弱く，処理費用も安くすむからである。このため有害廃棄物の陸揚げ（りくあ）が拒否され，有害廃棄物を積んだ輸送船の行き先がなくなって海上を漂（ただよ）う事件（カリンＢ号事件）まで起きた。日本でも1999年末にフィリピンへ「古紙」という名目で輸出された違法な廃棄物が国際問題に発展したことがある。このような汚染物質を含む有害廃棄物の越境移動には先進国だけでなく開発途上国も含む地球的規模での対応が必要になることから，1989年にバーゼル条約が採択された。（☞バーゼル条約，カリンＢ号事件，公害輸出）〔HT〕

有害物質　toxic substance　人の健康または生活環境に被害を与える可能性のある物質。大気汚染防止法（1968年制定）ではカドミウムおよびその化合物，塩素および塩化水素，フッ素，フッ化水素およびフッ化ケイ素，鉛やその化合物，窒素酸化物が定められている。水質汚濁防止法（1970年制定，1975年改正）ではカドミウムやその化合物，シアン化合物，有機リン化合物，鉛やその化合物，六価クロム化合物，ヒ素やその化合物，ホウ素，フッ素など23項目が定められている。（☞健康被害，大気汚染防止法，水質汚濁防止法）〔JO〕

有機 JAS マーク　organic JAS mark　日本農業規格（JAS：Japanese Agricultural Standard）の一部改正に基づいて，農薬や化学肥料を使用していない農産物や農産物加工品に有機 JAS マークの貼（は）り付けが義務付けられ，2004年４月より実施された。有機物の利用は，農業における自然循環機能の維持増進，ならびに化学的に合成された肥料や農薬の使用を避けることによる環境負荷の軽減を意図している。有機 JAS マークは，有機 JAS 規格で定められた基準を満たし，検査員による検査を受け，認証機関の有機認証を得たものに貼り付けることができる。消費者が食に関する安全・安心を強く求めるようになり，農薬や化学肥料を使わない有機栽培へのニーズが高まっているため，食の安全・安心に対する消費者の信頼を高める目的のもとに農林水産省が定めた。(☞有機農業)　〔YK〕

有機水銀　organic mercury　多くは白色固体で水銀（Hg）を含む有機化合物のこと。いもち病や種子の消毒に使われたが，日本では環境汚染防止のため使用禁止となっている。米，果樹，野菜などを通して人体に入ると長い間にわたって蓄積され有害。有機水銀化合物は血球と結合して脳，腎臓，肝臓に蓄積され，中毒症状は神経疾患，知覚障害，運動失調，言語障害，視野狭窄（しやきょうさく）を起こし，重症の時は死亡にいたる。1953年〜59年に熊本県水俣湾沿岸で発生した水俣病，1965年に新潟県阿賀野川流域で確認された第２水俣病の原因物質である。

熊本大学医学部研究班は1959年に水俣病の原因が有機水銀（メチル水銀）による有機水銀中毒によるものと発表し，1963年にアセトアルデヒドの製造過程から有機水銀が排出することを確かめた。その結果，メチル水銀中毒症という医学的病名は公害病の「水俣病」として世界に知られることになった。有機水銀の排出については，水質汚濁防止法や廃棄物処理法において有害物質として厳しく規制されている。(☞水俣病，水俣条約，公害，アマゾン環境破壊)　〔ST〕

有機農業　organic agriculture　身近な生活のまわりにある動物の糞尿（ふんにょう），食べ残りの食物，草食物，落ち葉，堆肥（たいひ）などを肥料として用いる農業形態を指す。有機質肥料は炭素や窒素に水素，酸素，硫黄（いおう），リンなどが結合して炭水化物やタンパク質，脂肪が形成されたものである。この有機肥料の速効性は無機肥料よりやや劣るために作物の収穫量や姿形，あるいは虫害に目を奪われがちである。しかし，土壌汚染など環境問題を追い風に市場を開拓した農家，および人体の健康に関心を持つ消費者に支持されて静かに普及が進んでいる。(☞無農薬栽培，土壌汚染，有機 JAS マーク)　〔YK〕

有機肥料　⇒　コンポスト

〔よ〕

容器包装リサイクル法　正式名称は「容器包装に係る分別収集及び再商品化の促進等に関する法律」。一般廃棄物のかなりの部分が容器包装廃棄物なので，それらを再利用することによって廃棄物の量を減らそうという目的で1995年に制定され，2000年に完全施行された。びん，缶，ペットボトル，飲料用紙パック，段ボール，その他のプラスチック製容器包装に対して適用され，消費者は容器包装を分別排出する，公的機関（市町村）は分別収集する，再商品化事業者や特定事業者は再商品化することによって，それぞれの役目を果たすことが求められている。さらに，国，地方公共団体，事業者，消費者等のすべての関係者の協働のもと，容器包装廃棄物の3R（リデュース，リユース，リサイクル）を効率的に推進することなどを目的として，2006年6月に「改正容器包装リサイクル法」が成立した。（☞改正容器包装リサイクル法，再商品化，リサイクル，ペットボトル，3R）　〔TI〕

余剰電力買取制度　⇒　固定価格買取制度

四日市喘息（ぜんそく）　Yokkaichi Asthma　三重県四日市市の石油化学コンビナート隣接地区で多発した慢性気管支炎のこと。この四日市市には1950年代に電力や石油精製などの工場が進出し，工場の燃料を石炭から石油へ転換した。1960年ごろから大規模な石油コンビナートが操業されるようになり，このコンビナートからの硫黄（いおう）酸化物による大気汚染の影響によって1961年ごろから喘息の症状を訴える住民が多発した。1967年に喘息患者とその遺族を原告，同市の石油コンビナート6社を被告とする訴訟が起こり1972年に原告が勝訴。この事例以後に公害健康被害補償が制度化され（1973年），亜硫酸ガス環境基準が強化される契機となった。（☞公害，大気汚染，健康被害）　〔ST〕

ヨハネスブルク・サミット　⇒　環境・開発サミット

四大公害訴訟　⇒　公害

〔ら〕

ライドシェアリング ⇒ **シェアリング・エコノミー**

ライフサイクル・アセスメント（LCA） Life Cycle Assessment
原材料の調達から製造，使用，廃棄にいたる製品ライフサイクルの各段階において生じる環境負荷を列挙し，その影響を定量的に測定・評価するための技法。ISO14040において規格化されている。実施手順としては，①調査目的および範囲の設定，②環境負荷を項目ごとに集計するインベントリ分析，③環境負荷の影響評価，④結果の解釈，というプロセスからなっている。その分析結果は環境配慮型の製品設計に活用されたり，環境ラベルの根拠となるが，評価された結果に対し，いかに客観性を付与するかが課題。また，製品に加えて企業活動全体や特定のサイトに関連した環境負荷を定期的に測定・評価する技法が企業のエコバランスとして注目されている。（☞環境負荷，プロダクト・ライフサイクル，環境配慮型商品，エコラベル） 〔TN〕

ライフサイクル・コスティング（LCC） Life Cycle Costing 製品の購入に際し，購入コストとともに使用・処分する時に生じるコストを含むライフサイクル・コストを計算することによって製品の経済性を判定する手法。アメリカ国防総省が納入業者にライフサイクル・コストに関する見積書を提出させたことが契機。もともとライフサイクル・コストはユーザーの立場から見たものであるが，メーカーもユーザーの立場からライフサイクル・コストを最少にすることが販売政策上有利である。最近では製品のライフサイクルにわたって発生する環境コストが購入の可否に影響を与えることから，環境配慮型製品（または商品）の開発に際し環境コストを予測し低減する役割が期待されている。（☞環境コスト，環境配慮型商品） 〔TN〕

ライフスタイル life-style 消費者がどのような生活の仕方をしているかを，生活価値観や意識・活動・関心・習慣・意見など多次元な視点からとらえたもの。社会学やマーケティングのなかで1980年代ごろから盛んに用いられるようになった。消費者は単にデモグラフィックな要因（年齢や性別や年収など）のみによって生活のスタイルが規定されるのではなく，生活価値観など生活のなかで何を優先するのかによってさまざまなタイプに分けることができる。価格志向・合理主義タイプ，仕事優先タイプ，倹約・節約タイプなど多様な区分があるが，最近は環境対応に生活の重点を置くエコロジー優先タイプが増加してきている。(☞エコライフ，リ・スタイル)　〔TI〕

ライフライン　lifeline　日本語の命綱（いのちづな）や生命線に由来したカタカナ英語で，地震・津波・台風等の災害に関連して生活・生命を維持するための電気，ガス，上下水道，道路・鉄道などの交通手段，電話・放送・インターネットなどの情報通信等のネットワークシステムや施設，さらに命にかかわる緊急の相談電話サービスや施設を総称する。現代社会は災害にともなって被害を受けると都市機能の低下や停止が起こり，市民生活や経済活動に重大な影響をおよぼす。このため，ライフラインの一部の破壊により全体の機能が低下しないよう，例えば地震には耐震性を向上させると同時に代替性や多重性も確保するなどして，被害を最小限にとどめることが求められる。(☞地震，阪神・淡路大震災，東日本大震災，熊本地震，自然災害，ハザードマップ)　〔ST〕

ライン川汚染事故　ヨーロッパで1986年に発生したライン川汚染事故とは，スイスのバーゼルにある化学工場の火災が原因でライン川が有害物質によって広域的に汚染された事故を指す。この事故ではライン川において大量の魚類が死滅しただけでなく水道水として利用できなくなり，多くの沿岸国に深刻な被害を与えた。このため，この事故をきっかけに国際的な取り組みの必要性が認識されるようになった。また，汚染源が環境保護に熱心な国と評されるスイスであったという点も衝撃的であった。(☞環境問題，有害物質)　〔HT〕

ラ・ニーニャ現象　La Nina　エル・ニーニョ現象の逆の現象。つまり，南アメリカのエクアドルやペルーの沿岸沖から中部太平洋赤道域の海面水温が例年よりも低くなる現象を指す。「エル・ニーニョ」が男性を意味するので，これを女性に替えて「ラ・ニーニャ」と呼ぶ。エル・ニーニョ現象と数年ごとにほぼ交互に起き，発生した季節によって天候への影響は異なる。また，ラ・ニーニャ現象が起こると世

界的に異常気象の発生が少ないといわれている。(☞異常気象，エル・ニーニョ現象)　〔TT〕

ラブ・キャナル事件　アメリカ・ニューヨーク州のラブ・キャナルにおいて地元の化学会社が1940年代から有害化学物質の投棄を当時としては合法的に行った。その後，整地した土地に住宅や学校が建設されたが，汚染物質がもれだして地域住民に健康被害が生じた事件。1978年にはニューヨーク市や環境保護庁が調査を行い発ガン性物質が検出された。また，1980年には大統領による緊急事態宣言が出され住民の避難や移住が行われた。現在にいたっても調査や浄化作業が継続している。有害廃棄物の浄化責任についての教訓となり，スーパーファンド法が成立した契機とされている。(☞スーパーファンド法)　〔TN〕

ラムサール条約　Convention on Wetlands of International Importance Especially as Waterfowl Habits　正式名称は「特に水鳥の生息地として国際的に重要な湿地に関する条約」。1971年にカスピ海沿岸に位置するイランのラムサールで採決されたことから，通称「ラムサール条約」と呼ばれている。この条約は湿地に生息・生育する動植物，とくに国境を越えて移動する水鳥を中心に国際的に保護・保全することを主な目的とする。締約国は国内に分布する重要な湿地を少なくとも1カ所以上指定・登録し，保全のための計画を作成・実施することが義務づけられている。日本は釧路湿原を登録湿地として1980年に加盟した。なお，2018年9月時点の日本におけるラムサール条約の登録湿地は50カ所で，総面積は約14.8万ヘクタールに達している。

ラムサール条約では淡水，汽水，海水を問わず水に関係する場所をすべて湿地と定めている。つまり，低潮時における水深が6メートルを超えない海域，沼，貯水池，河川，用水路，水田，汚水処理場，干潟，サンゴ礁なども含まれ，一般的に考えられる湿地よりもかなり広い地域を湿地と定義している。こうした地域のなかで国際的に重要なものを締約国の指定に基づいて登録リストに記載する。

登録地の選定は関連する要素を考慮したうえで行うことが義務づけられており，登録された湿地の保全および自国内のあらゆる湿地の「賢明な利用」(ワイズユース：Wise Use) を促進する計画を立て，実施することが求められる。また，登録された湿地の変化または保全計画の変更は事務局に通報しなければならない。さらに，登録されていない湿地を含むすべての湿地について自然保護区設置などを通じて湿地と水鳥の保全をはからなければならない。（☞釧路湿原，藤前干潟，干潟，湿地，国連湿地保全連合）〔TT〕

乱獲　⇒　最大持続可能生産量，生物多様性

〔り〕

リオ宣言　⇒　地球サミット

リサイクル　recycle　不用品や廃棄物を資源として再び利用することで,「再生利用」や「再資源化」とほとんど同じ意味になる。ただし,「リサイクル社会」という場合のように，現在では「リサイクル」という用語が「リデュース（廃棄物の発生抑制)」や「リユース(廃棄物の再使用)」の意味まで含めて幅広く使われることが多くなってきた。

循環型社会を形成するうえで重要なリデュース（Reduce), リユース（Reuse), リサイクル（Recycle）の3項目は英語の頭文字をとって「3R（スリー・アール)」と呼ばれている。この3Rへの取り組みによって総合的な資源の有効利用対策を推進するために，日本では2001年4月に「資源有効利用促進法（改正リサイクル法)」が施行された。さらに個別物品の特性に応じてリサイクルを推進するために，びん，缶(かん)，紙，プラスチックなどの容器包装の再商品化を義務づける「容器包装リサイクル法」のほかにも「家電リサイクル法」「食品リサイクル法」「建設リサイクル法」などが次々と施行されている。(☞3R，循環型社会，資源有効利用促進法）　〔HT〕

リサイクル法　⇒　再生資源利用促進法

リサイクルポート　Recycle Port　通常「総合静脈物流拠点港」と呼ばれ，広域的なリサイクル施設の立地に対応した拠点港湾を港湾管理者から申請を受けて国が指定し，リサイクル施設や再生資源を取り扱う岸壁(がんぺき)の整備等の拠点づくりを支援する港湾を指す。これは循環型社会に対応する港湾政策として国土交通省が2002年度から展開しているもので，第1次指定の室蘭港・苫小牧港，東京港，神戸港，北九州港をはじめ2011年1月までの累計で22港が指定されている。

日本は従来，工業原料を外国に依存していたため「資源小国」であったが，今日，循環型社会形成に向けた取り組みによる資源化率の向上と経済のグローバル化によるアジア各国への生産拠点の移転や製品輸入の増大によって「再生資源大国」となりつつある。したがって再生資源の輸出入・国内向けの移出入のための荷積み・荷下ろし，選別，加工，保管，検査および通関等の諸機能を持った静脈物流港湾の必要性が増大しており，こうした事情が「リサイクルポート」指定の背景にある。（☞静脈物流，循環型社会，リサイクル）〔ST〕

リサイクル率 recycling rate 1度または数回使用した製品を再び活用することを一般にリサイクルと呼び，その割合をリサイクル率という。しかし，リサイクル率は内容が多様で，算出方法が企業や業界によって異なっているのが現状。古紙やカレット（破砕された使用済みのガラスびん）では製造段階において製品のリサイクル部品が使用される割合を示すのに対し，パソコンや家電製品は使用済み製品に対するリサイクルの割合を示す再商品化率や再資源化率を指す。一方，ペットボトルなどは消費された製品の回収割合を指し，自動車などは製品製造段階でその製品が使用済みになった段階でのリサイクルの可能性を示している。（☞リサイクル）〔JO〕

リ・スタイル Re-Style 環境省は循環型社会白書（2002年版）で「循環型社会におけるライフスタイル・ビジネススタイル」をテーマとし，①リデュース（Reduce：発生抑制），②リユース（Reuse：再使用），③リサイクル（Recycle：再生利用）の3つの「リ（Re-）」を推進する「リ・スタイル（Re-Style）」を提唱した。また，近年の地球温暖化などグローバル化した環境問題に対する消費者の関心が高まるなか，これまでの生活様式からの脱却，例えば「スローライフ」「LOHAS（ロハス）な生活」「エコライフ」といった新しい生活様式への変更を含む新しい概念として使われることもある。（☞循環型社会白書，循環型社会，LOHAS，ライフスタイル）〔TT〕

リターナブル ⇒ リユース

リチウムイオン電池 lithium-ion battery 電池には使い切りタイプを一次電池といい，乾電池が代表例である。他方，充電できるタイプを二次電池といい，蓄電池とか充電池とも呼ばれる。リチウムイオン電池は，リチウムと硫化鉄あるいは塩素を活物質として，塩化リチウムあるいは塩化リチウムと塩化カリウムの溶融塩を電解質とする二次電池（蓄電池）である。なお，リチウムイオン電池と異なるリチウム電池は一次電池で，有害物質であるカドミウムなどを含まず，体積当たりの電気密度もニッケルカドミウム電池より高く小型にできる。リチウム電池の特徴は，軽いこと，乾電池の2倍近い高い電圧がとれること，長寿命などである。このため，リチウム電池（一次電池）は，携帯電話，カメラ，釣り用のうき，心臓ペースメーカーなど多方面で用いられている。これに対し，リチウムイオン電池（二次電池）は繰り返し充電して利用できる特性を利用して，電気自動車，ハイブリッド車，パソコン，携帯電話，ビデオデッキ，カメラなど幅広く利用されている。（☞電気自動車，ハイブリッド車）〔YK〕

リデュース　reduce　廃棄物の発生抑制を指す用語。製品を生産する場合の副産物の発生や廃棄物のリユース，リサイクルを行う前に廃棄物の発生自体を抑制する手法。消費者は，使い捨て製品や自分にとって不必要な製品の購入を控（ひか）えたり，廃棄物を分別することで廃棄物が発生しないよう努めることが要求される。製品を生産する際に企業は原材料を最小限にして効率的利用を促進したり，使い捨て製品の製造を自粛（じしゅく）したり，製品寿命を長くするなど，さまざまな方法で製品設計段階から流通段階まで極力投入する資源を最小に抑え，廃棄物の発生を抑制しなければならない。（☞ 3R，使い捨て）〔JO〕

粒子状物質　⇒　微小粒子状物質

リユース　reuse　再使用を指す用語。使用済み製品，部品，容器などを回収し，そのままの状態で，または修理や洗浄など必要に応じた適切な処置を施すことによって性能や機能を復元させ，他の製品に再び使用すること。回収された使用済み容器や機器をそのまま，あるいは修理を施して他の人々に製品，部品，容器を使用させる製品リユースや，牛乳びんやビールびんなどのように提供するための容器を繰り返し使用するリターナブル（returnable），使用者から回収した機器から再使用が可能な部品を選別して再使用する部品リユースなどがある。この方法は，低コストでしかも手間がそれほどかからないことから環境負荷が少ない。（☞ 3R，環境負荷）〔JO〕

緑化　⇒　屋上緑化，壁面緑化，工場緑化

緑化優良工場　⇒　工場緑化

〔れ〕

レアアース　rare earth element　レアアースとは希土類元素を指し，スカンジウム，イットリウム，ランタン，セリウム，プラセオジウム，ネオジウムからルテチウムまでの17元素の総称。レアアースは，わずかな添加で材料の特性を変えることができる。日常生活でよく知られているものとして，液晶パネルの電極膜材となるインジウム，液晶ガラス基板研磨剤に用いられるセリウム，発光ダイオードや酸化物半導体に使うガリウム，強力磁石に使う磁性体原料のネオジウムやサマリウム，難燃性樹脂に混合するアンチモニー，電気自動車などの電池に用いられるリチウムなどが挙げられる。

レアアースの採掘は，主に露天掘りで行われており，その生産過程で排出される有害物質（ヒ素など）の処理がされていないと，採掘地域の住民に健康被害をもたらす危険性が唱えられている。技術の進歩により海中に大量に沈殿していることが発見され，選別技術が向上すれば採掘量が不足するという心配も解消する可能性がある。レアアースはハイテク製品に不可欠な材料であるが，地球上の偏った地域で採掘されているため，政治的なリスクと環境的な要請の両面からの対応が必要である。(☞レアメタル，有害物質，健康被害，電気自動車)

〔YK〕

レアメタル　rare metal　レアメタルとは，希土類が含まれる金属を指し，海外ではマイナーメタル（minor metal）と呼ばれることがある。レアアースは希少金属の非鉄金属のことで，レアメタルの一部。レアメタルは合金材に用いられる。鉄，銅，アルミニウムなどに添加すると，強度を向上させたり錆びにくくするため，ほとんどの製造業で不可欠な素材といえよう。例えば構造材として，ステンレス鋼，耐熱材，特殊鋼（工具用で耐摩耗），ニッケル合金材，銅合金材，チタン合金材，アルミ合金材などに利用されている。レアメタルは鉱石に含まれる含量が少ないので，製錬による濃縮に手間がかかる。また，用途が限られており，実需流通規模が小さく，市場価格の形成維持が困難。さらに産出地域に偏りがあり，経済戦略や政治戦略に利用されやすい。(☞レアアース)

〔YK〕

レジ袋　⇒　買い物袋

レジ袋有料化　スーパーマーケットやコンビニエンスストアなどのレジ袋は，使用後にごみとして処理される割合が高い。商品の持ち帰りで１回限り使用するためだけに，製造する際に発生する原油の浪費，ごみとして廃棄する費用，ごみとして廃棄する際におよぼす環境への悪影響などが懸念されるため，1995年に制定された「容器包装リサイクル法」で削減対象の１つとなった。さらに2006年公布の「改正容器包装リサイクル法」では，レジ袋を一定量以上利用する事業者に対し，容器包装の排出抑制のために有料化等への取り組み状況の報告を義務づけ，取り組みが著しく不十分な場合には勧告・公表・命令を行う措置が導入された。地方自治体は直接的または間接的に関与して，レジ袋有料化や特典提供などを行っている。

レジ袋有料化の推進は小売業者と消費者の双方の協力がないと成り立たないが，小売業者側には売上の減少や客足の低下などを理由に，協力的な体制から距離を置く業者が存在している。他方，利便性を求める消費者側にとって，有料化への協力体制が整っている消費者ばかりではない，といった問題が指摘されている。(☞買い物袋，容器包装リサイクル法，改正容器包装リサイクル法，プラスチックごみ)

〔TI〕

レスポンシブル・ケア　Responsible Care　環境問題への関心の高まりとともに，汚染源になることの多い化学工業に対する批判も強くなった。この動向を背景に1980年代半(なか)ばころに先進諸国の化学工業界では環境に関連した多くの自主プログラムが開発されるようになり，1984年に「レスポンシブル・ケア（責任ある配慮)」という考え方が化学工業の信頼性を高めるために，カナダ化学品生産者協会（CCPA）によって初めて導入された。

さらに1988年になると米国化学製造者協会（CMA）によって「レスポンシブル・ケアのための指導原理」という公約が策定された。このレスポンシブル・ケアは環境だけでなく従業員や一般大衆におよぼす企業活動の影響も考慮に入れ，環境の質のみならず従業員や一般大衆の健康と安全にも企業が継続して対処していけるよう設計されている。(☞環境公約)

〔HT〕

レッドデータブック　Red Data Book　生物種の絶滅を防止するには，現状を正確に把握する必要がある。こうした考え方に基づいて，国際自然保護連合（IUCN）は世界中に分布する絶滅のおそれのある野生生物種を選定しリストにまとめた。そのリストでは種の分布域，生態，生息状況を詳しく紹介し，絶滅の危険度から「絶滅種：Extinct」「絶滅危惧種：Threatened」などのカテゴリーに分類した。これがいわゆる「レッドリスト（Red List）」である。そして，数度の改定の後，2000年には『2000 IUCN Red List of Threatened Species（全世界の絶滅のおそれのある動植物のリスト）』が発行された。このレッドリストに掲載された種について生息状況を取りまとめ編纂したのがレッドデータブックである。これらの書籍は表紙が赤いことから通称「レッドデータブック」と呼ばれ，野生生物の国際的な保護を目的とするワシントン条約や各国の環境保護政策の基礎資料として広く利用されている。

日本では環境庁（現在の環境省）が中心となって1989年に植物に関するもの，1991年には動物に関するものを日本版レッドデータブック『日本の絶滅のおそれのある野生生物』として作成した。この調査で日本の野生生物の1割以上が絶滅の危機に瀕していることが明らかになった。その後，野生生物の生息状況は日々変化していることから，国際自然保護連合は1994年に定量的な評価基準を導入し既存のものに新たなカテゴリーを付け加えた。これを踏まえ，環境省でも1995年からレッドリストの見直し作業を始めた。2002年4月までに動植物のすべての分類群（爬虫類・両生類，哺乳類など）についてレッドリストを作成し終え，順次新しい日本版レッドデータブックを刊行している。2018年現在，『レッドデータブック2014』が最新。

なお，国際自然保護連合および環境省以外にも農林水産省，地方公共団体，各種NGOなどが独自のレッドリストおよびレッドデータブックを作成している。（☞国際自然保護連合，ワシントン条約，野生生物種の減少）

〔TT〕

レッドリスト　⇒　**レッドデータブック**

〔ろ〕

ローズ指令（RoHS）　Restriction of the use of certain Hazardous Substances in electrical and electronic equipment　EU（欧州連合）が2003年に公布し2006年7月に施行，2011年に改正された家電製品，コンピュータ，電子機器，照明装置，電動工具，玩具，レジャー用品，スポーツ用品，自動販売機などを対象にした有害物質使用禁止の規制，すなわち「電気電子機器の特定有害物質使用規制」である。EU加盟国内で実施されるが，日本で製造される製品もEUに輸出する際にはこの規制にかかるため，日本のメーカーも対応が必要になる。当初の規制される有害物質は，鉛，六価クロム，水銀，カドミウム，PBB（ポリ臭化ビフェニル），PBDE（ポリ臭化ジフェニルエーテル）の6物質であった。改正によって4種類のフタル酸エステル類が追加され，2019年から使用制限となる。（☞有害物質，六価クロム，カドミウム）〔TI〕

ローマ・クラブ　The Club of Rome　1970年にスイスで設立された国際的な民間組織で，特定のイデオロギーや国家の見解を代表するものではない。1968年にローマで最初の会合が開催されたことにちなんで命名され，1972年には画期的な『成長の限界』というレポートを発表した。このローマ・クラブの目的は，天然資源の枯渇，公害による環境汚染の進行，発展途上国の爆発的な人口増，軍事技術の進歩による破壊力の脅威といった人類の危機に対し，人類として可能な回避の道を真剣に探索することにある。（☞成長の限界，人口爆発）〔HT〕

ロジスティクス分野におけるCO_2排出量算定共同ガイドライン　経済産業省と国土交通省が2005年に物流にともなうCO_2（二酸化炭素）排出量の算定手法や削減の取り組み方法を共同で示したガイドライン。荷主および物流事業者の双方が利用可能。排出量の算定では，燃料消費量に基づいて排出量を算定する燃料法を標準的な手法としている。しかし，燃料消費量の測定が困難な場合は，燃費と走行距離から排出量を推定する燃費法などの代替的な手法を採用することも認めている。削減の取り組みでは，輸送の効率化，モーダルシフト，低公害車の導入を示し，仮に取り組みがなかった場合の結果と比較した際の差分を削減量とする。改正省エネ法（2005年８月成立）では物流事業者に加えて一定規模以上の輸送を委託する荷主も排出量の報告および削減義務が必要なため，このガイドラインの考え方が参考になる。（☞二酸化炭素，モーダルシフト，総合物流施策大綱，低公害車）〔TN〕

六価クロム（ろっか） 酸化数６のクロム化合物の総称。クロム酸カリウムなどがあり，酸化剤として用いられている。板金メッキ工場やなめし皮工場で使われる。メッキとは金属の薄膜を対象物に付着させることを指し，その加工方法としては電気メッキ法と無電解メッキ法（化学メッキ法）がある。なお，六価クロムが手などに触れると皮膚に潰（かい）ようを生じる。また，体内に蓄積すると肝臓ガンや肺ガンを引き起こすことがある。六価クロムの廃液は人体に健康障害を起こし生活環境の悪化をもたらす環境汚染物質である。（☞水質汚濁，水質汚濁防止法，水質環境基準）〔YK〕

LOHAS（ロハス） Lifestyle Of Health And Sustainability 健康を重視して持続可能な社会を志向する生活スタイルを指す新しい概念。1990年代末に米国で提唱されてから注目されるようになった。このような生活スタイルを重視する消費者像はグリーン・コンシューマーから発展したと考えられているが，米国ではLOHAS（ロハス）に一致する製品やサービスを自ら研究開発し，起業家となって事業化に乗り出す消費者が目立つようになった，と伝えられている。なお，この概念は日本でも急速に普及してきている。（☞グリーン・コンシューマー，エコライフ）〔HT〕

ロンドン・ダンピング条約 London (Dumping) Convention 正式名称は「廃棄物その他の物の投棄による海洋汚染の防止に関する条約」。1972年にロンドンで採択され1975年８月に発効。日本は1980年10月に批准（ひじゅん）した。河川や排水口から排出される廃棄物や，船舶，航空機，海洋施設からの廃棄物を海洋投棄したり海上焼却処分したりすることを禁止する国際条約。発効以来，改正されるごとに規制の対象となる廃棄物は増えているが，実際には抜け穴が多く，その実効性を疑問視する声が大きい。（☞海洋投棄）〔JO〕

〔わ〕

ワーク・ライフ・バランス　work-life balance　日本で「ワーク・ライフ・バランス」という用語はまだそれほど馴染みがないかもしれないが，国家的見地から内閣府によってすでに2007年（平成19年）に「仕事と生活の調和（ワーク・ライフ・バランス）憲章」とともに「仕事と生活の調和のための行動指針」が策定（2010年に改定）され，仕事（ワーク：work）と育児や介護，趣味や学習，休養，地域活動など仕事以外の生活（ライフ：life）との間にバランス（調和：balance）を取るための取り組みが推し進められている。

この背景には，日本社会では①安定した仕事に就けず経済的に自立できない，②仕事に追われ心身の疲労から健康を害しかねない，そして③仕事と子育てや親の介護との両立が難しい，などの理由で多くの国民がワーク・ライフ・バランスを実現できていない，といった実態が指摘されている。そこでさまざまなライフスタイルや子育て期，親の介護などを行う中高年期といった人生の各段階におけるニーズに合わせて多様な働き方や生き方を選べるワーク・ライフ・バランス社会の実現に向け，国と地方公共団体だけでなく企業や従業員も一体となって取り組む必要が生まれた。

とりわけ企業にとってワーク・ライフ・バランスを実現するメリットには次の諸点が掲げられ注目される。それは①長時間労働を改善し従業員の健康が守られる，②仕事以外の生活を充実させることで従業員の満足度や仕事への意欲が高まる，③知識・技術・経験のある人材の離職を防いで有能な人材の確保につながる，④限られた時間内で仕事を遂行しようとするため仕事の効率化が図られる，⑤仕事以外の経験を通じて生活者としての視点や創造性が養われ従業員の能力向上につながる，⑥企業イメージが向上し社会的評価が高まる，などである。

（☞健康経営，テレワーク）　〔HT〕

ワールドウォッチ研究所（WWI）　World Watch Institute　1974年に設立された環境・資源・経済に関する分析を行う非営利研究機関。本部は米国のワシントンDC。レスター・ブラウン氏とロックフェラーブラザーズ基金のウィリアム・M・ディール氏によって設立された。主に環境とエネルギー分野を取り扱っている。世界的な動向や異変を監視・分析したり，地球や人類に大きな影響を与える兆（きざ）しを観察し，雑誌「World Watch（ワールド・ウォッチ）」を発行している。また，世界の自然環境の現状や国際貿易，金融システムおよび雇用と環境問題との関連性などを解析する『地球白書（State of the World)』を年1回発行している。(☞プランB)　〔MK〕

ワシントン条約　Convention on International Trade on Endangered Species of Fauna and Flora　1973年にアメリカのワシントンでの国際会議において採択された条約で，乱獲による種の絶滅を防ぐため野生動植物（はく製，毛皮，牙（きば）なども含む）の国際取引を規制する条約。正式名称は「絶滅のおそれのある野生動植物の種の国際取引に関する条約」。この条約の目的は，野生動植物の国際取引を輸出国と輸入国が互いに協力して規制することにより，絶滅のおそれのある野生動植物の保護をはかろうとするものである。これらの種を生息状況，取引実態からみた保護の必要性に応じて3段階に区分し，締約国に対して輸出入等の禁止措置を義務づけている。輸出入を規制されている「種（しゅ）」は約1,800種あり，締約国は2008年3月現在172カ国。日本は1980年に加盟し，1993年に「絶滅のおそれのある野生動植物の種の保存に関する法律」を施行している。(☞野生生物種の減少，レッドデータブック)　〔ST〕

渡り鳥　migratory bird　例えば繁殖する地域と非繁殖期を過ごす地域とが離れていて，その間を毎年決まった季節に往復移動する鳥。日本の代表的な渡り鳥には，マガモ，マナヅル，オオワシ，ツバメ，オオルリなどがいる。日本では渡り鳥などの生息地として重要な湿地を，国際的に協力して保全や賢明に利用（ワイズユース）することを目的にラムサール条約湿地に登録している。他方，農林水産省は，2010年冬期に全国各地で発生した高病原性鳥インフルエンザの感染経路は，渡り鳥などの野鳥によってウイルスが国内に持ち込まれた可能性が高いと結論づけている。(☞ラムサール条約，湿地，鳥インフルエンザ)　〔TT〕

環（わ）の国　日本政府は2001年3月から有識者等による「21世紀『環の

国』づくり会議」を開催し，『環境白書』(2001年版）のなかで「環の国」を次のように表した。すなわち，「環」は環境や循環の「環」であるとともに日本の伝統である「和」にも通じているだけでなく，人々が協働する「環」，人を含む生態系の「環」，そして日本と世界の「環」といった意味が込められている，と。こうして地球と共生する「環の国」日本の実現を21世紀の重要課題と位置づけている。要するに，21世紀初頭は国際社会に貢献できる「環の国」日本に発展していく重要な時期に当たるわけである。このような時期における国の環境政策の方向を定めたのが，2000年12月に見直された第2次の環境基本計画であった。(☞環境基本計画，環境の世紀）〔HT〕

われら共有の未来　⇒　持続可能な開発

湾岸戦争　Gulf War　1990年にイラクのクウェート侵攻に端を発し，1991年にアメリカを中心とする多国籍軍がイラクに対して攻撃を開始した戦争。この戦争によって原油流出や油田火災が発生し，ペルシャ湾の鳥類やマングローブなど湾全体の生態系に大きな悪影響を与えた。また，地球温暖化にも影響をおよぼした。さらに2003年3月には米英のイラク攻撃によってイラク戦争が開始された。(☞イラク戦争，環境テロリズム）〔MK〕

わ

環境主要年表

〔暦年〕	〔環境に関連する主要な出来事〕
1760年代に	イギリスで繊維産業を中心に産業革命が始まる
1769年	イギリスでワットが本格的な蒸気機関を発明し実用化
1776年	米国が「独立宣言」を公布（7月4日）
	イギリスの経済学者アダム・スミスが『国富論（諸国民の富）』を著す
1865年	米国では南北戦争が終結し工業化（産業革命）が始まる
1868年	日本では明治維新によって近代化が始まる
1876年	足尾銅山で銅汚染による被害が発生
1882年	別子銅山で亜硫酸ガスによる被害が発生
1908年	米国でヘンリー・フォードが大衆自動車の大量生産に成功
1914年	第1次世界大戦が勃発し化学兵器が使用される
1928年	米国でフロンが人為的につくられる
1929年	世界大恐慌が勃発
1934年	「日本野鳥の会」が設立される
1938年	DDTの殺虫効果を発見
1945年	第2次世界大戦が終結し国際連合が発足
1948年	国際自然保護連合（IUCN）が設立される
1950年代に	先進工業国で公害が深刻化し始める
1954年	ビキニ環礁において日本の第五福竜丸が米国の水爆実験で被ばく
1955年	原子力基本法が制定される
	富山県におけるイタイイタイ病の発生が学会で報告される
1956年	公害の原点と言われる水俣病を熊本で発見
1957年	ソ連が世界初の人工衛星「スプートニク1号」を打ち上げる
	日本で自然公園法が制定される
1958年	ハワイの観測所で二酸化炭素（CO_2）の濃度上昇を確認
1961年	世界最大の民間自然保護団体「WWF（世界自然保護基金）」創設
	四日市で大気汚染による喘息患者が急増

1962年　米国で化学物質の恐ろしさを指摘した『沈黙の春』が出版される
1965年　新潟で水俣病の発生を確認
1966年　「宇宙船地球号」という考え方が米国の経済学者から発表される
1967年　日本で公害対策基本法が制定される
1968年　日本でカネミ油症事件が発生
　　　　日本で大気汚染防止法が制定される
　　　　酸性雨の原因は越境した汚染物質である，との説が発表される
1969年　日本で DDT の製造を禁止
　　　　日本で『公害白書』の発行が始まる
　　　　米国の宇宙船アポロ11号が人類史上初めて月面着陸に成功
1970年代に地球的規模の環境問題（地球環境問題）への関心が高まる
1970年　米国で環境保護庁（EPA）が設立される
　　　　米国で自動車の排出ガス削減を目指す「マスキー法」が成立
　　　　米国で毎年４月22日が「アースデイ（地球の日）」と定められる
　　　　日本で「公害国会」が開かれ廃棄物処理法などが制定される
　　　　日本で初めて「環境権」が提唱される
　　　　スイスで国際的な民間組織「ローマ・クラブ」が設立される
　　　　環境 NGO の「グリーンピース」がカナダで発足
1971年　日本で環境庁が発足
　　　　ごみ処理施設をめぐる紛争を東京都知事が「東京ごみ戦争」と宣言
　　　　日本で土壌汚染防止法が施行される
　　　　日本で公害防止管理者制度が発足
1972年　人類の危機を唱えた『成長の限界』がローマ・クラブから出版される
　　　　スウェーデンで国連人間環境会議が開催され人間環境宣言を採択
　　　　国連環境計画（UNEP）が設立される
　　　　日本で PCB の製造を禁止
　　　　日本で自然環境保全法が制定される
　　　　日本で『公害白書』に替えて『環境白書』の発行が始まる
　　　　OECD（経済協力開発機構）が「汚染者負担の原則（PPP)」を提唱
　　　　世界遺産条約を第17回ユネスコ総会で採択

	日本で悪臭防止法が施行される
1973年	日本で企業の社会的責任論議が頂点に達し，時代のテーマとなる
	第4次中東戦争によって第1次石油危機が勃発
1974年	米国でフロンガスによるオゾン層破壊説が発表される
	国際エネルギー機関（IEA）が設立される
	ワールド・ウォッチ研究所が設立される
	日本経済は高度成長から安定成長へ移行
1975年	水鳥に重要な湿地に関するラムサール条約が発効
	野生動植物の国際取引に関するワシントン条約が発効
	廃棄物の海洋投棄に関するロンドン・ダンピング条約が発効
	枯葉剤を化学兵器として使用したベトナム戦争が終結
	日本で毎年10月が「都市緑化月間」と定められる
1976年	イタリアのセベソで史上最悪のダイオキシン汚染が発生
1978年	米国のラブキャナルで有害廃棄物による重大な環境汚染が発覚
	米国のイエローストーン国立公園が世界遺産に登録される
1979年	米国のスリーマイル島で原子力発電所の事故が発生
	イラン革命によって第2次石油危機が勃発
1980年	米国でスーパーファンド法（包括的環境対処補償責任法）が制定される
	地球温暖化を防止するために「環境家計簿」が提唱される
	北海道の釧路湿原がラムサール条約の登録指定湿地となる
1981年	京都市がポイ捨て禁止条例となる「飲料容器の散乱防止条例」を制定
1982年	日本で「緑化優良工場」の表彰制度が始まる
1983年	酸性雨に対処する長距離越境大気汚染条約が発効
1984年	インドのボパールで農薬工場が爆発し大惨事が発生
	「レスポンシブル・ケア（責任ある配慮）」の概念がカナダで提唱される
1985年	南極上空でオゾンホール現象を観測
	プラザ合意により円高が誘導される
1986年	旧ソ連のウクライナでチェルノブイリ原発事故が発生
	ヨーロッパでライン川の汚染事故が発生
	スペースシャトル・チャレンジャー号の爆発事故が発生

	日本弁護士連合会が自然破壊を排除する「自然享有権」を提唱
1987年	『われら共有の未来』が出版され「持続可能な開発」の概念を確立
	国際的な品質管理・保証規格「ISO9000シリーズ」が制定される
1988年	オゾン層を保護するウィーン条約が発効
	有害廃棄物を積み込んだカリンＢ号の入港拒否事件が発生
	気候変動に関する政府間パネル（IPCC）が国連組織として発足
	日本でオゾン層保護法が制定される
1989年	オゾン層破壊物質を規制する「モントリオール議定書」が発効
	アラスカ沖で大型タンカー「バルディーズ号」の原油流出事故が発生
	米国で「バルディーズ原則」が発表される
	日本でエコマーク制度が始まる

1990年代になり日本の主要都市で「ヒートアイランド現象」が発生し始める

1990年代になり米国では「社会的ビジョン」が提唱され企業に普及し始める

1990年	日本でバブル経済が崩壊し長期不況が始まる
	豊島事件で産業廃棄物の中間処理業者が兵庫県警に摘発される
1991年	湾岸戦争が勃発し環境破壊が発生
	ソ連邦が崩壊し冷戦が終結
	福井県で美浜原発事故が発生
	「持続的発展のための産業界憲章」を国際商業会議所（ICC）が採択
	経団連から「地球環境憲章」が発表される
	第１回アジア・太平洋環境会議（エコ・アジア）が開催される
	リサイクル法とも呼ばれる再生資源利用促進法が制定される
1992年	有害廃棄物の越境移動に関するバーゼル条約が発効
	イギリスで「環境管理システム」（イギリス規格協会）が策定される
	ブラジルで地球サミット（国連環境開発会議）が開催される
	地球サミットで気候変動枠組み条約と生物多様性条約が採択される
	イギリスで『グリーン・マーケティング』が出版される
	「バルディーズ原則」が「セリーズ原則」に名称変更される
	米国の環境保護庁が環境会計プロジェクトを開始
	「環境効率性」という概念が提唱される

1993年 国連経済社会理事会のもとに「持続可能な開発委員会」が設置される
日本で環境基本法が制定され中央環境審議会が設置される
ドイツで「エコ・リュックサック」という工学的尺度が提唱される
日本で省エネ・リサイクル支援法が施行される
国際的な非営利団体「FSC（森林管理協議会）」が設立される
屋久島と白神山地が世界遺産に登録される
1994年 国連大学が「ゼロ・エミッション」を提唱
環境白書に「エコビジネス」という用語が初めて登場
日本で製造物責任法（PL法）が成立
日本環境認証機構（JACO）が発足
日本で「種の保存法」が施行される
OECD（経済協力開発機構）で拡大生産者責任の検討が始まる
地球学習観測プログラムの「グローブ計画」が米国で提唱される
中国で巨大な三峡ダムの建設工事が始まる
深刻な干ばつや砂漠化に対処する砂漠化対処条約が採択される
1995年 資源利用の効率革命を唱えた『ファクター 4』が出版される
日本で高速増殖炉「もんじゅ」のナトリウム漏えい事故が発生
日本で「容器包装リサイクル法」が制定される
日本でフロンの製造が全廃される
日本で「こどもエコクラブ事業」が開始される
長良川河口堰の運用（水門閉鎖）が開始される
阪神・淡路大震災が発生
岐阜県の白川郷が世界遺産に登録される
1996年 環境ホルモンの危険性を訴えた『奪われし未来』が出版される
イギリスでクローン羊のドリーが誕生
第1次の東京大気汚染訴訟が提訴される
国際的な環境規格「ISO14000シリーズ」の制定が始まる
水問題のシンクタンク「世界水会議（WWC)」が設立される
日本で環境カウンセラー登録制度が始まる
1997年 地球温暖化防止京都会議（COP 3）で「京都議定書」を採択

	日本でナホトカ号の重油流出事故が発生
	「環境経営度調査」（日本経済新聞社による環境格付け）第1回実施
	環境影響評価法（環境アセスメント法）が制定される
	諫早湾干拓事業において潮受け堤防が閉じられる
	岐阜県の御嵩町が産廃処分場に関する全国初の住民投票を実施
1998年	家電リサイクル法が成立
	日本政府が地球温暖化推進大綱を決定
	日本で地球温暖化対策推進法が成立
1999年	日本で初めて「エコファンド」が登場する
	名古屋市で「ごみ非常事態宣言」が発表される
	日本で化学物質排出把握管理促進法（PRTR 法）が制定される
	日本で食料・農業・農村基本法（新基本法）が制定される
	日本で敦賀原発2号機事故が発生
	日本で東海村の核燃料臨界事故が発生
	米国のシアトルで NGO により WTO 閣僚会議が決裂に追い込まれる
	日本からフィリピンへ輸出された廃棄物の「古紙」が国際問題に発展
2000年	日本で循環型社会形成推進基本法が制定される
	日本で資源有効利用促進法（改正リサイクル法）が成立
	米国で IT バブル（ネット・バブル）が崩壊
	「食品リサイクル法」および「建設リサイクル法」が成立
	雪印乳業にかかわる集団食中毒事件が発生
	持続可能性報告書に関する「GRI ガイドライン」が公表される
	日本で環境経営学会（SMF）が設立される
	イギリスで年金法が改正され社会的責任投資（SRI）が促進される
	日本で原子力発電所の立地を促進する「原発立地特措法」が成立
	環境基本計画が見直され新しい環境基本計画（第2次）が策定される
2001年	省庁再編により環境省が発足
	環境省が「環境報告書ガイドライン」を発表
	日本で「企業経営の社会性」概念が提唱される
	アフガニスタンにおいてバーミヤン大仏の遺跡が破壊される

	米国が京都議定書からの離脱を表明
	日本で自動車 NO_x・PM 法が成立
	日本でグリーン購入法が施行される
	日本で自動車に関するグリーン税制の実施が始まる
	三重県にて産業廃棄物税条例が全国に先駆けて成立
	日本で PCB 廃棄物処理特別措置法が成立
	東京都が「環境確保条例」を施行
	首相所信表明のなかで「ごみゼロ作戦」が提唱される
	長野県で「脱ダム宣言」が発表される
	日本政府が「環の国」を提唱
	日本が「京都議定書」を批准
	和歌山県が「緑の雇用事業」を提唱
	米国で同時多発テロ（9.11）が勃発
	米国でエネルギー大手企業のエンロンが経営破綻
	日本で『循環型社会白書』が初めて発表される
	日本で初めて BSE（牛海綿状脳症／狂牛病）の感染牛を確認
	静岡県にある浜岡原子力発電所で事故発生
	日本でダイオキシン類対策特別措置法が施行される
	環境省が「日本の重要湿地500」を選定
2002年	国連によって2002年は「国際エコツーリズム年」と定められる
	名古屋市で先駆的なエコ事業所認定制度が始まる
	日本で自動車リサイクル法が成立
	日本でフロン回収破壊法が成立
	南アフリカのヨハネスブルクで環境・開発サミットが開催される
	日本で原子力発電所の点検データに関する不祥事が発覚
	米国の通信大手企業ワールドコムの巨額な粉飾決算が発覚
	スペイン沖でタンカーの大規模な重油流出事故が発生
	名古屋市の藤前干潟がラムサール条約の登録指定湿地となる
2003年	生物多様性確保のため日本で「自然再生推進法」が施行される（1月）
	イラク戦争が勃発（3月）

	日本で第3回「世界水フォーラム」が開催される(3月)
	乗鞍環境保全税の導入が始まる(4月)
	新型肺炎・重症急性呼吸器症候群(SARS)の感染が拡大(4月)
	日本で環境管理規格「エコステージ」の全国組織が発足(4月)
	産業構造審議会から「環境立国宣言」が打ち出される(4月)
	日本で「環境保全・環境教育推進法」が成立(7月)
	三重県のRDF(ごみ固形燃料)発電所で爆発事故が発生(8月)
	英国で「SIGMAガイドライン」が発表される(9月)
	米国に世界初のシカゴ排出権取引所が開設される(10月)
2004年	岐阜市で日本最大級となる産業廃棄物の不法投棄が発覚(3月)
	日本でエコアクション21(EA21)の認証・登録制度が始まる(10月)
	関西水俣病訴訟で国と熊本県の責任を認めた最高裁判決が下る(10月)
	岐阜市の産廃不法投棄事件に関し廃棄物処理法違反で7人逮捕(10月)
	大手商社がディーゼル車の排ガス浄化装置のデータねつ造事件で社員を懲戒解雇(12月)
	ISO14001が抜本改正され認証取得基準が厳格化される(12月)
	ケニア出身の女性環境活動家ワンガリ・マータイ氏が環境分野で初めてノーベル平和賞を受賞(12月)
2005年	日本で自動車リサイクル法が施行される(1月)
	EU(欧州連合)に排出権取引制度が創設される(1月)
	地球温暖化防止を目指す京都議定書が発効(2月)
	「自然の叡智」をテーマに愛知万博(愛・地球博)が開催される(3月)
	製鉄大手の工場が違法排水と水質データ改ざん容疑で家宅捜査をうける(3月)
	日本で環境配慮促進法が施行される(4月)
	石原産業が土壌埋め戻し材「フェロシルト」の生産・販売を中止(4月)
	「チーム・マイナス6%」のキャンペーンを開始(4月)
	第1回グリーン物流パートナーシップ会議が開催される(4月)
	アスベスト(石綿)による健康被害が表面化(6月)
	景観緑三法が全面施行される(6月)

主要国首脳会議（サミット）で地球温暖化が主要議題となる（7月）
日本で外来生物法が施行される（10月）
食品安全マネジメントシステムとしてフードチェーンにかかわる組織に対する要求事項を定めた国際規格「ISO22000」が発行（9月）
中国の吉林省にある石油化学工場で爆発事故があり，大量のベンゼンがアムール川に流出する汚染事故となる（11月）

2006年　アスベスト救済法（石綿健康被害救済法）が施行される（3月）
第3次の「環境基本計画」を閣議決定（4月）
水俣病の公式確認から50年目を迎え水俣病犠牲者慰霊式が行われる（5月）
元アメリカ副大統領アル・ゴアのドキュメンタリー映画「不都合な真実」が米国で公開される（5月）
日本で「改正容器包装リサイクル法」が成立（6月）
EU（欧州連合）で有害物質の使用を禁止したローズ指令（RoHS）が施行される（7月）
トヨタ自動車が「Sustainability Report 2006」を発行（7月）
第1回の「環境社会（eco）検定」試験が実施される（10月）
地球温暖化に関する「スターン報告書」が公表される（10月）
ケニアのナイロビで開催された地球温暖化防止条約締約国会議（COP12）でポスト京都議定書が話し合われる（11月）

2007年　東京都内で南極地域観測50周年記念式典が開催される（1月）
世界経済フォーラム（ダボス会議）で地球温暖化問題が焦点に（1月）
東京電力の原子力発電所でデータ改ざんの偽装工作が発覚（2月）
気候変動に関する政府間パネル（IPCC）が温暖化によって21世紀末までに20世紀末と比較して平均気温が1.1～6.4度高くなる可能性があると予測（2月）
各国で記録的暖冬となる（2月）
日本の原子力発電所において制御棒トラブル（臨界事故）隠しや各種計測データの改ざんが相次いで発覚（3月）
欧州委員会がエコ・イノベーションに関する報告書を発表（3月）

	気候変動に関する政府間パネル（IPCC）は，地球温暖化の進行で平均気温の上昇幅が２～３度を超えれば数十億人が水不足に直面するなど世界各地で大きな損失が出ると予測（４月）
	日本でバイオガソリン（原料はバイオエタノール）の販売が試験的に始まる（４月）
	国連の安全保障理事会において地球温暖化に関する初の公開討論が行われる（４月）
	国連の地球温暖化防止条約事務局が，京都議定書に加盟する約170カ国の温暖化ガス排出量を登録する国際的なシステムを稼働させる（５月）
	日本で「21世紀環境立国戦略」が閣議決定される（６月）
	ドイツのハイリゲンダムで開催された主要国首脳会議（サミット）において地球温暖化対策が最重要テーマとなる（６月）
	フェロシルトの不法投棄事件における津地裁判決で，廃棄物処理法違反（不法投棄）により実刑判決が言い渡される（６月）
	東京大気汚染訴訟が和解により全面解決（８月）
	アル・ゴア氏とIPCC（気候変動に関する政府間パネル）が地球温暖化問題への貢献に対してノーベル平和賞を受賞（10月）
	インドネシアのバリ島で開催された国連気候変動枠組み条約締約国会議（COP13）がポスト京都議定書への行程表を採択し閉幕（12月）
2008年	年賀はがき等の古紙配合率に関し製紙業界で環境偽装が発覚（１月）
	名古屋市エコ事業所認定制度で第１回目の表彰が行われる（２月）
	中国の四川省で四川大地震が発生（５月）
	日本で生物多様性基本法が施行される（６月）
	Ｇ８北海道洞爺湖サミットが開催され「環境・気候変動」が主要議題の一つとなる（７月）
	米国でリーマン・ショックが発生し世界的な金融危機の引き金となる（９月）
	オバマ米大統領が当選直後に環境への投資で経済危機を打開するためにグリーン・ニューディール政策を打ち出す（11月）
2009年	日本経団連が生物多様性宣言を発表（３月）

	鳩山元首相が国連演説において温室効果ガスを2020年までに1990年比で25%削減を目指す中期目標を表明(9月)
	日本でプルサーマルが九州電力の玄海原発3号機で初めて導入される(9月)
	国際エネルギー機関（IEA）が2007年時点で中国が米国を抜いて世界一の二酸化炭素排出国になっていたことを発表(10月)
2010年	地球温暖化防止のための国民運動「チャレンジ25キャンペーン」がスタート(1月)
	「生物多様性国家戦略2010」が閣議決定される(3月)
	米国でメキシコ湾原油流出事故が発生(4月)
	愛知県名古屋市で第10回生物多様性条約締約国会議（COP10）が開催される(10月)
	社会的責任（SR）に関する国際規格「ISO26000」が自主宣言基準として発行される(11月)
	メキシコで開催された第16回気候変動枠組み条約締約国会議（COP16）で「カンクン合意」が採択される(12月)
2011年	東日本大震災（3.11）が勃発して福島第一原発事故が発生(3月)
	家電エコポイント発行対象期間が終了(3月)
	浜岡原子力発電所の運転が全面的に停止される(5月)
	エネルギー・マネジメントシステムの要求事項を定めた国際規格「ISO50001」が発行(6月)
	ドイツが2022年までに国内原発の全面停止を閣議決定(6月)
	日本で再生エネルギー特別措置法が成立(8月)
	南アフリカのダーバンで第17回気候変動枠組み条約締約国会議（COP17）が開催され，2013年以降（第二約束期間）は京都議定書を延長し，新しい枠組みを20年に開始することで合意(12月)
2012年	地球サミット（1992年開催）から20年目の節目の年を迎え「国連持続可能な開発会議～リオ＋20」がブラジルのリオデジャネイロにて開催される(6月)
	日本で再生可能エネルギーの固定価格買取制度が始まる(7月)

日本で小型家電リサイクル法が成立(8月)
地球温暖化対策のための税(地球温暖化対策税)の段階的施行が始まる(10月)

2013年 北京など中国の都市部でPM2.5による大気汚染が深刻化(1月)
放射性物質汚染対処特措法が施行される(1月)
高速増殖炉原型炉「もんじゅ」(福井県敦賀市)の運転再開準備が事実上,凍結になる(5月)
米エネルギー省がシェールガスの増産により液化天然ガス(LNG)の対日輸出を解禁(5月)
温暖化対策の策定を政府に義務付ける改正地球温暖化対策推進法が成立(5月)
三保松原を含めて日本が誇る「富士山」が世界遺産(文化遺産)に登録される(6月)
熊本市および水俣市で開催された国連環境計画(UNEP)の外交会議において「水銀に関する水俣条約」を採択(10月)
「国際統合報告フレームワーク」が公表される(12月)

2014年 環境省が「花粉症環境保健マニュアル」を改定(1月)
環境省が新たな気候変動キャンペーン「Fun to Share」を立ち上げる(3月)
第4次のエネルギー基本計画を閣議決定(4月)
トヨタ自動車が新型のFCV(燃料電池自動車)「MIRAI(ミライ)」を発売(12月)

2015年 SBT認定を行う「SBTイニシアチブ」が発足(5月)
環境省が「賢い選択(COOL CHOICE)」という新国民運動を開始(7月)
国連総会にて「持続可能な開発目標(SDGs)」を採択(9月)
日本企業が初めてSBT認定を取得(10月)
気候変動枠組み条約第21回締約国会議(COP21)において「パリ協定」を採択(12月)
EU(欧州連合)が報告書「EU新循環経済政策パッケージ」を発表

	（12月）
2016年	震度７が観測された熊本地震が発生（４月）
	日本で電力の小売りが全面自由化される（４月）
	経済産業省が「エネルギー革新戦略」を策定（４月）
	「パリ協定」が発効し日本もパリ協定を締結（11月）
	日本政府が高速増殖炉「もんじゅ」の廃炉を正式決定（12月）
2017年	経済産業省により健康経営優良法人認定が始まる（２月）
	再生可能エネルギーの固定価格買取制度に関する改正 FIT 法が施行される（４月）
	国際イニシアチブ「RE100」に日本企業が初めて参加を表明（４月）
	米トランプ政権が「パリ協定」離脱を表明（６月）
	環境省がカーボンプライシングに関する検討を始める（６月）
	「総合物流施策大綱（2017～2020）」が閣議決定される（７月）
	中国が資源ごみの輸入を大幅に制限する方針を打ち出す（７月）
	「水銀に関する水俣条約」が発効（８月）
	第１回食品ロス削減全国大会が長野県松本市で開催される（10月）
	東京都が「東京グリーンボンド」を初めて発行（10月）
	「不都合な真実２：放置された地球」が製作され劇場公開される（11月）
2018年	環境省が「熱中症環境保健マニュアル」を改訂（４月）
	第５次の環境基本計画を閣議決定（４月）
	日本政府が食品ロスの削減目標を初めて決定（６月）
	カナダで開催されたＧ７首脳会議で「海洋プラスチック憲章」を採択。ただし，日本と米国は署名を見送る（６月）
	日本で改正海岸漂着物処理推進法が成立（６月）
	第４次の循環型社会形成推進基本計画を閣議決定（６月）
	地球温暖化にともなう農作物被害や気象災害などの軽減対策を後押しする「気候変動適応法」が成立（６月）
	日本政府が29の自治体を「SDGs 未来都市」に選定（６月）
	西日本を記録的豪雨（西日本豪雨）が襲い，犠牲者が200人を超す豪雨災害が発生（７月）

第5次のエネルギー基本計画を閣議決定（7月）
記録的な猛暑が続くなかで熱中症による健康被害が増加（7月）
廃炉が決まった「もんじゅ」の使用済み核燃料の取り出しが始まる（8月）
最大震度7を観測する北海道地震によりブラックアウト（全域停電）が発生（9月）
世界最大の公的年金基金である日本の年金積立金管理運用独立行政法人（GPIF）が新たな「環境株式指数」の採用を発表（9月）
九州電力が電力余剰により再生可能エネルギーの太陽光発電の一時停止を求める出力制御を実施（10月）
環境省が小売店で配布されるレジ袋の有料化を義務付ける方針を打ち出す（10月）
環境省がプラスチックごみ削減への取り組みをアピールする新マークを発表（10月）
ポーランドで開催された第24回気候変動枠組み条約締約国会議（COP24）で「パリ協定」の実施指針を採択（12月）

索　引

和　文

〔あ〕

〔い〕

〔お〕

〔か〕

〔き〕

〔く〕

〔そ〕

〔た〕

〔ち〕

〔な〕

〔に〕

〔ひ〕

〔ふ〕

〔へ〕

〔ほ〕

〔ま〕

〔み〕

数字・英文

〔数字〕

〔A〕

〔B〕

〔C〕

〔F〕

〔K〕

〔L〕

〔M〕

〔N〕

〔O〕

〔S〕

〔T〕

〔U〕

〔V〕

〔W〕

〔Y〕

〈編者紹介〉

丹下　博文（たんげ　ひろふみ）

1950年，愛知県生まれ。早稲田大学法学部卒業，同大学院修士課程修了。米コロンビア大学経営大学院修了（MBA），同大学院客員研究員。UCLA（米カリフォルニア大学ロサンゼルス校）経営大学院および社会公共政策大学院客員研究員などを経て，現在は愛知学院大学大学院経営学研究科教授，博士（経営学）。主著に『企業経営の社会性研究〈第3版〉』（中央経済社）など多数。

地球環境辞典〈第4版〉

2003年7月5日第1版第1刷発行
2005年4月20日第1版第3刷発行
2007年10月10日第2版第1刷発行
2011年5月10日第2版第4刷発行
2012年4月1日第3版第1刷発行
2016年2月10日第3版第4刷発行
2019年4月20日第4版第1刷発行

編　者　丹　下　博　文
発行者　山　本　継
発行所　㈱中央経済社
発売元　㈱中央経済グループパブリッシング

〒101-0051 東京都千代田区神田神保町1-31-2
電　話　03（3293）3371（編集代表）
03（3293）3381（営業代表）
http://www.chuokeizai.co.jp/
印　刷／文唱堂印刷（株）
製　本／誠　製　本（株）

ISBN978-4-502-29801-1　C1536